H. R. Etzold

So wird's gemacht

Hans-Rüdiger Etzold
Diplom-Ingenieur für Fahrzeugtechnik

So wird's gemacht

pflegen – warten – reparieren

Band 7:

AUDI 100 und AVANT

1,9 l/ 74 kW (100 PS) 8/80–8/82

2,2 l/ 85 kW (115 PS) 3/78–8/82

2,2 l/100 kW (136 PS) 5/77–8/82

Delius Klasing Verlag

Bibliografische Information der Deutschen Nationalbibliothek
Die Deutsche Nationalbibliothek verzeichnet diese Publikation in der Deutschen Nationalbibliografie; detaillierte bibliografische Daten sind im Internet über http://dnb.dnb.de abrufbar.

9. Auflage
ISBN 978-3-7688-0275-8

Alle Angaben ohne Gewähr
Druck: Books on Demand, Norderstedt

Delius Klasing Verlag, Siekerwall 21, D - 33602 Bielefeld
Tel.: 0521/559-0, Fax: 0521/559-115
E-Mail: info@delius-klasing.de
www.delius-klasing.de

Vorwort

Als ich Anfang der sechziger Jahre in einer kleinen Werkstatt meine Kfz-Lehre beendete, da hatten die Gesellen noch die wichtigsten Einstelldaten für die verschiedensten Fahrzeugmodelle im Kopf; schriftliche Unterlagen gab es keine. Der Motor wurde nach dem Gehör eingestellt, für die Zündeinstellung stand nur eine simple Prüflampe zur Verfügung, und der Drehmomentschlüssel trat nur dann in Aktion, wenn es galt, die Zylinderkopfschrauben anzuziehen.

Derartige Arbeitsmethoden sind heutzutage undenkbar. Auch der gut ausgebildete Fachmann kommt nicht mehr ohne moderne Prüf- und Einstellwerkzeuge aus und muß sich zudem ständig anhand von Werksunterlagen laufend weiterbilden, soll die Arbeit richtig durchgeführt werden. Was für den Fachmann selbstverständlich ist, sollte für den Laien unerläßlich sein. Auch er kann nicht einfach drauflos reparieren. Mitunter genügen schon kleine Einstellfehler, um größere Schäden hervorzurufen. Deshalb empfiehlt sich vor jeder Reparatur am Audi 100 ein Blick in das vorliegende Buch. Das bietet sich auch deshalb an, um vor Arbeitsbeginn den Umfang der Reparatur und den Schwierigkeitsgrad zu ermitteln. Zudem wird deutlich, ob und welche Spezialwerkzeuge erforderlich sind.

Das vorliegende Buch bietet dem technisch versierten Heimwerker die notwendigen Grundlagen, die meisten Arbeiten an seinem Audi 100 selbst und richtig durchzuführen. Alle Arbeiten habe ich detailliert beschrieben, große Übersichts- und Detailfotos bieten einen schnellen Einblick über den Arbeitsablauf. Darüber hinaus erlauben die zu jedem Kapitel gehörenden Störungstabellen ein schnelles Auffinden und Einkreisen der Störung.

Auch der fachkundige Laie sollte allerdings niemals vergessen, daß es zur Überwachung und Erhaltung der Verkehrssicherheit seines Wagens unbedingt erforderlich ist, in regelmäßigen Abständen den Kundendienst einer VW/Audi-Werkstatt in Anspruch zu nehmen.

Natürlich kann das vorliegende Buch nicht auf jede aktuelle technische Frage eingehen. Dafür gibt es die Autozeitschrift GUTE FAHRT, die sich speziell an Audi- und VW-Fahrer wendet und allmonatlich über aktuelle Fragen rund ums Auto berichtet.

Hans-Rüdiger Etzold

Inhaltsverzeichnis

Der Motor

Der Audi 100/5 wird von einem wassergekühlten Fünfzylinder-Reihenmotor angetrieben, der in Längsrichtung eingebaut ist. In dem aus Grauguß hergestellten Motorblock sind die fünf Zylinder eingelassen. Die Kurbelwelle ist geschmiedet und zum Massenausgleich mit Gegengewichten versehen.

Der Leichtmetall-Zylinderkopf ist mit einer obenliegenden Nockenwelle ausgestattet, die von einem geräuscharmen Zahnriemen angetrieben wird. Die in Reihe angeordneten hängenden Ventile werden über Tassenstößel betätigt.

An den Zylinderkopf sind Abgas- und Ansaugkrümmer angeschlossen. Für die Gemischaufbereitung sorgt ein Registervergaser beziehungsweise eine Kraftstoffeinspritzanlage.

Der Ölkreislauf besteht aus Ölpumpe, Ölfilter, Öldruckschalter, Kurzschlußventil und Ölüberdruckventil. Das Kurzschlußventil öffnet bei verstopftem Ölfilter, das Ölüberdruckventil bei zu hohem Druck im Ölkreislauf.

Die wichtigsten Motordaten

Kennbuchstaben		**WB**	**WC**	**WB**	**WH**
Motormerkmale Fertigung		3.78	5.77	8.80	8.80
Hubraum	l	2,2	2,2	2,2	1,9
Leistung	kW bei 1/min PS bei 1/min	85/5500 115/5500	100/5700 136/5700	85/5500 115/5500	74/5500 100/5500
Drehmoment	Nm bei 1/min mkg bei 1/min	166/4000 16,6/4000	185/4200 18,5/4200	166/4000 16,6/4000	146/3300 14,6/3300
Bohrung	mm ∅	79,5	79,5	79,5	79,5
Hub	mm	86,4	86,4	86,4	77,4
Verdichtungsverhältnis		8,3	9,3	9,3	10,0
Steuerzeiten bei 1 mm Ventilhub	Einlaß öffnet vor OT Einlaß schließt nach UT Auslaß öffnet vor UT Auslaß schließt nach OT	6° 44° 40° 10°	0° 51° 40° 10°	10° 36° 45° 3°	7° 33° 42° 0°
ROZ	mind.	91	98	98	98
Vergaser/Einspritzung		2B2	K-Jetronic	2B5	Keihin DB
Zündfolge		1–2–4–5–3			

Fahrzeug aufbocken

Für viele Wartungs- und Reparaturarbeiten muß das Fahrzeug aufgebockt, beziehungsweise hochgehoben werden. In der Werkstatt wird der Wagen in der Regel mit der Hebebühne angehoben, man kann ihn jedoch auch mit dem Wagenheber anheben. Grundsätzlich darf das Fahrzeug nur an den hier abgebildeten Aufnahmepunkten angehoben werden.

Bei Arbeiten unter dem Fahrzeug muß dieses, falls es nicht auf einer Hebebühne steht, auf vier stabilen Unterstellböcken stehen. Die Unterstellböcke werden vorn unter den Fahrschemel gestellt und hinten unter die Karosserie im Bereich der Markierungen. Auf keinen Fall sollten Arbeiten unter dem Fahrzeug ausgeführt werden, wenn dieses nicht ausreichend abgesichert ist.

Aufbocken mit Hebebühne

Vorn: An der Längs- und Querverbindung des Bodenbleches im Bereich der Markierung (Pfeil)

Hinten: Am Unterholm im Bereich der Markierung (Pfeil).

Wenn keine Hebebühne zur Verfügung steht, kann der Wagen mit einem Rangierheber hochgehoben werden. An diesen Stellen müssen auch die Unterstellböcke untergestellt werden.

Achtung: Mit dem Rangierheber darf der Audi 100 nur seitlich angehoben werden. Weder an der Motorölwanne, am Getriebe noch an der Hinterachse anheben! Sonst können schwerwiegende Schäden eintreten. Um Beschädigungen des Längsträgers bzw. des Wagenbodens zu vermeiden, ist unbedingt eine geeignete Gummi- oder Holzzwischenlage zu verwenden.

Vorn: An der Längsversteifung des Bodenbleches im Bereich der eingeprägten Markierung.

Hinten: Im Bereich der Markierung.

- An diesen Punkten sind gegebenenfalls die Böcke unterzustellen.

Achtung: Um Beschädigungen des Längsträgers bzw. des Wagenbodens zu vermeiden, ist unbedingt eine geeignete Gummi- oder Holzzwischenlage zu verwenden.

Motor-Ausbau

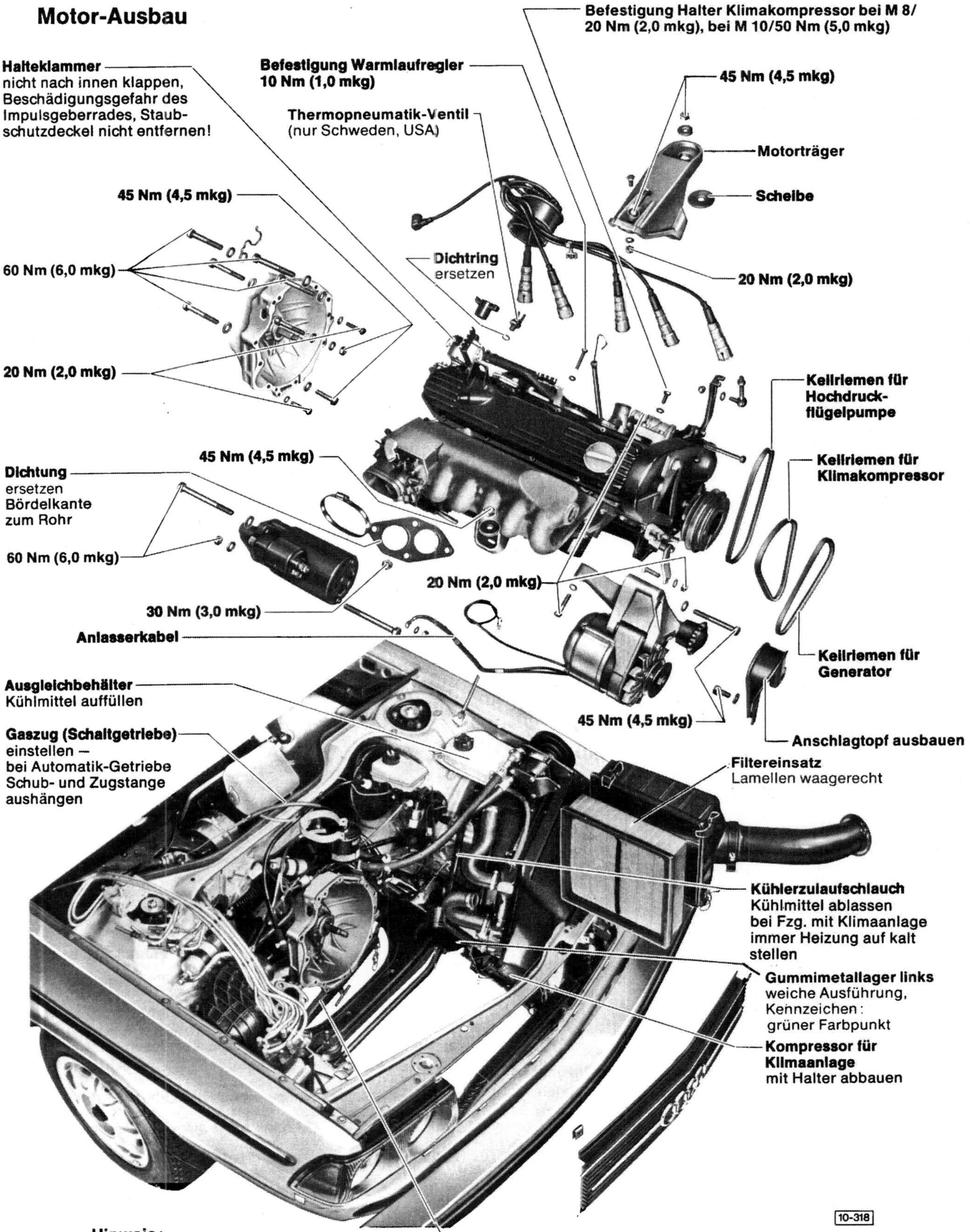

Hinweis:
Motorträger an Gummimetallager während Motor-Leerlaufs festziehen.

Motor aus- und einbauen

Der Motor wird ohne Getriebe nach oben ausgebaut. Zum Herausheben des Motors wird ein Kran benötigt. Da auch auf der Wagenunterseite einige Verbindungen gelöst werden müssen, sind zum Anheben des Fahrzeugs entweder eine Hebebühne oder ein Wagenheber erforderlich. Bei Montagearbeiten am Motor grundsätzlich Kotflügel mit Decken schützen.

Ausbau

- Batterie-Masseband abklemmen.

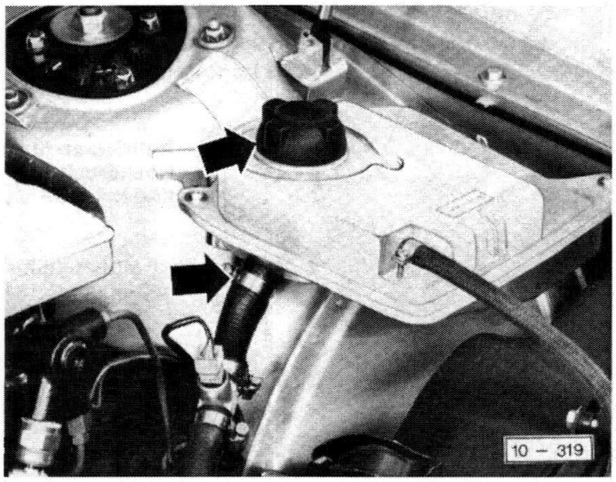

- Verschluß am Ausgleichbehälter öffnen. Kühlmittelschlauch am Ausgleichbehälter lösen, Kühlmittel ablassen und auffangen.

- Kühlmittelschlauch am Verbindungsstück (Pfeil) lösen, Kühlmittel ablassen.

- Warmlaufregler, Kaltstartventil und Einspritzventile abbauen. **Achtung:** Alle Kraftstoffleitungen bleiben angeschlossen.
- Luftfilter abbauen, nur Vergasermotor, siehe Seite 69.
- Luftführungshutze und Unterdruckschläuche vom Sammelsaugrohr und Drosselklappenteil trennen.
- Luftfilterdeckel und -einsatz ausbauen.

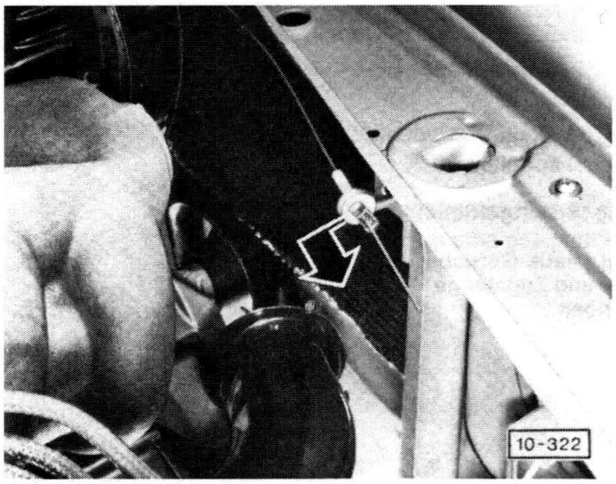

- Schloßbetätigung aushängen. Dazu Führungshülse in Pfeilrichtung ziehen.

Klimaanlage:

- Kühlergrill abbauen, Kondensator lösen und nach außen kippen.
- Hochdruckflügelpumpe abbauen, Leitungen bleiben angeschlossen.

Schaltgetriebe:

- Gaszug am Drosselklappenteil aushängen und durch das Widerlager der Zylinderkopfhaube beziehungsweise am Vergaser ziehen.

Automatik-Getriebe:

■ Schubstange und Zugstange aushängen.

Vergaser:

■ Kraftstoffzuleitungen vom Kraftstoffilter und Kraftstoffrücklaufleitung vom Rücklaufventil abziehen.

Klimaanlage:

■ Kompressor für Klimaanlage mit Halter abbauen; Leitungen bleiben angeschlossen.

■ Kompressor für Klimaanlage mit Draht befestigen.

● Abgasrohr vorn am Abgaskrümmer und Getriebehalter abschrauben.

● Anschlagtopf am Querträger vorn ausbauen.

● Generator mit Halterung ausbauen, siehe Seite 170.

● Anlasser ausbauen, siehe Seite 173.

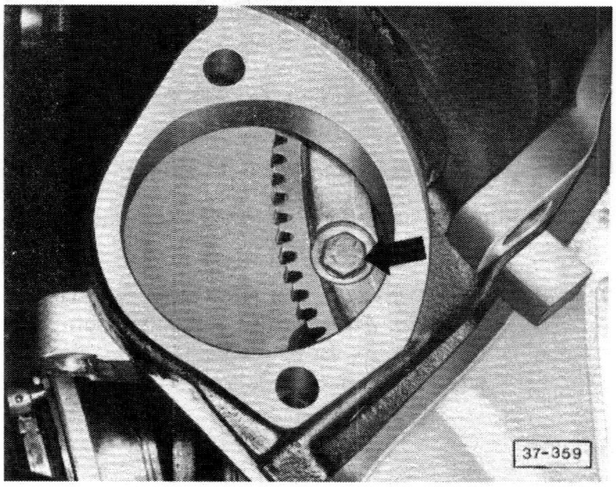

Automatik-Getriebe:

■ Wandler abschrauben.

● Fahrzeug aufbocken, siehe Seite 12.

● Alle Verbindungsschrauben Motor – Getriebe unten ausschrauben.

● Falls Haltevorrichtung 785/1 vorhanden, Vorrichtung einsetzen.

● Falls Haltevorrichtung VW 785/1 nicht vorhanden: Fahrzeug abbocken. Wagenheber mit großer Holzunterlage unter Getriebe fahren, Getriebe leicht anheben.

● Verbindungsschrauben Motor – Getriebe oben ausbauen.

● Steckverbindung zum Elektrolüfter trennen, Leitungen markieren und vom Thermoschalter unten am Kühler abziehen.

● Kühler ausbauen, siehe Seite 37.

● Elektrische Leitungen vom Öldruckschalter und Kühlmitteltemperaturgeber abziehen.

● Elektrische Leitungen vom Zündverteiler herausziehen.

● Hochspannungskabel von Zündspule abziehen.

● Unterdruckschlauch von Unterdruckdose und Bremsservo abziehen.

● Sämtliche Zündkerzenstecker abziehen, Zündverteilerkappe abnehmen. **Achtung:** Die Halteklammern nicht nach innen klappen, Beschädigungsgefahr des Impulsgeberrades. Staubschutzdeckel nicht entfernen.

Vergaser:

■ Deckel für Startautomatik abnehmen. Unterdruckschlauch abziehen. Elektrische Verbindung zur Ansaugrohrvorwärmung abziehen.

Einspritzanlage:

■ Unterdruckschläuche abziehen: Kurbelgehäusebelüftung.

● Aufhängevorrichtung für Kran einhängen. Position 3 in Loch 2, Position 8 in Loch 4.

Achtung: Zur Abstimmung auf die Schwerpunktlage des Aggregats müssen die Lochschienen der Aufnahmehaken in Position und Länge richtig abgesteckt werden. Die mit 1–4 beschrifteten Absteckpositionen des Tragbügels zeigen zur Riemenscheibe. Die Bohrungen in den Lochschienen werden vom Haken ab gezählt.

● Motorträger links ausbauen.

● Motorträger rechts vom Gummimetallager lösen.

● Motor anheben, bis Schwingungsdämpfer kurz oberhalb Querträger I steht.

● Getriebeheber nachspannen.

● Motor vom Getriebe abdrücken.

● Motor bei gleichzeitigem Nachrechtsdrehen weiter anheben.

● Motor quer drehen und nach oben ausheben.

Achtung: Der Motor muß beim Herausheben sorgfältig geführt werden, um Beschädigungen – an Antriebswelle, Kupplung und Aufbau – zu vermeiden.

Automatik-Getriebe:

■ Wandler gegen Herausfallen sichern.

Einbau

Achtung: Grundsätzlich selbstsichernde Muttern erneuern.

● Aufhängevorrichtung in Motor einsetzen, siehe unter „Ausbau“.

● Motor vorsichtig absenken und an Getriebe anflanschen.

● Die oberen Schrauben – Motor/Getriebe – mit 60 Nm (6,0 mkg) festschrauben.

● Haltevorrichtung für Getriebe entfernen beziehungsweise Wagenheber absenken. Dabei Motorträger links und rechts einbauen, nicht festziehen.

● Sechskantschrauben unten – Motor/Getriebe – mit 60 Nm (6,0 mkg) festziehen.

● Abgasrohr an Krümmer anschrauben, neue Dichtung verwenden, Bördelkante der Dichtung zeigt zum Rohr.

● Kühler einbauen, siehe Seite 37.

● Sämtliche Kühlmittelschläuche anschließen, mit Schellen sichern.

● Anlasser einbauen, siehe Seite 173.

● Generator einbauen, siehe Seite 170.

- Unterdruckschläuche für Bremsservo und Kurbelgehäuseentlüftung aufschieben.
- Kraftstoffleitungen auf Kraftstoffilter und Kraftstoffrücklaufleitung auf Rücklaufventil aufschieben und mit Schellen sichern.
- Gaszug einhängen und einstellen, siehe Seite 65.
- Schloßbetätigung für vordere Haube einhängen.
- Elektrische Leitungen anschließen: Steckverbindung Elektrolüfter und Thermoschalter am Kühler. Startautomatik, Leerlaufabschaltventil, Zündspule, Zündverteiler, Öldruckschalter, Temperaturgeber für Kühlmittel, Ansaugrohrvorwärmung.
- Zündkerzenstecker aufschieben und Zündverteilerkappe aufsetzen.

Automatik-Getriebe:

- Schubstange und Zugstange einhängen.

Klimaanlage:

- Kompressor anbauen, Keilriemen spannen, siehe Seite 171.

Einspritzanlage:

- Warmlaufregler, Kaltstartventil und Einspritzventile anbauen, elektrische Leitungen anschließen. Unterdruckschläuche für Sammelsaugrohr und Drosselklappenteil aufschieben.
- Keilriemen für Hochdruckflügelpumpe spannen, siehe Seite 127.

Vergaser:

- Startautomatik anschrauben.
- Unterdruckschlauch für Zündzeitpunktverstellung am Vergaser anschließen.
- Luftfilter einbauen, siehe Seite 69.
- Kühlmittel auffüllen, siehe Seite 38.
- Ölstand im Motor kontrollieren.
- Batterie-Masseband anklemmen.
- Motor starten und auf Dichtigkeit prüfen.
- Zündzeitpunkt prüfen, siehe Seite 180.
- Nach Erreichen der Betriebstemperatur Kühlmittelstand prüfen und gegebenenfalls ergänzen, siehe Seite 38.
- Motorträger an Gummimetallager während des Motor-Leerlaufs mit 45 Nm (4,5 mkg) festziehen.
- Abgasanlage spannungsfrei ausrichten, siehe Seite 92.
- Ventilspiel prüfen, siehe Seite 29.

Motor und Getriebe einrichten

Das Einrichten ist nur dann erforderlich, wenn **Motor und Getriebe** von den Gummimetallagern getrennt wurden. Wurde **nur** der Motor aus- und eingebaut, sind die Befestigungen – Motorträger/Motorlager – während des Motorleerlaufs festzuziehen.

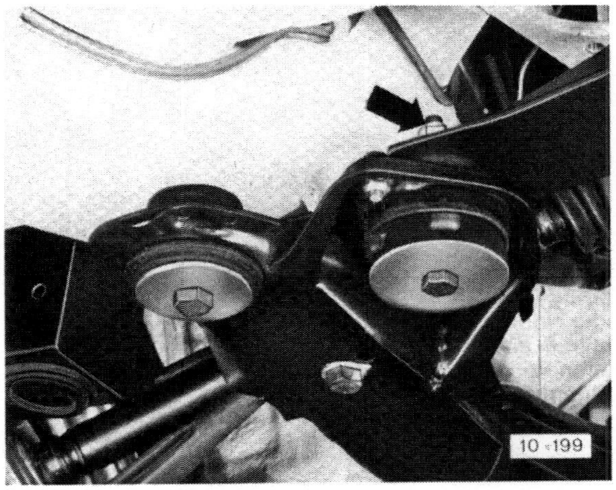

- Beide Befestigungsmuttern der Getriebehalter an den Gummimetallagern lösen.
- Beide Befestigungsmuttern der Motorträger links und rechts lösen.

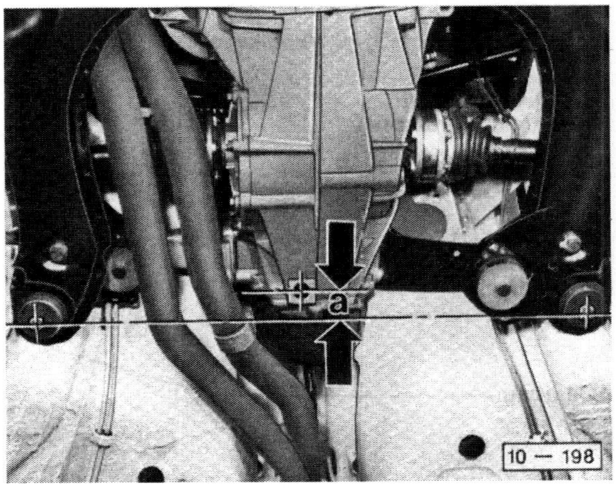

Schaltgetriebe: Abstand a = 29,4 mm ± 1,5 mm, Automatik-Getriebe: Abstand a = 127,4 mm ± 1,5 mm.

- Getriebe mit Motor durch Schüttelbewegungen in Längsrichtung entsprechend verschieben.
- Muttern mit 45 Nm (4,5 mkg) festziehen.

Nockenwelle/Ventiltrieb

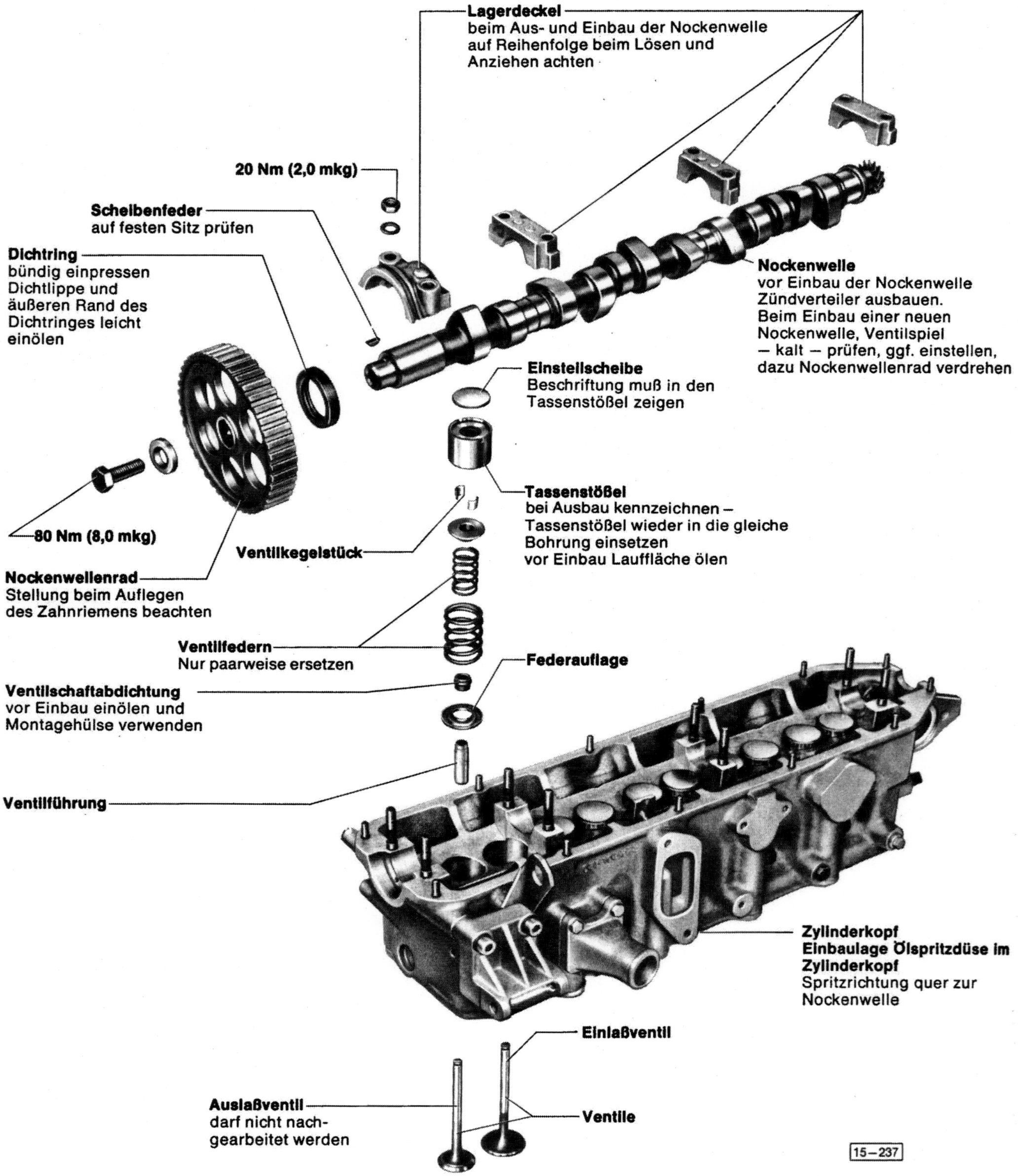

Zahnriemen ersetzen

Ausbau

- Keilriemen ausbauen, siehe Seite 170.
- Schutzhaube für Zahnriemen ausbauen.
- Kühlmittelpumpe lösen und nach rechts drehen.
- Zahnriemen abnehmen.

Einbau

- Markierung am Nockenwellenrad mit Oberkante-Dichtung (Pfeil) bzw. Oberkante des Abdeckbleches hinten auf Übereinstimmung bringen.

Bei eingebautem Motor:

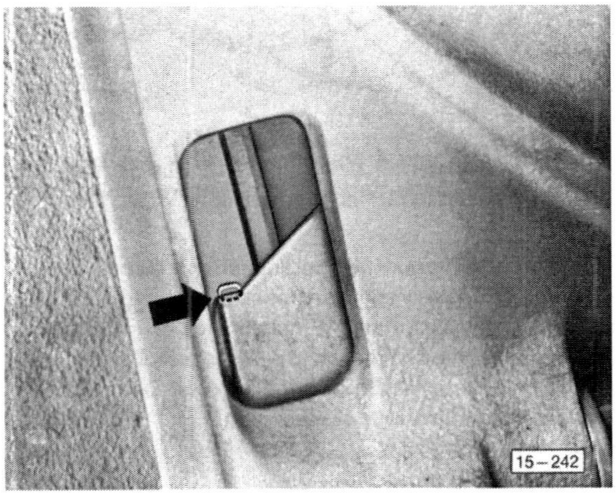

- OT-Markierung – O – mit Anguß an der Kupplungsglocke durch Drehen der Motorkurbelwelle auf Übereinstimmung bringen.

Bei ausgebautem Motor:

- Kerbe der Riemenscheibe mit Einstellmarke am Ölpumpengehäuse auf Übereinstimmung bringen.
- Zahnriemen auflegen und in dieser Stellung spannen.
- Schutzhaube anbauen.
- Keilriemen auflegen und spannen, siehe Seite 170.

Zahnriemen spannen

- Schutzhaube für Zahnriemen ausbauen.

- Kühlmittelpumpe (Pfeile) lösen und nach links schwenken. Kühlmittelpumpe festziehen.

- Zahnriemen muß sich mittig zwischen Nockenwellenrad und Kühlmittelpumpe mit Daumen und Zeigefinger gerade noch um 90° verdrehen lassen. Andernfalls Zahnriemen nachspannen.
- Zahnriemenschutz anbauen.
- Motor laufen lassen. Ein pfeifender Zahnriemen ist in der Regel zu stark gespannt.

Nockenwelle aus- und einbauen

Ausbau

Vergasermotor:

- Luftfilter ausbauen, siehe Seite 69.
- Zylinderkopfdeckel abschrauben.
- Keilriemen ausbauen, siehe Seite 170.
- Zahnriemenschutzhaube ausbauen.
- Befestigungsschraube für Nockenwellenrad lösen. Hierzu 4. Gang einlegen und von Hilfsperson Bremse treten lassen.
- Zahnriemen entspannen und abnehmen, siehe Seite 19.
- Nockenwellenrad abnehmen, eventuell mit leichten Schlägen eines Gummihammers abtreiben.
- Zündverteiler ausbauen, siehe Seite 176.

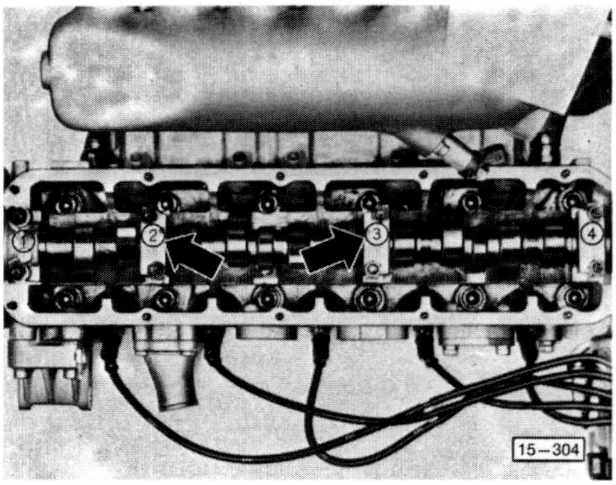

- Lagerdeckel 2 und 4 abwechselnd über Kreuz lösen. Anschließend Lagerdeckel 1 und 3 abwechselnd über Kreuz lösen.
- Nockenwelle vorsichtig herausheben. Dabei darauf achten, daß die Ventil-Einstellscheiben nicht runterfallen. Gegebenenfalls Einstellscheiben markieren und rausnehmen. Werden die Tassenstößel rausgenommen, Tassenstößel markieren und beim Einbau am gleichen Platz wieder einsetzen.

Einbau

- Einbaulage der Ölspritzdüse beachten. Die Spritzrichtung muß quer zur Nockenwelle liegen.
- Dichtring für Nockenwelle erneuern. Dichtring bündig einpressen und äußeren Rand des Dichtringes leicht einölen.
- Nockenwelle einsetzen, gegebenenfalls vorher Ventileinstellscheiben entsprechend ihrer Markierung auflegen.

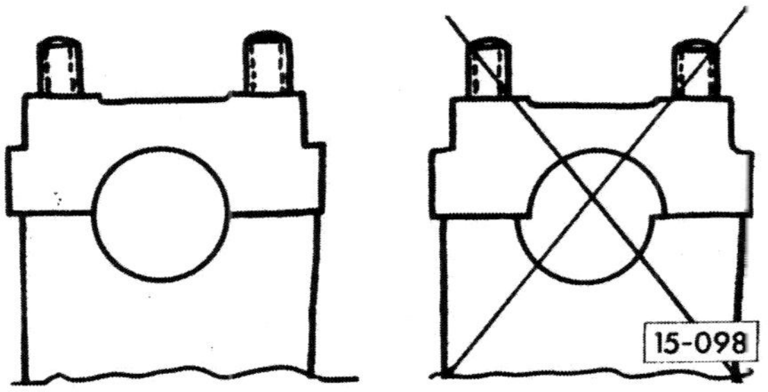

- Lagerdeckel aufsetzen. Dabei auf Mittenversatz achten. Muttern mit Scheiben handfest anschrauben.

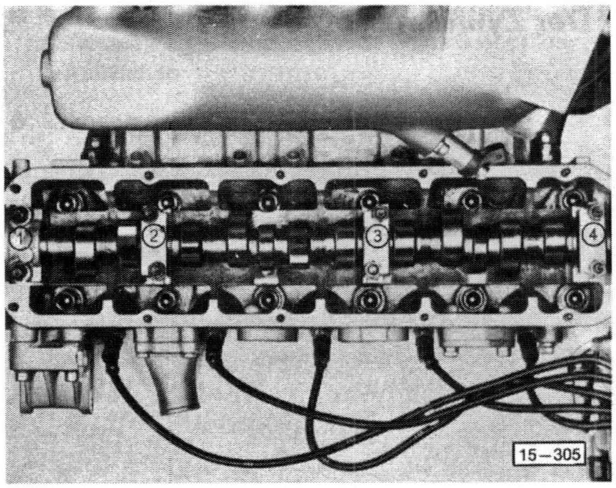

- Lagerdeckel 2 und 4 abwechselnd über Kreuz mit 20 Nm (2,0 mkg) festziehen. Anschließend Lagerdeckel 1 und 3 abwechselnd über Kreuz mit 20 Nm (2,0 mkg) festziehen.
- Nockenwellenrad auf Keil aufsetzen und mit 80 Nm (8,0 mkg) festziehen.
- Ventilspiel bei kaltem Motor prüfen beziehungsweise einstellen, siehe Seite 29.
- Zahnriemen einbauen, siehe Seite 19.
- Keilriemen einbauen, siehe Seite 170.
- Zündverteiler einbauen, siehe Seite 176.
- Neue Dichtungen (3 Stück) für Zylinderkopfdeckel verwenden, Schrauben für Zylinderkopfdeckel mit 10 Nm (1,0 mkg) festziehen.

Vergasermotor: Luftfilter anbauen, siehe Seite 69.

- Ölstand im Motor kontrollieren.

Achtung: Werden Arbeiten am Zylinderkopf durchgeführt, z. B. Ventile ersetzen und einschleifen, Nockenwelle ersetzen, muß das Ventilspiel nach ca. 1000 km bei warmem Motor geprüft bzw. eingestellt werden.

Der Zylinderkopf

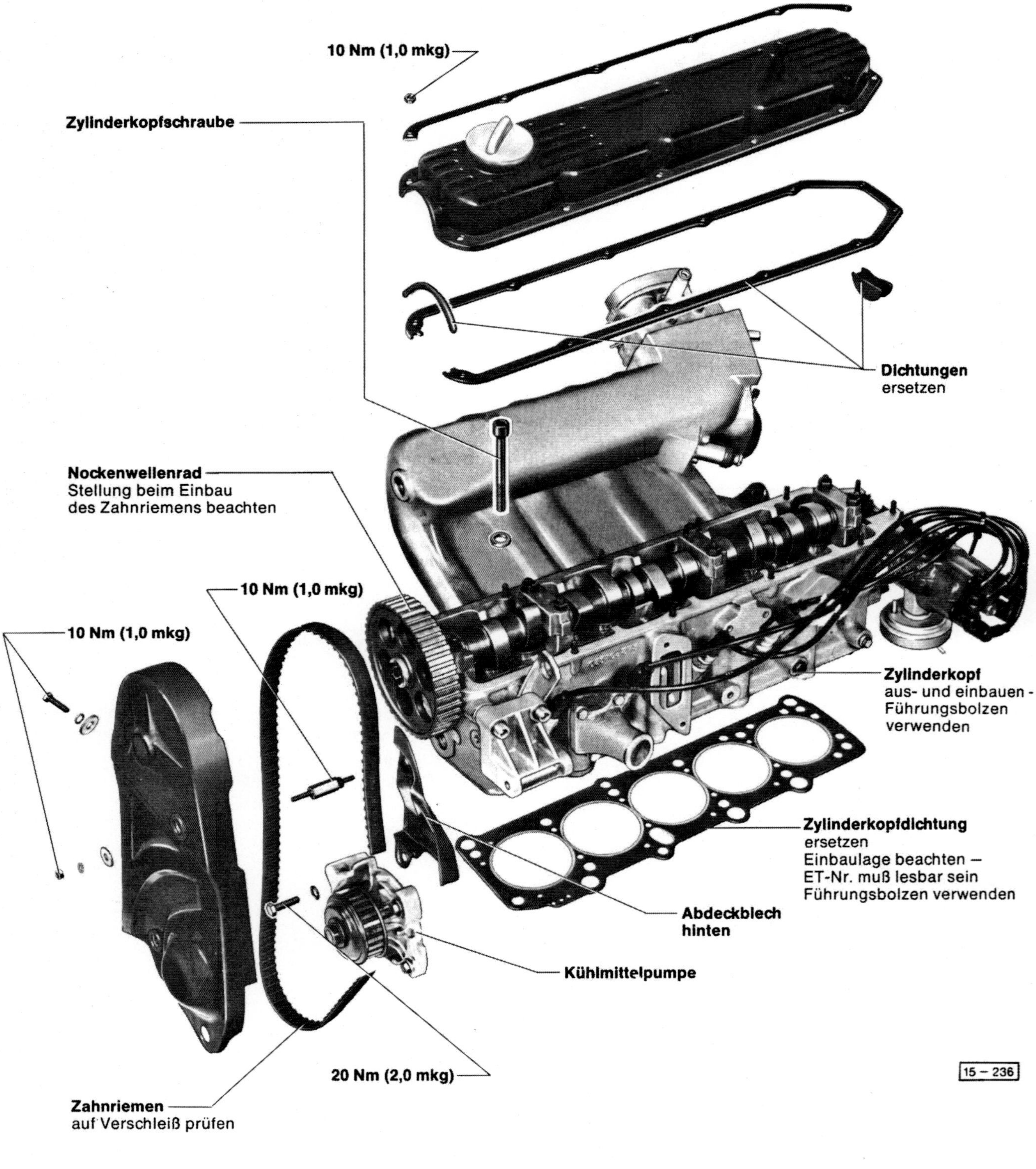

Zylinderkopf aus- und einbauen

Der Zylinderkopf kann auch bei eingebautem Motor ausgebaut werden.

Eine defekte Zylinderkopfdichtung macht sich durch Leistungsverlust, Kühlflüssigkeitsverlust, Ölverlust oder Kühlflüssigkeit im Motoröl bemerkbar. Außerdem erkennt man eine defekte Zylinderkopfdichtung an Bläschenbildung der Kühlflüssigkeit. Hierzu Verschlußdeckel von Kühler abnehmen und Motor starten. Wenn die Kühlflüssigkeit stark sprudelt, ist dies ein Hinweis auf eine defekte Zylinderkopfdichtung.

Ausbau

- Masseband von der Batterie abklemmen.
- Kühlmittel ablassen, siehe Seite 38.
- Vergasermotor: Luftfilter ausbauen, siehe Seite 69.
- Drosselklappenzug am Vergaser bzw. am Drosselklappenteil der Einspritzanlage abnehmen.
- Gasgestänge am Lagerbock aushängen.
- Abgasrohr am Abgaskrümmer abschrauben.
- Sämtliche Wasserschläuche und Unterdruckschläuche vom Zylinderkopf abnehmen.
- Zahnriemen ausbauen, siehe Seite 19.
- Abdeckblech für Zahnriemenschutz hinten abnehmen.
- Hochspannungskabel aus Zündverteiler ziehen, Kabel und Unterdruckschlauch am Zündverteiler abnehmen.
- Elektrische Leitungen von Geber für Öldruck und Kühlmittel abziehen.

Vergasermotor:

- ■ Kraftstoffleitung und Unterdruckleitungen vom Vergaser abklemmen.
- ■ Elektrische Leitungen von Startautomatik, Umluftabschaltventil und Ansaugrohrvorwärmung abziehen.

Einspritzmotor:

- ■ Lufthutze zwischen Luftmengenmesser und Sammelsaugrohr ausbauen.
- ■ Luftfilterdeckel ausbauen.
- ■ Elektrische Leitungen an folgenden Punkten abziehen: Thermozeitschalter, Kaltstartventil, Zusatzluftschieber.
- ■ Warmlaufregler, Kaltstartventil und Einspritzventile ausbauen. **Achtung:** Alle Kraftstoffleitungen bleiben angeschlossen.
- ■ Schlauch für Kurbelgehäusebelüftung, Schlauch zur Lufthutze, Unterdruckschlauch von Drosselklappenteil abziehen.

- Zylinderkopfhaube abschrauben.

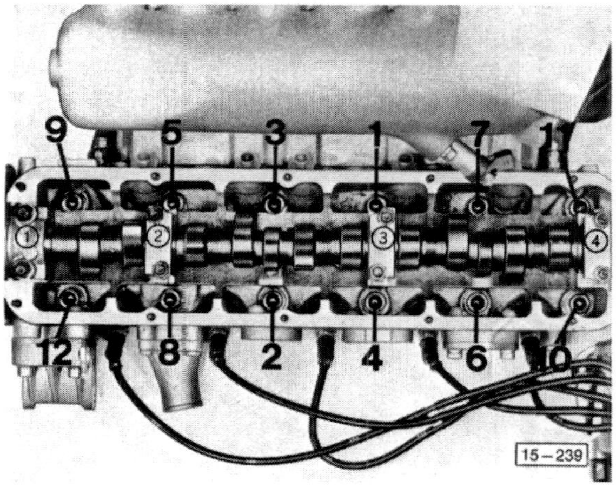

- Innensechskant- beziehungsweise Innenvielzahnkopfschrauben herausdrehen. **Achtung:** Die Schrauben müssen entgegen ihrer Numerierung (von 12 nach 1) zuerst gelöst und dann herausgeschraubt werden.
- Zylinderkopf und Zylinderkopfdichtung abnehmen.

Einbau

Vor dem Einbau Zylinderkopf von Dichtungsresten freimachen und auf Beschädigungen bzw. auf Verzug untersuchen.

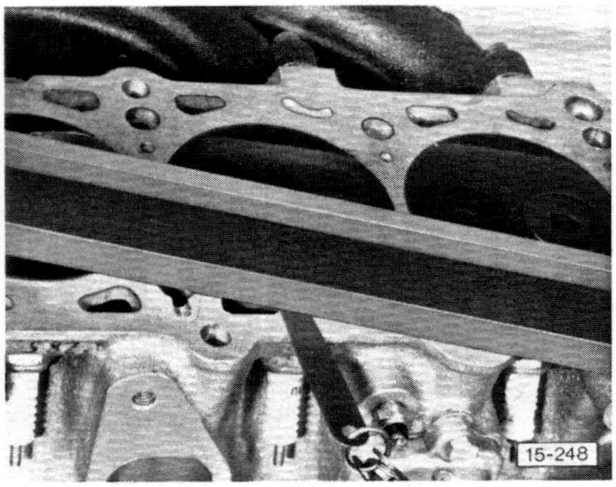

- Verzug mit Stahllineal und Fühlerblattlehre an verschiedenen Stellen des Zylinderkopfes prüfen. Die zulässigen Unebenheiten dürfen maximal 0,1 mm nicht überschreiten.
- Zylinderkopfdichtung grundsätzlich ersetzen.

- Zylinderkopfdichtung ohne Dichtungsmittel auflegen, und zwar so, daß die ET-Nr. lesbar ist (Pfeil).

Achtung: In den ersten beiden Produktionsmonaten wurde der Zylinderkopf mit Innensechskantschrauben angeschraubt. Beim Einbau des Zylinderkopfes die Innensechskantschrauben durch Innenvielzahnschrauben ersetzen.

- Zum Zentrieren des Zylinderkopfes Führungsstifte anfertigen. Dazu an zwei alten Zylinderkopfschrauben den Kopf absägen und jeweils eine Nut für den Schraubendreher anbringen.
- Führungsstifte in die Bohrungen 9 und 10 einschrauben.
- Kurbelwelle an der Riemenscheibe so verdrehen, daß alle Kolben ungefähr auf gleicher Höhe stehen.
- Zylinderkopf aufsetzen.
- Die übrigen 10 Zylinderkopfschrauben mit Unterlegscheiben ansetzen und handfest anziehen. **Zylinderkopfschrauben grundsätzlich ersetzen,** unabhängig davon, ob Innensechskant- oder Innenvielzahnschrauben eingebaut waren.
- Führungsstifte mit Schraubendreher herausschrauben, die restlichen 2 Zylinderkopfschrauben mit Unterlegscheiben einsetzen und handfest anziehen.

Achtung: Das Anziehen der Zylinderkopfschrauben ist mit größter Sorgfalt durchzuführen. Vor dem Anziehen der Schrauben sollte der Drehmomentschlüssel auf seine Genauigkeit geprüft werden. Die Zylinderkopfschrauben müssen bei kaltem Motor angezogen werden.

- Die Zylinderkopfschrauben werden in 3 Stufen angezogen. Kopfschrauben in jeder Stufe jeweils in der Reihenfolge von 1 bis 12 anziehen.

1. Stufe: mit Drehmomentschlüssel **40 Nm**
2. Stufe: mit Drehmomentschlüssel **60 Nm**
3. Stufe: ½ Umdrehung (180°) mit **starrem** Schlüssel ohne abzusetzen weiterdrehen. Stattdessen 2 x 90° weiterdrehen ist ebenfalls zulässig.

- Beim Anziehen der Zylinderkopfschrauben Drehwinkel abschätzen. Schlüsselgriff längs zum Motor ansetzen und in einem Zug drehen, bis der Griff quer zum Motor steht (¼ Umdrehung, 90°). Anschließend Schlüssel weiterdrehen bis der Griff wieder längs zum Motor steht.

Achtung: Ein Nachziehen der Zylinderkopfschrauben bei warmem Motor im Rahmen der Wartung oder nach Reparaturen ist **nicht zulässig.**

Achtung: Beim Einbau eines Austausch-Zylinderkopfes mit montierter Nockenwelle müssen die Berührungsflächen zwischen Tassenstößel und Nockenbahn nach Einbau des Zylinderkopfes geölt werden.

- Zahnriemen einbauen, siehe Seite 19.
- Ventilspiel einstellen, siehe Seite 29.
- Zylinderkopfhaube mit neuen Dichtungen aufsetzen, Schrauben mit 10 Nm (1,0 mkg) festziehen.
- Abgasrohr am Abgaskrümmer anschrauben, neue Dichtung verwenden, Bördelkante zeigt zum Rohr.
- Gasgestänge am Lagerbock einhängen.
- Zug für Drosselklappe an Vergaser bzw. Einspritzanlage anschließen, siehe Seite 65.
- Sämtliche Kühlmittelschläuche anschließen und mit Schellen sichern.
- Kühlmittel auffüllen, siehe Seite 38.
- Sämtliche Unterdruckschläuche anschließen und mit Schellen sichern, siehe auch unter „Ausbau".
- Zündkabel in Zündspule einschieben, Stecker auf Zündverteiler aufschieben, Unterdruckschlauch auf Unterdruckdose schieben.
- Elektrische Leitungen an Temperaturgeber und Öldruckschalter aufschieben.

Vergasermotor:

- Kraftstoffleitung anschließen und mit Schelle sichern.
- Elektrische Leitungen für Startautomatik, Umluftabschaltventil und Ansaugrohrvorwärmung anschließen.
- Luftfilter montieren, siehe Seite 69.

Einspritzmotor:

- Lufthutze zwischen Luftmengenmesser und Sammelsaugrohr einbauen und mit Schellen sichern.
- Luftfilterdeckel einbauen, siehe Seite 82.
- Warmlaufregler, Kaltstartventil und Einspritzventile anschließen, siehe auch unter „Einspritzanlage".
- Unterdruckschläuche anschließen: Sammelsaugrohr/Bremsservo, Drosselklappenteil, Sammelsaugrohr/Warmlaufregler, Schlauch für Kurbelgehäusebelüftung.
- Elektrische Leitungen anschließen: Thermozeitschalter, Kaltstartventil, Zusatzluftschieber.

- Ölstand im Motor kontrollieren, Batterie-Masseband anklemmen.
- Motor starten.
- Kühlflüssigkeitsstand kontrollieren.
- Zündeinstellung überprüfen, siehe Seite 180.
- Ventilspiel nach 1000 km bei warmem Motor prüfen und einstellen, siehe Seite 29.

Ventil aus- und einbauen

Ausbau

- Zylinderkopf ausbauen, siehe Seite 23.

Achtung: Werden Teile der Ventilsteuerung wieder verwendet, müssen diese an gleicher Stelle wieder eingebaut werden. Damit keine Verwechselungen vorkommen, empfiehlt es sich, ein entsprechendes Ablagebrett anzufertigen.

- Nockenwelle ausbauen, siehe Seite 20.

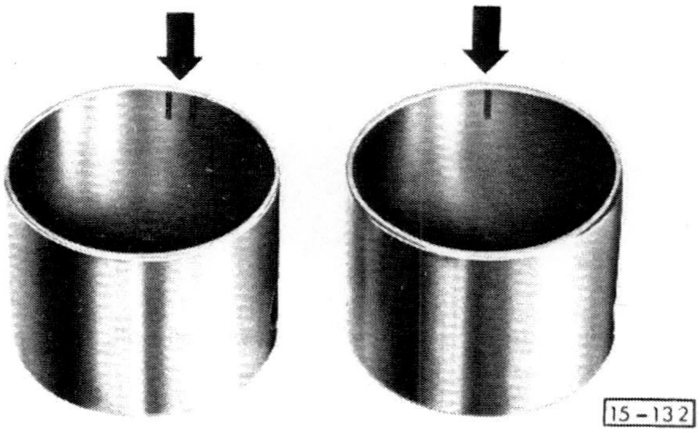

- Tassenstößel beim Ausbau kennzeichnen. **Achtung:** Tassenstößel dürfen nicht vertauscht werden.

- Ventilfedern ausbauen. Hierzu benutzen die Werkstätten das Werkzeug 2037. Man kann die Ventilkegelstücke und damit die Ventilfedern einschließlich der Ventile auch mit Hilfe einer normalen Ventilfederzange ausbauen.
- Ventilfedern zusammendrücken und Kegelstücke herausnehmen. Federn entspannen, Ventil und Ventilfedern herausnehmen.

● Ventilschaftabdichtungen herausziehen. Zum Ausbau benutzen die Werkstätten ein Spezialwerkzeug (VW 10-218). Werden andere Hilfsmittel benutzt, sind in jedem Fall die Ventilschaftabdichtungen zu erneuern.

● Falls die Federauflage ausgebaut werden soll, ist das Werkzeug 10-218 erforderlich.

Achtung:

Seit Mai 81 werden Ventile mit 3 Rillen am Schaft eingebaut. Sie gewährleisten in Verbindung mit einer Änderung des Ventilschaftes, der Ventilkegel und Ventilfederteller, daß die Drehbewegung des Ventils schon bei niedriger Motordrehzahl erfolgt. Im Reparaturfall können 1- und 3-Rillen-Ventile gemischt eingebaut werden. Dabei ist jedoch darauf zu achten, daß die jeweiligen Ventile nur mit den vorgesehenen Ventilkegeln und Ventilfedertellern eingebaut werden.

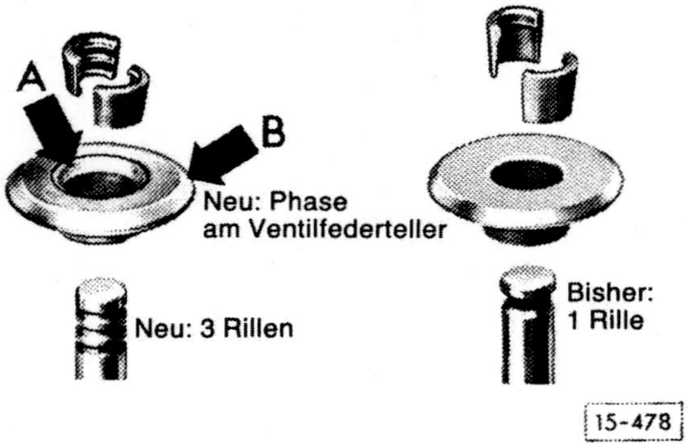

Einbau

Vor Einbau der Ventile Ventilführungen prüfen und eventuell Ventilsitze nacharbeiten bzw. einschleifen.

● Untere Federauflage einsetzen.

● Ventilschaft an den Anlageflächen der Ventilkegelstücke entgraten.

● Ventilschaft leicht einölen und Ventil einsetzen.

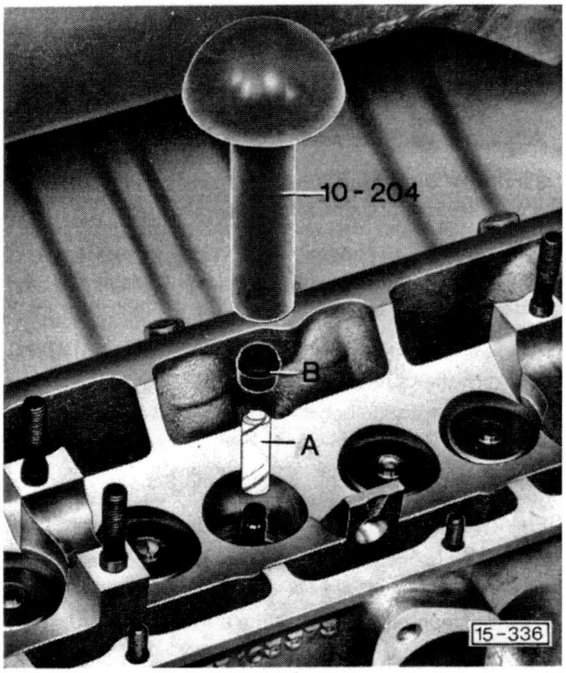

● **Grundsätzlich neue Ventilschaftabdichtungen einbauen.** Kunststoffhülse A (VW-Werkzeug, liegt dem Reparatursatz bei) auf den Ventilschaft stecken, Ventilschaftabdichtung – B – leicht einölen und mit Treibdorn (VW-Werkzeug 10-204) vorsichtig auf die Ventilführung schieben.

Achtung: Erfolgt die Montage ohne Verwendung der Kunststoffhülse – A –, werden die Ventilschaftabdichtungen beschädigt! Der Motor verbraucht dann übermäßig viel Öl.

● Ventilfedern und Ventilteller oben einsetzen. **Achtung:** Ventilfedern nur paarweise auswechseln.

● Ventilfedern mit Ventilfederzange zusammendrücken und Ventilkegelstücke einsetzen. Sie müssen in die Aussparung des Ventilschaftes eingelegt werden. Ventilfederzange entspannen und nächstes Ventil einsetzen.

● Tassenstößel entsprechend ihrer Markierung wieder in gleiche Bohrung einsetzen.

● Ventilspieleinstellscheiben auflegen.

● Nockenwelle einbauen, siehe Seite 20.

● Zylinderkopf einbauen, siehe Seite 23.

Ventilführungen prüfen

Bei Instandsetzungsarbeiten von Motoren mit undichten Ventilen genügt es nicht, die Ventile und Ventilsitze zu bearbeiten beziehungsweise zu ersetzen. Es ist außerdem dringend erforderlich, die Ventilführungen auf Verschleiß zu prüfen. Besonders wichtig ist die Prüfung an Motoren mit längerer Laufzeit. Ist der Verschleiß zu groß, sind entweder die Ventilführungen zu erneuern (Werkstattarbeit) oder der Zylinderkopf ist auszutauschen.

- Rückstände an Ventilführungen mit Reinigungsahle entfernen.
- Neues Ventil einsetzen. Ventilschaftende muß mit Führung abschließen.

- Kippspiel ermitteln. Hierzu benutzen die VW/Audi-Werkstätten ein Spezialwerkzeug (VW 387).

	Einlaß-ventil-führung	Auslaß-ventil-führung
Kippspiel max.	1,0 mm	1,3 mm

- Bei zu großem Kippspiel Ventilführungen von Werkstatt erneuern lassen.

Ventilsitz im Zylinderkopf nacharbeiten

Ventilsitze mit Verschleiß- oder Verbrennungsspuren können nachgearbeitet werden solange die Korrekturwinkel und Sitzbreiten eingehalten werden. Andernfalls muß der Zylinderkopf ersetzt werden. Ventilsitzringe können mit den üblichen Werkstattmitteln erneuert werden (Werkstattarbeit!). Für das Nacharbeiten werden Reibahlen benötigt. Die Arbeiten sollte man von einer Werkstatt durchführen lassen.

Bearbeitungswinkel und Sitzbreiten für Ventilsitz

A – Auslaßventil

a – 30,80 mm ⌀ bei Motorenkennbuchstaben WB/WD/WE/WC*
a* – 32,80 mm ⌀
b – 9,60 mm
c – 2,40 mm

Z – Zylinderkopf-Unterk.
30° – Korrekturwinkel oben
45° – Ventilsitzwinkel

E – Einlaßventil

d – 37,20 mm ⌀
e – 9,00 mm
f – 2,00 mm

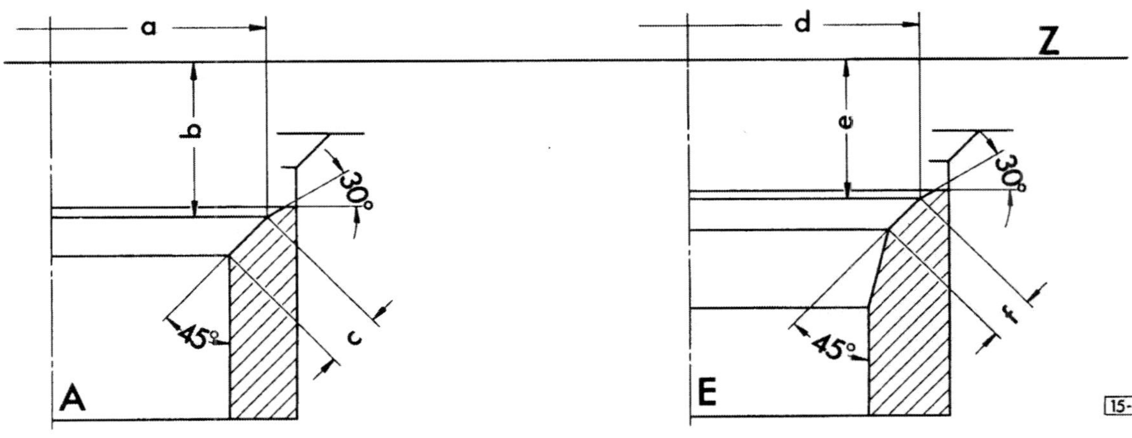

Ventile nacharbeiten

Alte Einlaßventile können auf einer Drehbank bis zu einem bestimmten Maß nachgearbeitet werden.

Achtung: Auslaßventile dürfen nicht nachgearbeitet werden. Nur das Einschleifen ist zulässig.

Bearbeitungsmaße für Einlaßventil

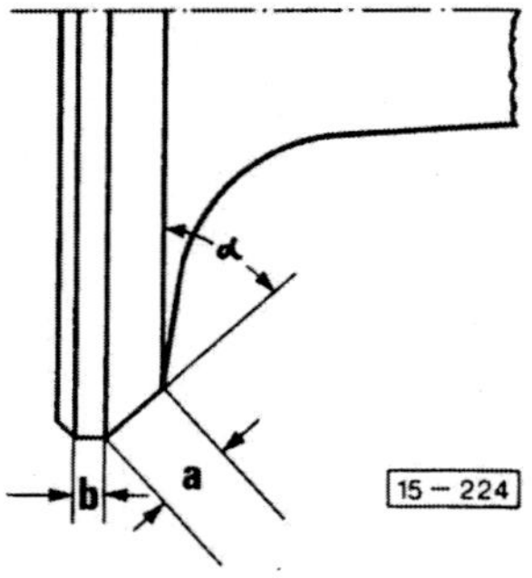

α = 45°
a = max. 3,5 mm
b = min. 0,5 mm

Ventilsitz einschleifen

Bei einwandfrei bearbeiteten Ventilsitzringen und neuen Ventilen ist das Einschleifen der Ventilsitze im Zylinderkopf nicht unbedingt erforderlich.

- Die Ventile werden mit Schleifpaste eingeschliffen. Für die notwendigen Drehbewegungen wird ein Gummisauger auf den Ventilteller gesetzt. Rillenbildung auf den Sitzflächen beim Einschleifen läßt sich durch häufiges Anheben und gleichmäßiges Weiterdrehen des Ventils während des Schleifvorgangs vermeiden.

Achtung: Die Schleifpaste ist nach dem Einschleifen sorgfältig zu entfernen.

- Geprüft werden kann der Schleifvorgang am Tragbild sowie mit Kraftstoff: Ventil lose einsetzen, Kraftstoff in Brennraum einfüllen. Kraftstoff darf nicht aus der Ventilführung auslaufen. Sonst Schleifvorgang wiederholen.

Kompression prüfen

Die Kompressionsprüfung erlaubt Rückschlüsse über den Zustand des Motors. Und zwar läßt sich bei der Prüfung feststellen, ob die Ventile oder die Kolben (Kolbenringe) in Ordnung bzw. verschlissen sind. Außerdem zeigen die Prüfwerte an, ob der Motor austauschreif ist, bzw. komplett überholt werden muß. Für die Prüfung wird ein Kompressionsdruckprüfer benötigt, der recht preiswert (u. a. von Motometer, Leonberg) angeboten wird.

Der Druckunterschied zwischen den einzelnen Zylindern darf maximal 3,0 bar (atü) betragen. Falls ein oder mehrere Zylinder gegenüber den anderen einen Druckunterschied von mehr als 3,0 bar (atü) haben, ist dies ein Hinweis auf defekte Ventile, verschlissene Kolbenringe bzw. Zylinderlaufbahnen. Ist die Verschleißgrenze erreicht, muß der Motor überholt bzw. ausgetauscht werden.

Der richtige Kompressionsdruck

Motor	85 kW/115 PS	100 kW/136 PS
Sollwert	8,5–12	9–13
Verschleißgrenze	7,0	7,5

Achtung: Hochspannungskabel Klemme 4 aus der Zündverteilerkappe ziehen, mit geeignetem Kabel verlängern und direkt an Fahrzeugmasse legen.

- Zur Prüfung des Kompressionsdruckes soll die Öltemperatur etwa 30 °C betragen. Sämtliche Zündkerzen rausdrehen. Kompressionsdruckprüfer nach Bedienungsanleitung anschließen.
- Von zweitem Mann Gaspedal durchtreten lassen, Gaspedal während der ganzen Prüfung mit Fuß festhalten.
- Motor etwa 5 Sekunden starten. Prüfwert des Zylinders festhalten.
- Nacheinander sämtliche Zylinder prüfen, mit Sollwert vergleichen.

Ventilspiel einstellen

Das Ventilspiel muß bei handwarmem Motor (ca. +35 °C Kühlmitteltemperatur) geprüft beziehungsweise eingestellt werden.

Sollwerte warm	**Einlaßventil:**	**0,20–0,30 mm**
	Auslaßventil:	**0,40–0,50 mm**

Nach Reparaturen am Zylinderkopf ist das Ventilspiel bei kaltem Motor einzustellen.

Sollwerte kalt	**Einlaßventile:**	**0,15–0,25 mm**
	Auslaßventile:	**0,35–0,45 mm**

Das Ventilspiel ist im Rahmen der Wartung bei km-Stand 30 000 und alle weiteren 30 000 km zu prüfen und gegebenenfalls zu berichtigen. Grundsätzlich ist das Ventilspiel nach einer Zylinderkopfreparatur (nach 1000 km) zu prüfen beziehungsweise einzustellen.

Das Einstellen der Ventile hat nur dann den gewünschten Erfolg, wenn die Ventile einwandfrei abdichten, diese kein unzulässiges Spiel in den Ventilführungen haben und am Schaftende nicht eingeschlagen sind.

Zum Einstellen des Ventilspiels stehen Einstellscheiben von 3,00 mm bis 4,25 mm Dicke zur Verfügung. Die Stärke der Einstellscheiben ist auf der Unterseite eingeätzt. **Beim Einbau ist unbedingt darauf zu achten, daß diese Kennzeichnung nach unten, das heißt in den Tassenstößel zeigt.**

Einstellscheiben und ihre Ersatzteilnummern

Dicke	Teile-Nummer	Dicke	Teile-Nummer
3,00	056 109 555	3,65	056 109 568
3,05	056 109 556	3,70	056 109 569
3,10	056 109 557	3,75	056 109 570
3,15	056 109 558	3,80	056 109 571
3,20	056 109 559	3,85	056 109 572
3,25	056 109 560	3,90	056 109 573
3,30	056 109 561	3,95	056 109 574
3,35	056 109 562	4,00	056 109 575
3,40	056 109 563	4,05	056 109 576
3,45	056 109 564	4,10	056 109 577
3,50	056 109 565	4,15	056 109 578
3,55	056 109 566	4,20	056 109 579
3,60	056 109 567	4,25	056 109 580

Bereits gelaufene Einstellscheiben können, wenn keine mechanischen Beschädigungen vorliegen, wieder verwendet werden.

Einstellen

- Das Einstellen des Ventilspiels erfolgt in der Reihenfolge 1–2–4–5–3 Zylinder. Der 1. Zylinder liegt gegenüber dem Schwungrad.
- Zylinderkopfhaube ausbauen, siehe Seite 22.

- Kurbelwelle an der Schwungscheibe – und somit Nokkenwelle – mit Steckschlüssel (bzw. bei eingelegtem 4. Gang durch Verschieben des Fahrzeugs) soweit drehen, bis das Nockenpaar des einzustellenden Zylinders gleichmäßig nach oben zeigt (dabei sind die Nocken schräg versetzt). Das Nockenpaar liegt dann nicht mehr auf den Einstellscheiben auf.

Achtung: Nicht an der Befestigungsschraube für das Nockenwellenrad drehen, da sonst der Zahnriemen überbeansprucht wird.

- Ventilspiel mit Fühlerblattlehre messen.

Achtung: Die Reihenfolge der Ventile aus Richtung Stirnseite (gegenüber dem Schwungrad) des Motors ist: 1. Zylinder: Auslaß-Einlaßventil; 2. Zylinder: Auslaß-Einlaßventil; 3. Zylinder: Einlaß-Auslaßventil; 4. Zylinder: Einlaß-Auslaßventil. 5. Zylinder: Einlaß-Auslaßventil. Die Fühlerblattlehre muß sich saugend zwischen Nocken- und Einstellscheibe hin- und herschieben lassen.

- Ventilspiel korrigieren. Hierzu benutzen die Audi-Werkstätten das Spezialwerkzeug 2078 und 10-208, das in ähnlicher Ausführung von verschiedenen Werkzeugfirmen angeboten wird. Ohne diese Werkzeuge ist ein Einstellen der Ventile nicht möglich. Mit dem Niederhalter 2078 wird der Tassenstößel nach unten gedrückt. Mit der Zange 10-208 wird die Einstellscheibe herausgezogen. Gegebenenfalls Tassenstößel verdrehen, damit die Zange in die Aussparungen des Tassenstößels eingreifen kann.

- Erforderliche Einstellscheibe einlegen.

Achtung: Beschriftung muß nach unten zeigen.

- Niederhalter (2078) entfernen und Nockenwelle weiterdrehen.
- Ventile für Zylinder 2 usw. einstellen.

Hinweis: Mit zunehmender Laufleistung wird durch Setzen und Einschlagen der Ventile und Sitze das Ventilspiel kleiner, das heißt, die vorhandene Einstellscheibe ist dann zu dick und muß durch eine dünnere ersetzt werden.

Beispiel:

	Auslaß	Einlaß
Sollwerte (Einstellwerte)	0,40 – 0,50 mm	0,20 – 0,30 mm
gemessene Werte	0,35 mm	0,35 mm
anzustrebender Einstellwert	0,45 mm	0,25 mm

Liegen die Werte innerhalb der Toleranz, ist ein Auswechseln der Einstellscheiben nicht erforderlich. Wird die Toleranz überschritten, ist beim Einstellen der Mittelwert – z. B. 0,25 mm – anzustreben.

Störungstabelle Motor

Wenn der Motor nicht anspringt, Fehler systematisch einkreisen. Damit der Motor überhaupt anspringen kann, müssen immer zwei Grundvoraussetzungen erfüllt sein: Das Kraftstoff-Luftgemisch muß bis in die Zylinder gelangen, der Zündfunke muß an den Zündkerzen vorhanden sein. Als erstes ist deshalb immer zu prüfen, ob überhaupt Kraftstoff gefördert wird. Wie man dabei vorgeht, steht im Kapitel „Die Kraftstoff-Anlage".

Achtung: Es ist unzulässig, das Hochspannungskabel aus der Mitte der Zündverteilerkappe zu ziehen und in einem Abstand gegen Masse zu halten, da dadurch die TSZ-Anlage beschädigt werden kann. Auch bei Anlaßdrehzahl keine Leitungen der Zündanlage berühren. Verletzungsgefahr! Um zu prüfen, ob ein Zündfunke an der Zündkerze vorhanden ist, Zündkerze rausschrauben, in Zündkerzenstecker stecken und auf Motorblock legen. Nicht festhalten! Motor kurz starten. Falls kein Zündfunke überspringt, Fehler nach Tabelle aufspüren.

Achtung: Beim Aufstecken der Zündkabel Zündfolge beachten: 1–2–4–5–3. Verteilerkappe abnehmen, auf dem Zündverteilergehäuse ist eine Kerbe eingeschlagen. Wenn die Verteilerkappe aufgesetzt wird, befindet sich über der Kerbe in der Verteilerkappe das Zündkabel für Zylinder 1. Es folgen – im Uhrzeigersinn – die Zündkabel für Zylinder 2–4–5–3.

Beim Messen an Klemme 15 der Zündspule mit einem Voltmeter ist in jedem Fall folgendermaßen vorzugehen:

- Voltmeter an Klemme 15 der Zündspule und an Masse anschließen.

  Achtung: Spannung nur bei stehendem Motor messen!

- Die Spannung soll zwischen 8 und 10 Volt betragen.

Störung: Der Motor springt schlecht oder gar nicht an

Ursache	Abhilfe
Bedienungsfehler beim Starten	**Vergasermotor:** ■ **Bei kaltem Motor:** Gaspedal einmal langsam durchtreten und wieder loslassen, Kupplung treten, Zündung einschalten, starten, kein Gas geben. Sofort losfahren. Nur bei strengem Frost Motor ca. 30 Sekunden warmlaufen lassen. ■ **Bei warmem Motor:** Während des Anlassens Gaspedal durchtreten und Vollgasstellung beibehalten. Nach dem Anspringen Gaspedal loslassen. ■ **Bei heißem Motor:** Vor dem Anlassen Gaspedal ganz niedertreten und Vollgas-Stellung beibehalten – nicht pumpen. **Einspritzmotor:** ■ Gaspedal etwas niederdrücken und festhalten. Kupplung durchtreten. ■ Zündschlüssel drehen und starten, bis der Motor anspringt. Dann erst Zündschlüssel loslassen.
Kein Zündfunke vorhanden. Verteilerkappe feucht, verschmutzt	■ Verteilerkappe reinigen und trocknen, innen mit Zündspray einsprühen
Risse in der Verteilerkappe, Brandkanäle	■ Verteilerkappe ersetzen
Schleifkohle in der Zündverteilerkappe abgenutzt	■ Schleifkohle erneuern
Verteilerläufer defekt	■ Verteilerläufer erneuern
Widerstand des Verteilerläufers zu hoch	■ Verteilerläufer auswechseln
Widerstand in Zündkerzenleitung/Zündkerzenstecker zu hoch	■ Zündleitung/Zündkerzenstecker erneuern
Zündkerzenstecker in falscher Reihenfolge aufgesteckt	■ Zündkerzenstecker nach Zündfolge 1–2–4–5–3 aufstecken.
Zündkerzen wegen zu vieler Startversuche naß	■ Zündkerzen trocknen
Zündkerzen außen feucht und verschmutzt	■ Zündkerzen reinigen, trocknen, Silikonschutzkappe auf Zündkerze und Stecker schieben
Leistung der Zündspule zu gering	■ Elektrische Leitungen an der Zündspule auf festen Sitz und guten Kontakt prüfen
Zu geringe Spannung an Klemme 15 der Zündspule (mindestens 8 Volt)	■ Batterie laden, gute Masseverbindung zwischen Batterie und Aufbau bzw. Getriebe und Aufbau herstellen. Spannungsverlust zwischen Batterie, Lichtschalter, Zündanlaßschloß bzw. Klemme 15 beseitigen
Zündspule gerissen, Brandkanäle	■ Zündspule erneuern
Spannungsverlust durch Berührung elektrischer Anschlüsse bzw. Leitungen mit Schläuchen des Motors	■ Elektrische Leitungen richtig führen
Zündzeitpunkt grob verstellt	■ Zündzeitpunkt korrigieren
Anlasser dreht zu langsam	■ Batterie laden, in der kalten Jahreszeit Winteröl einfüllen. Anlasser überprüfen
Ventilspiel falsch	■ Ventilspiel korrigieren
Kompression schlecht	■ Ventilspiel einstellen, Motor überholen

Motor-Schmierung

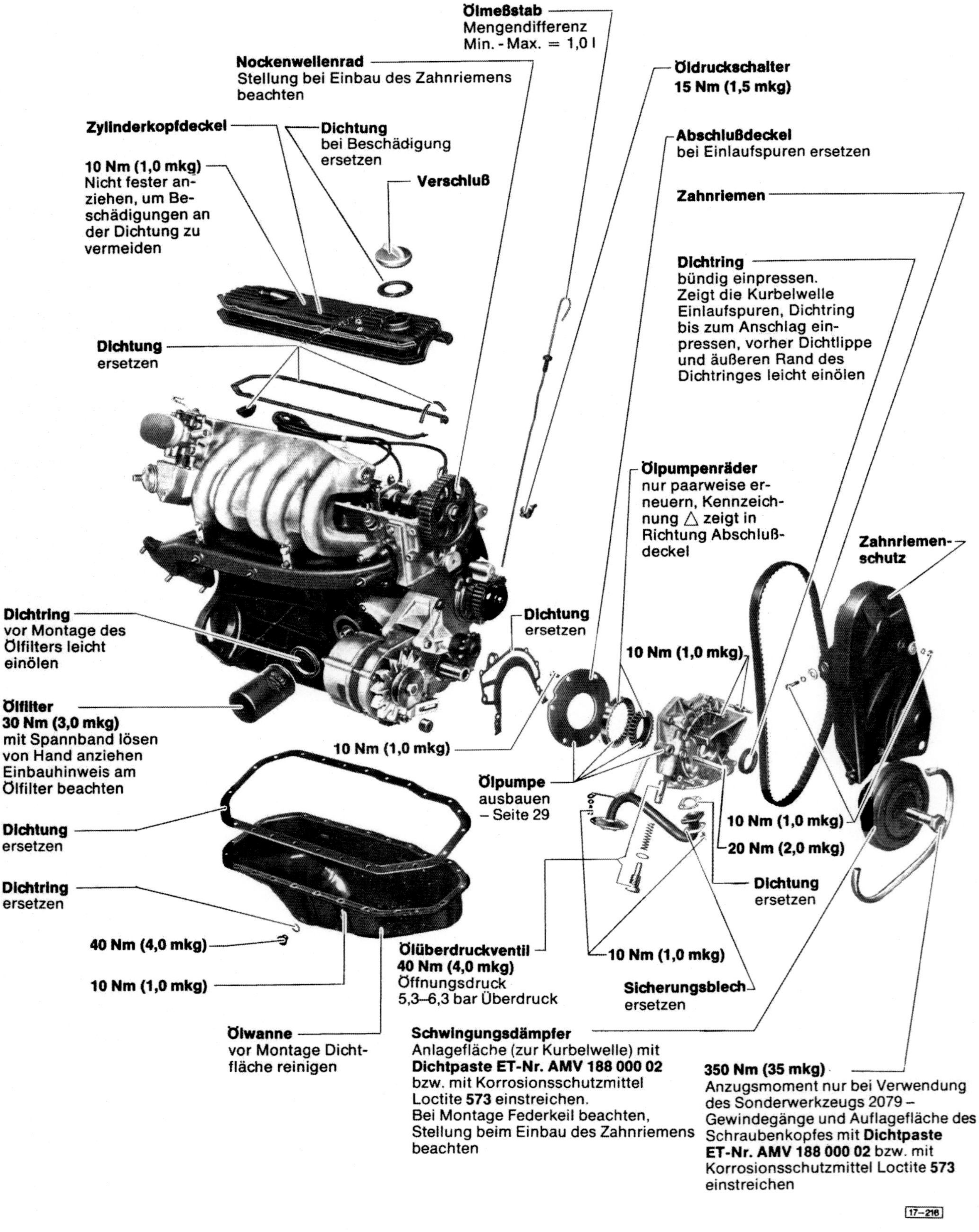

Ölfilterwechsel

Alle 15 000 km soll das Ölfilter gewechselt werden. Die Werkstätten benutzen zum Lösen des Ölfilters ein Spannband. Steht dieses nicht zur Verfügung, kann das Ölfilter auch mit einem Lederriemen gelöst werden. Festgezogen wird das Ölfilter nur von Hand.

- Dichtfläche am Motor reinigen. Gummidichtung leicht einölen.
- Beim Einbau Hinweise auf dem Ölfilter beachten, nach einer Probefahrt kontrollieren, ob am Ölfilter Öl ausläuft. Gegebenenfalls Ölfilter nachziehen.

Öldruck überprüfen

- Öldruckschalter ausbauen.
- Anstelle des Öldruckschalters geeignetes Prüfgerät einschrauben.

Achtung: Geringer Ölaustritt.

- Motor starten, im Leerlauf belassen. Bei einer Öltemperatur von 80 °C soll der Öldruck bei dieser Motordrehzahl mindestens 1,0 bar (1,0 atü) betragen.

Achtung: Zur Prüfung wird ein Öl mit der Viskosität SAE 20 W 20 benötigt.

- Motordrehzahl auf 5500/min erhöhen, der Öldruck soll dann mindestens 5,3 bar Überdruck betragen.
- Geringerer Öldruck weist auf verschlissene Kurbelwellenlager hin.
- Öldruckschalter einschrauben und mit 15 Nm (1,5 mkg) festziehen. Elektrische Leitung aufschieben.

Ölwanne aus- und einbauen
Dichtung für Ölwanne ersetzen

Ausbau

- Wagen aufbocken.
- Motoröl ablassen.

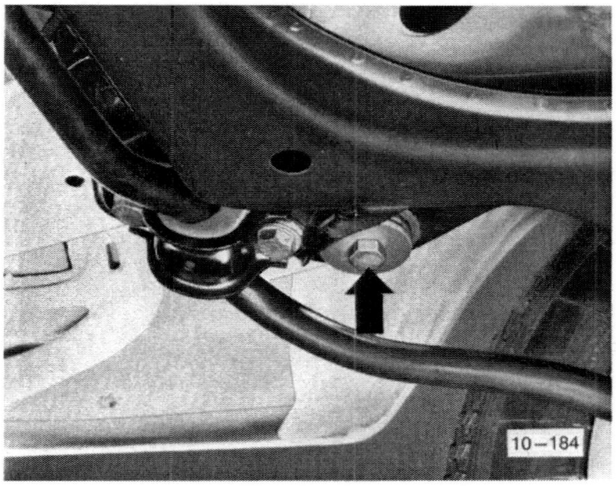

- Beide vorderen Schrauben am Aggregateträger ausschrauben.
- Schrauben für Ölwanne herausschrauben.

Einbau

- Dichtfläche an der Ölwanne und am Motor reinigen.
- Ölwannendichtung erneuern, nicht ankleben.
- Ölwannenschrauben mit 10 Nm (1,0 mkg) festziehen. Nicht kräftiger, sonst zerquetscht die Ölwannendichtung.
- Vorn links und rechts, beide Schrauben des Aggregateträgers einschrauben und mit 110 Nm (11,0 mkg) festziehen.
- Wagen ablassen, Motoröl auffüllen.
- Probefahrt durchführen, Ölwannendichtung kontrollieren.

Ölpumpe aus- und einbauen

Zum Ausbau der Ölpumpe wird Spezialwerkzeug benötigt.

Ausbau

- Keilriemen entspannen, siehe Seite 170.

- Gegenhalter 2084 einsetzen.

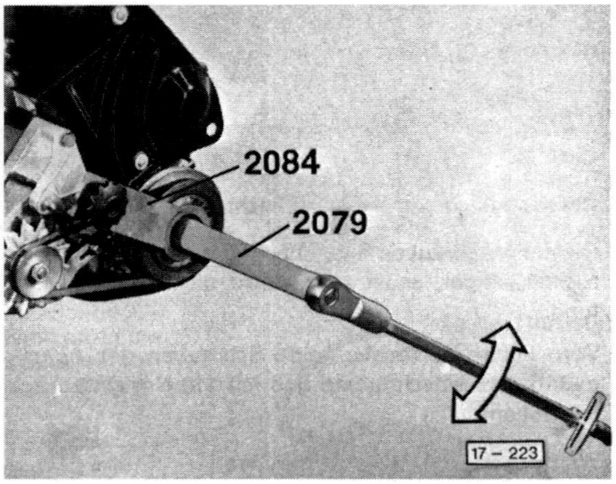

- Schwingungsdämpfer-Zentralschraube mit Werkzeug 2079 lösen.
- Zahnriemenschutz ausbauen.

- Zahnriemen entspannen und abnehmen. Dazu Kühlmittelpumpe lösen und in Pfeilrichtung drehen, siehe auch Seite 19.

Achtung: Kurbelwelle darf nicht mehr verdreht werden.

- Schwingungsdämpfer mit Zahnriemenscheibe abnehmen.
- Ölmeßstab herausziehen.
- Fahrzeug aufbocken, siehe Seite 12.
- Motoröl ablassen.

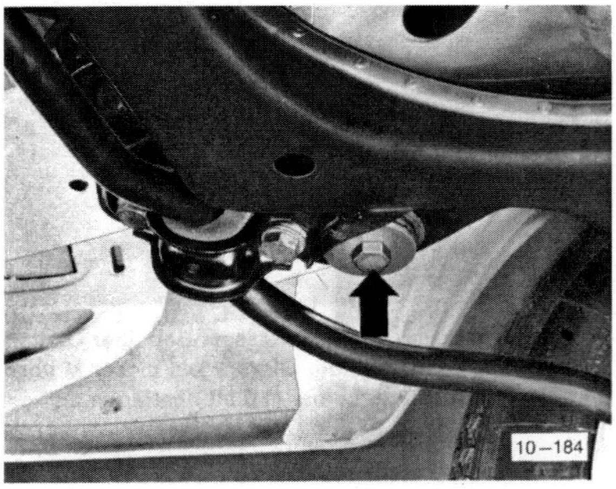

- Beide vorderen Schrauben des Aggregateträgers herausschrauben.
- Ölwanne ausbauen.

● Ölsaugleitung ausbauen. Hierzu Sicherungsblech an den Schrauben zurückbiegen.

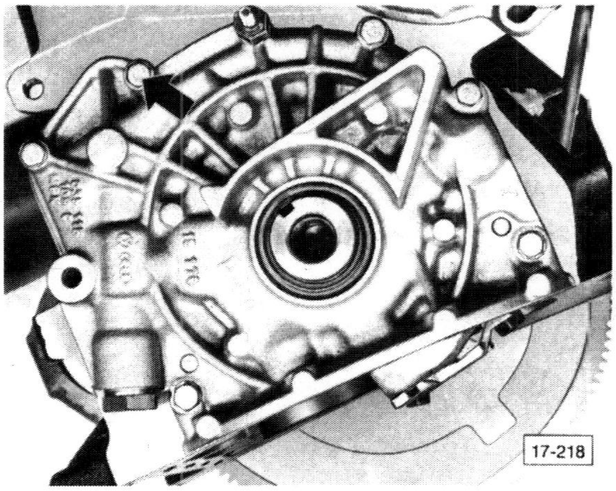

● Ölpumpe abschrauben.

Einbau

● Dichtring für Ölpumpe erneuern. Dichtlippe und äußeren Rand des Dichtringes leicht einölen. Dichtring bündig einpressen. Zeigt die Kurbelwelle Einlaufspuren, Dichtring bis zum Anschlag einpressen.

● Ölpumpenräder grundsätzlich nur paarweise erneuern. Kennzeichnung zeigt in Richtung Abschlußdeckel. Weist der Abschlußdeckel Einlaufspuren auf, Abschlußdeckel für Ölpumpe erneuern.

● Dichtungen für Ölpumpe erneuern, Ölpumpe ansetzen und Schrauben mit 20 Nm (2,0 mkg) festziehen.

● Dichtung für Ölansaugrohr erneuern, Ölansaugrohr ansetzen und Schrauben mit 10 Nm (1,0 mkg) festziehen. **Achtung:** Neues Sicherungsblech für die Schrauben des Ölansaugrohres verwenden, Blech umschlagen und somit Schrauben sichern.

● Ölwanne einbauen.

● Beide Schrauben für Aggregateträger mit 110 Nm 11,0 mkg) anschrauben.

● Zahnriemen einbauen, siehe Seite 19.

● Zahnriemenschutz einbauen.

● Schwingungsdämpfer einbauen. Anlagefläche (zur Kurbelwelle) mit Dichtpaste ET-Nr. AMV 188 000 02 bzw. mit Korrosionsschutzmittel Loctite 573 bestreichen. Bei Montage Federkeil beachten.

● Schraube für Schwingungsdämpfer mit Dichtpaste ET-Nr. AMV 188 000 02 bzw. Korrosionsschutzmittel Loctite 573 einstreichen.

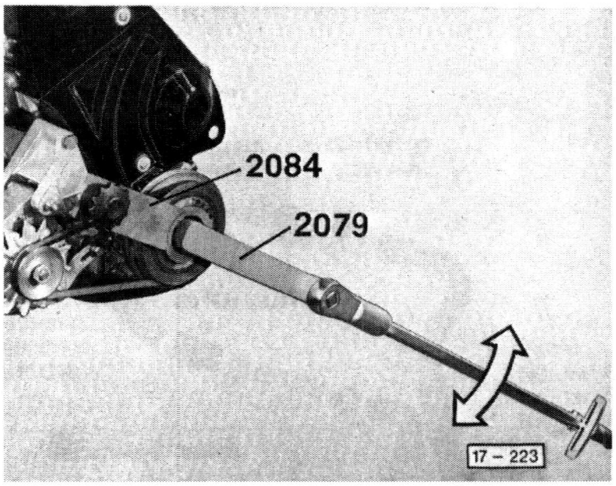

● Gegenhalter 2084 einsetzen. Drehmomentschlüssel auf Verlängerung 2079 aufsetzen, wobei diese mit dem Drehmomentschlüssel fluchten muß. Schraube mit 350 Nm (35 mkg) festziehen. **Achtung:** Das Anzugsmoment gilt nur bei Verwendung der Verlängerung 2079.

● Keilriemen spannen, siehe Seite 170.

● Öl auffüllen, Ölmeßstab einsetzen.

● Probefahrt durchführen und Ölwanne auf Dichtigkeit prüfen.

Störungstabelle Ölkreislauf

Störung	Ursache	Abhilfe
Kontrollicht leuchtet nicht nach Einschalten der Zündung auf	Strom zum Schalter unterbrochen	■ Anschlüsse prüfen
	Kontakte korrodiert	■ Anschlüsse prüfen
	Öldruckschalter defekt	■ Schalter auswechseln
Kontrollicht verlischt nicht nach Anspringen des Motors	Öl sehr warm	■ Unbedenklich, wenn Kontrollicht beim Gasgeben verlischt, andernfalls:
	Öldruckschalter schadhaft	■ Schalter auswechseln
	Öldruck zu gering	■ Druck nach Vorschrift prüfen
Kontrollicht leuchtet während der Fahrt	Öldruck zu gering	■ Druck nach Vorschrift prüfen
Zu niedriger Öldruck	Zu wenig Öl im Motor	■ Ölstand prüfen
	Ölpumpe defekt	■ Ölpumpe prüfen
	Lagerschaden	■ Motor demontieren

Motor-Kühlung

Achtung: Bei Arbeiten im Motorraum daran denken, daß bei warmem Motor der Lüfter für das Kühlmittel anlaufen kann.
Verletzungsgefahr!

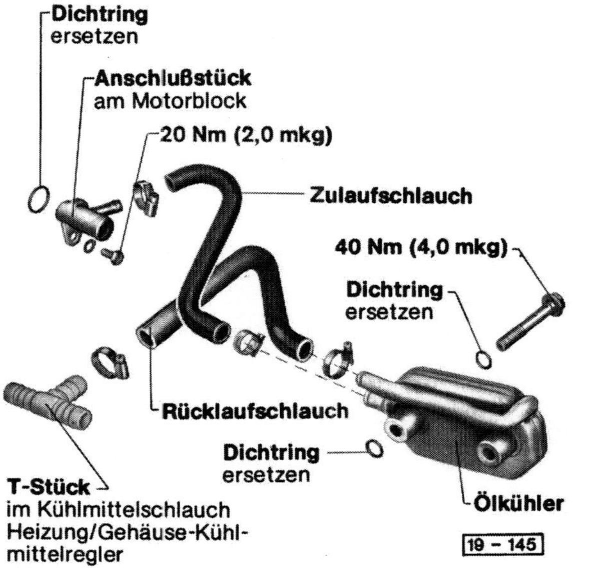

Zusätzliche Teile des Kühlsystems bei Automatik-Getriebe

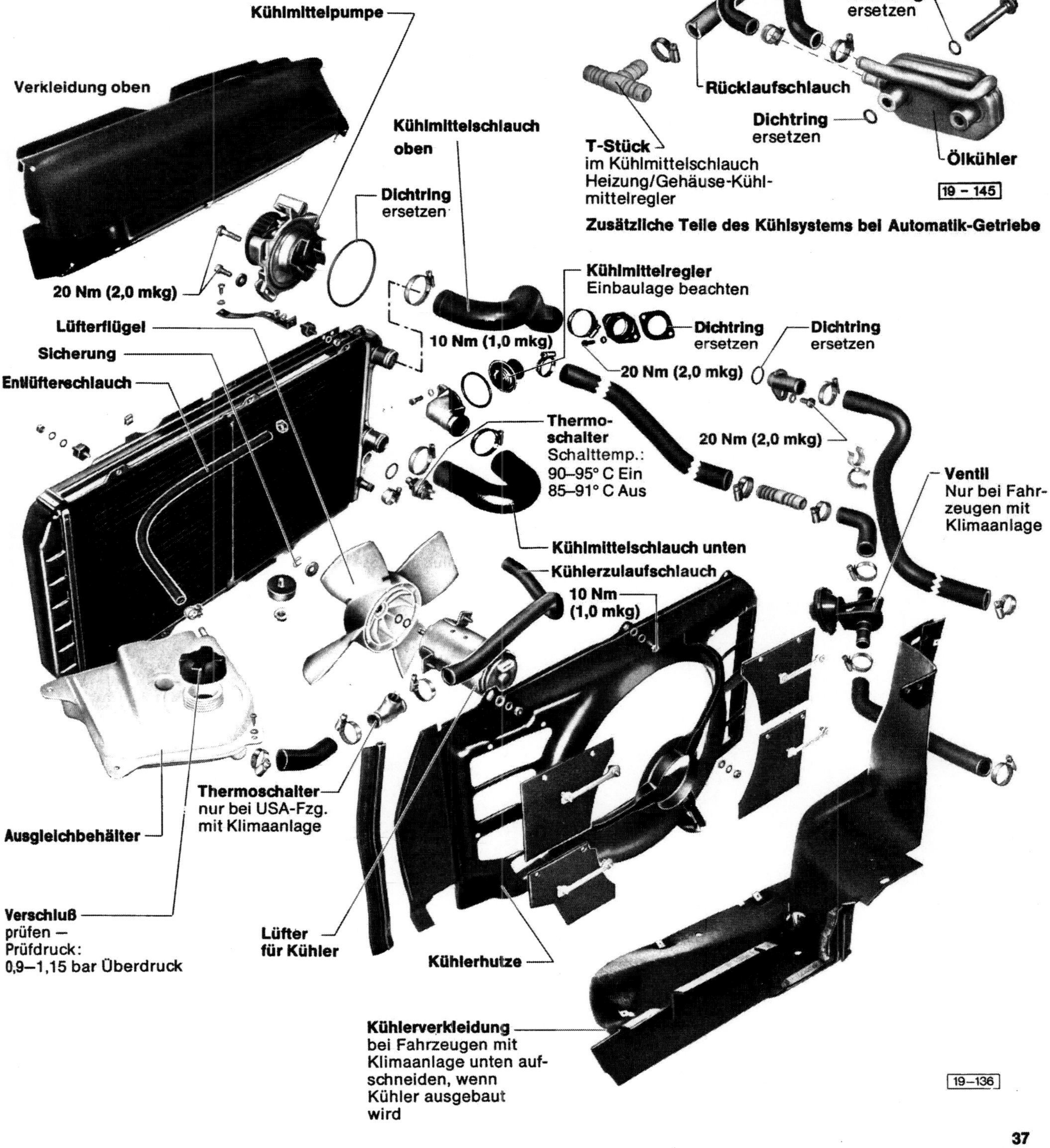

Kühler- Frostschutzmittel

Die Kühlanlage wird ganzjährig mit einer Mischung aus Wasser und VW-Kühlerfrost- und Korrosions-Schutzmittel G 11 befüllt. G 11 verhindert Frost- und Korrosionsschäden, Kalkansatz und hebt außerdem die Siedetemperatur des Kühlmittels an. Durch den federbelasteten Verschlußdeckel am Kühler wird bei warmem Motor innerhalb des Kühlkreislaufes ein Überdruck von 1 bar aufgebaut, was ebenfalls zur Siedepunkterhöhung der Kühlflüssigkeit beiträgt. Erforderlich ist der höhere Siedepunkt der Kühlflüssigkeit für ein einwandfreies Funktionieren der Motor-Kühlung. Bei zu niedrigem Siedepunkt der Flüssigkeit kann es zu einem Hitzestau kommen, wodurch der Kühlkreislauf behindert und die Kühlung des Motors vermindert wird. Deshalb muß das Kühlsystem unbedingt ganzjährig mit einer Kühlkonzentrat-Mischung gefüllt sein.

Als Kühlmittelzusatz darf nur G 11 oder ein Kühlkonzentrat mit dem Vermerk »gemäß TL VW 774 A« verwendet werden.

Kühlmittel-Mischungsverhältnis

Frostschutz bis °C	Füllmenge G 11	Füllmenge Wasser
–25	3,2	4,8
–30	3,6	4,4
–35	4,0	4,0

Der Frostschutz sollte in unseren Breiten bis ca. – 25° C reichen.

Kühlmittel ablassen und auffüllen

Da das Kühlmittel einen Korrosions- und Frostschutzzusatz enthält, sollte es zur Wiederverwendung aufgefangen werden. Auch wenn das Kühlmittel nicht wiederverwendet wird, darf es nicht einfach weggeschüttet werden, sondern muß als Sondermüll abgegeben werden. Falls bei Reparaturen der Zylinderkopf, die Zylinderkopfdichtung, der Kühler, der Wärmetauscher oder der Motor ersetzt werden, muß die Kühlflüssigkeit auf jeden Fall ersetzt werden. Das ist erforderlich, weil sich die Korrosionsschutzanteile in der Einlaufphase an den neuen Leichtmetallteilen absetzen und somit eine dauerhafte Korrosionsschutzschicht bilden. Bei gebrauchter Kühlflüssigkeit ist der Korrosionsschutzanteil in der Regel nicht mehr groß genug, um eine ausreichende Schutzschicht an den neuen Teilen aufzubauen.

Ablassen

- Heizungsbetätigung auf – warm – stellen.

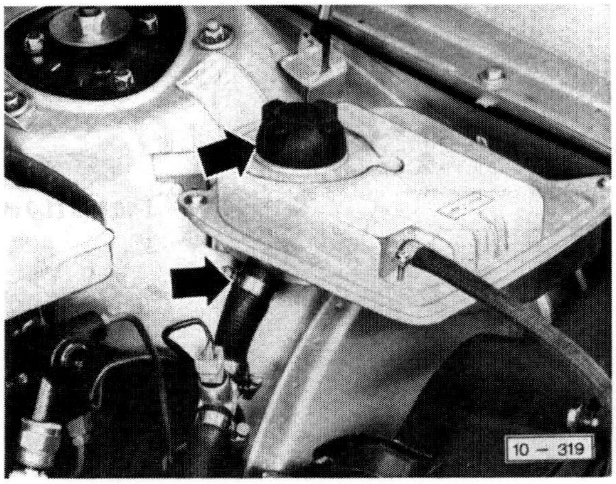

- Verschluß am Ausgleichbehälter öffnen.
- Zulaufschlauch am Ausgleichbehälter lösen und Kühlmittel ablassen.

- Heizungsschlauch an Verbindungsstelle (Pfeil) lösen, Kühlmittel ablassen.

Auffüllen

- Heizungsschlauch und Kühlmittelschlauch aufschieben und mit Schellen sichern.
- Kühlmittel auffüllen, bis Ausgleichbehälter voll. Ausgleichbehälter verschließen.
- Motor starten und laufen lassen, bis der Elektrolüfter einschaltet.

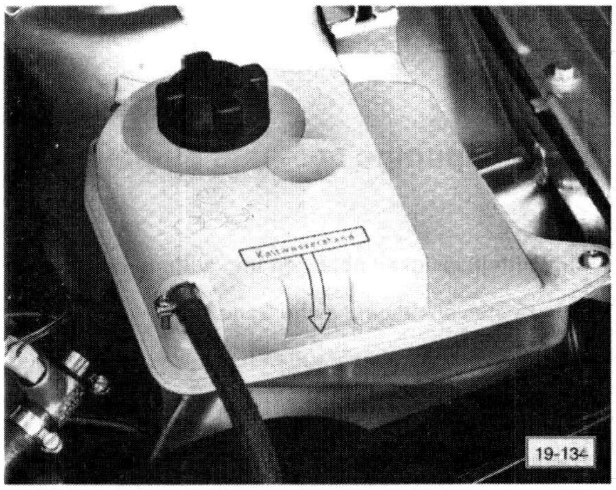

- Kühlmittelstand prüfen und gegebenenfalls ergänzen. Der Kühlmittelstand muß bei kaltem Motor bis zur Spitze des eingeprägten Pfeiles reichen, bei warmem Motor etwas darüber.

Kühlwasserregler aus- und einbauen

Ausbau

- Deckel für Kühlmittelregler abschrauben. Regler herausnehmen.

Einbau

- Dichtring für Gehäuse erneuern.

- Einbaulage Kühlmittelregler beachten. Der Pfeil bzw. Steg muß quer zum Schlauchanschluß zeigen.
- Gehäusedeckel anschrauben.
- Kühlmittel auffüllen.
- Motor laufen lassen, bis Kühlwasserregler öffnet. Deckeldichtung und Wasserschlauch auf Dichtigkeit prüfen.
- Kühlmittelstand gegebenenfalls ergänzen.

Kühlwasserregler prüfen

- Kühlwasserregler ausbauen, Regler im Wasserbad erwärmen.
- Wassertemperatur mit einem Thermometer kontrollieren.

Regler-Öffnungsbeginn: ca. 80 °C, seit August 1978: ca. 85 °C.
Öffnungshub zwischen Maß – a – und – b – mindestens 7 mm
Öffnungsende 94 °C, seit August 1978: ca. 105 °C

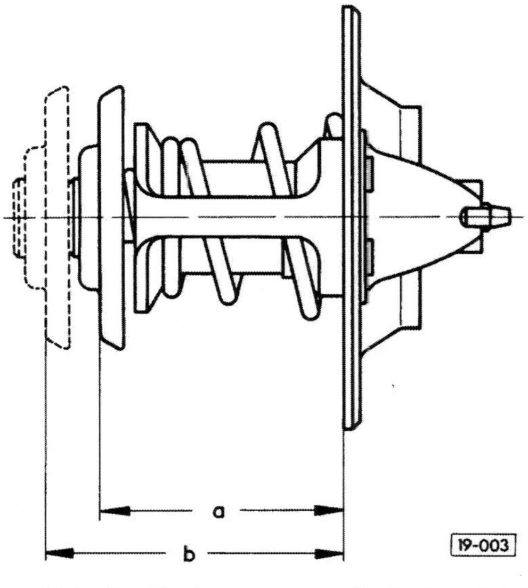

- Hub des Reglers messen. Nach dem Erhitzen muß Maß – b – gegenüber – a – mindestens 7 mm länger sein.

Achtung: Einbaulage beachten. Der Pfeil auf dem Regler muß quer zum Schlauchanschluß zeigen.

Kühler aus- und einbauen

Ausbau

- Kühlmittel ablassen und auffangen.
- Batterie-Masseband abklemmen.
- Obere Kühlerabdeckung abziehen.

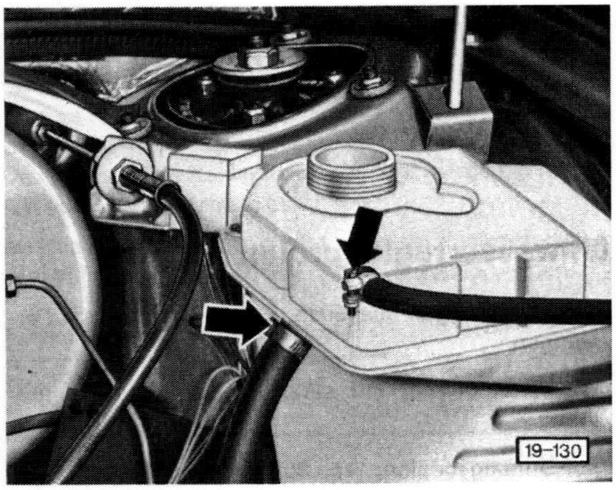

- Zulauf- und Entlüfterschlauch vom Ausgleichbehälter abziehen.
- Oberen Kühlmittelschlauch am Motor abziehen.
- Stecker am Elektrolüfter abziehen.
- Elektrische Leitungen für Thermoschalter markieren und unten am Kühler abziehen.
- Halter oben am Kühler abschrauben.
- Gummiblock oben an Karosserie/Kotflügel abschrauben.
- Von der Fahrzeugunterseite 2 Schrauben für Luftführungspappe herausschrauben.
- Von der Fahrzeugunterseite 2 Muttern für Kühlerbefestigung/Gummiblock herausschrauben. Kühler herausnehmen.

Einbau

- Kühler einsetzen, Luftführungspappe ausrichten.
- Kühler von der Fahrzeugunterseite an den beiden Gummiblöcken mit neuen selbstsichernden Muttern anschrauben. 2 Schrauben für Kühlerverkleidung von unten einschrauben.
- Kühler oben mit Halter und an Karosserie/Kotflügel anschrauben.
- Stecker auf Lüftermotor aufschieben.
- Elektrische Leitungen auf Thermoschalter aufstecken.
- Oberen Kühlmittelschlauch am Motor aufschieben und mit Schelle sichern.
- Zulauf- und Entlüfterschlauch am Ausgleichbehälter mit Schellen befestigen.
- Obere Kühlerabdeckung in Klammern einschieben.
- Kühlmittel auffüllen.
- Batterie-Masseband anklemmen.

Kühlmittelpumpe aus- und einbauen

Ausbau

- Kühlmittelflüssigkeit ablassen und auffangen.
- Zahnriemen ausbauen, siehe Seite 19.
- Kühlmittelpumpe abschrauben und herausnehmen.

Einbau

- Dichtring für Kühlmittelpumpe ersetzen.

Achtung: Wird eine nachgearbeitete Kühlmittelpumpe eingebaut, ist unter Umständen ein Dichtring mit Übergröße erforderlich (∅ = 5 mm, normalerweise ∅ = 4 mm). In diesem Fall ist auf dem Befestigungsflansch der Pumpe eine „5" eingeschlagen.

- Kühlmittelpumpe ansetzen.
- Zahnriemen einbauen, siehe Seite 19.
- Kühlmittel auffüllen.

Störungstabelle Kühlmitteltemperatur

Störung: Die Kühlmitteltemperatur-Anzeige steht im roten Bereich

Ursache	**Abhilfe**
Zu wenig Kühlmittel im Kreislauf	■ Kühler muß randvoll sein ■ Ausgleichbehälter muß etwa bis zur Markierung gefüllt sein
Elektrolüfter läuft nicht an	■ Relais für Elektrolüfter defekt. Probe: Relais abziehen und Klemme 30 und 87 in Relaisplatte mit Hilfsleitung verbinden ■ Leitung zur Relaisplatte Klemme 30 unterbrochen (keine Spannung) ■ Leitung von Relaisplatte Klemme 87 zum Elektrolüfter unterbrochen ■ Leitung von Elektrolüfter zur Fahrzeugmasse unterbrochen ■ Elektrolüfter erneuern
Kühlmittelregler öffnet nicht	■ Prüfen, ob Kühler am unteren Wasserkasten warm wird. Wenn nicht, Kühlmittelregler prüfen
Thermoschalter für Elektrolüfter defekt	■ Stecker vom Thermoschalter abziehen, die Klemmen der beiden Leitungen mit kurzer Prüfleitung verbinden. Wenn der Elektrolüfter jetzt anläuft, Thermoschalter ersetzen, vorausgesetzt Kühlmittelregler, Kühler und Kühlsystem-Verschlußdeckel sind in Ordnung.
Kühlmittelpumpe defekt	■ Kühlmittelpumpe ausbauen und überprüfen
Geber für Kühlmitteltemperaturanzeiger defekt	■ Geber überprüfen lassen
Spannungskonstanter defekt	■ Konstanter überprüfen lassen
Kühlmitteltemperaturanzeiger defekt	■ Anzeigegerät überprüfen lassen

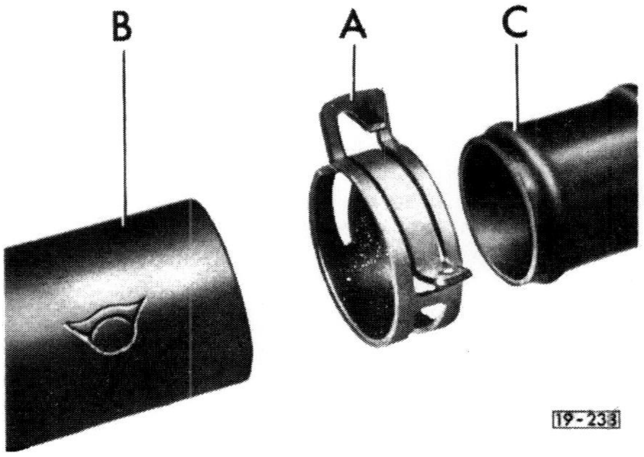

Hinweis: Seit Oktober 1981 werden einige Schlauchverbindungsstellen mit Federbandschellen – A – gesichert. Die Oberfläche des Kühlmittelschlauches – B – ist im Anschlußbereich glatt (bisher leicht wellig). Der Anschlußstutzen – C – wurde verlängert, der Wulst erhöht. Die Montage der Federbandschelle erfolgt mit einer Universalzange oder Schlauchklemmenzange 798-5 (Fa. HAZET). Dabei ist darauf zu achten, daß die Schellenenden die gleiche Lage einnehmen wie vor dem Ausbau.

Achtung: Federbandschellen dürfen nur mit den entsprechenden Schläuchen und Stutzen eingebaut werden. Neue und bisherige Ausführungen sind nicht miteinander austauschbar.

Die Kraftstoffanlage

Zur Kraftstoffanlage gehören der Kraftstoffbehälter, die Kraftstoffleitungen, die Kraftstoffpumpe und der Vergaser mit Luftfilter und Startautomatik bzw. die Einspritzanlage.

Der Kraftstoffbehälter liegt hinten unter den Fondsitzen. Der jeweilige Kraftstoffvorrat wird dem Fahrer durch eine Kraftstoffuhr angezeigt. Durch ein Entlüftungssystem wird der Tank belüftet.

Die Wartung

Beim Tanken aus Kanistern empfiehlt es sich, den Kraftstoff durch einen sauberen Lappen zu filtern.

Die Kraftstoffpumpe ist wartungsfrei, nur das in ihrem Oberteil befindliche Sieb soll ab und zu herausgenommen und in Benzin gereinigt werden.

Der Luftfiltereinsatz soll alle 15000 km ausgeklopft und alle 30000 km ersetzt werden.

Am Vergaser ist lediglich die Leerlaufeinstellung von Zeit zu Zeit zu überprüfen und eventuell zu berichtigen, um Leerlauf und Übergang des Motors der wechselnden Witterung oder den örtlichen Verhältnissen (Höhenlage) anzupassen. Gleichzeitig sollte man sich vom Funktionieren der Startautomatik überzeugen.

Änderungen an der vom Werk vorgesehenen Grundeinstellung der Einspritzanlage oder des Vergasers durch Auswechseln von Düsen usw. bringen fast immer nur Nachteile und sollten auch im Hinblick auf die Abgasgesetzgebung unterbleiben.

Achtung: Der 2,2-l-Vergasermotor von 3/78 bis 7/80 kann auch mit **bleifreiem** Normalbenzin betrieben werden, während die anderen Vergasermotoren in jedem Fall **verbleiten** Superkraftstoff benötigen.

Der Vergaser

Je nach Modell und Baujahr sind die Motoren mit unterschiedlichen Vergasern bestückt. Bis August 1979 war für den 115 PS-Motor der 2B2-Vergaser im Einsatz, seit diesem Zeitpunkt wird mit geringfügigen Abweichungen der 2B5-Vergaser verwendet. Der 1,9 l-Motor ist mit einem Keihin-Vergaser bestückt. Alle Vergaser arbeiten sehr feinfühlig und reagieren prompt auf eine falsche Einstellung. Es sollte deshalb nicht von der Werkseinstellung abgewichen werden.

Die Vergasereinstellung

Jeder Vergaser wird im Werk geprüft und auf Markenbenzin eingestellt. An dieser Einstellung sollte nichts verändert werden. Sehr hoher Kraftstoffverbrauch und schlechte Motorleistung haben nämlich fast immer andere Ursachen, wobei Fahrweise und Verkehrsbedingungen eine besonders große Rolle spielen. Man kann sich für gewöhnlich auf ein sorgfältiges Einstellen des Leerlaufs beschränken. Eine korrekte Leerlaufeinstellung ist überhaupt wichtiger als man gemeinhin glaubt, denn sie beeinflußt noch bis zu mittleren Drehzahlen hinauf den Übergang des Motors.

Hinweis: Seit September 76 müssen die Schrauben am Vergaser, mit denen die Abgaszusammensetzung verändert werden kann, aufgrund gesetzlicher Bestimmungen eingriffsicher gemacht werden. Gesichert werden: CO-Einstellschraube, Begrenzungsschraube für Grundleerlauf und Begrenzungsschraube für Drosselklappenspaltmaß.

Die Sicherungskappen lassen sich mit einer Zange oder einem Schraubenzieher entfernen. Sie werden dabei zerstört. Nach einer Einstellung müssen die Einstellschrauben mit blauen Kappen (Ersatzteil) gesichert werden.

Störungen in der Kraftstoffzufuhr

Bei Störungen in der Kraftstoffzufuhr ist die Anlage in folgender Reihenfolge zu prüfen:

- Prüfen, ob Kraftstoff im Tank ist.
- Kraftstoffschlauch von Benzinpumpe am Vergaser lösen, Motor mit dem Anlasser kurz durchdrehen und beobachten, ob aus dem Schlauch stoßweise Kraftstoff austritt (Vorsicht, Brandgefahr!).

Wird Kraftstoff gefördert:

- Hauptdüse herausschrauben (siehe unter Vergaser)

Läuft dabei Kraftstoff aus der Schwimmerkammer, Düse auf freien Durchgang prüfen.

- Erweist sich das Schwimmergehäuse als leer: Druck der Kraftstoffpumpe (0,35–0,40 bar Überdruck) prüfen.

Wird kein Kraftstoff gefördert:

- Zuleitung zur Kraftstoffpumpe lösen.

Läuft dort Kraftstoff heraus, Kraftstoffpumpe auf Dichtigkeit prüfen, eventuell ausbauen und untersuchen.

- Läuft kein Kraftstoff heraus, Kraftstoffleitung durchblasen, Kraftstoffbehälter ausbauen und reinigen.

2B5-Vergaser

Hinweis: Alle Vergasergelenke mit MoS_2-Paste schmieren. Dichtungen und Dichtringe ersetzen.

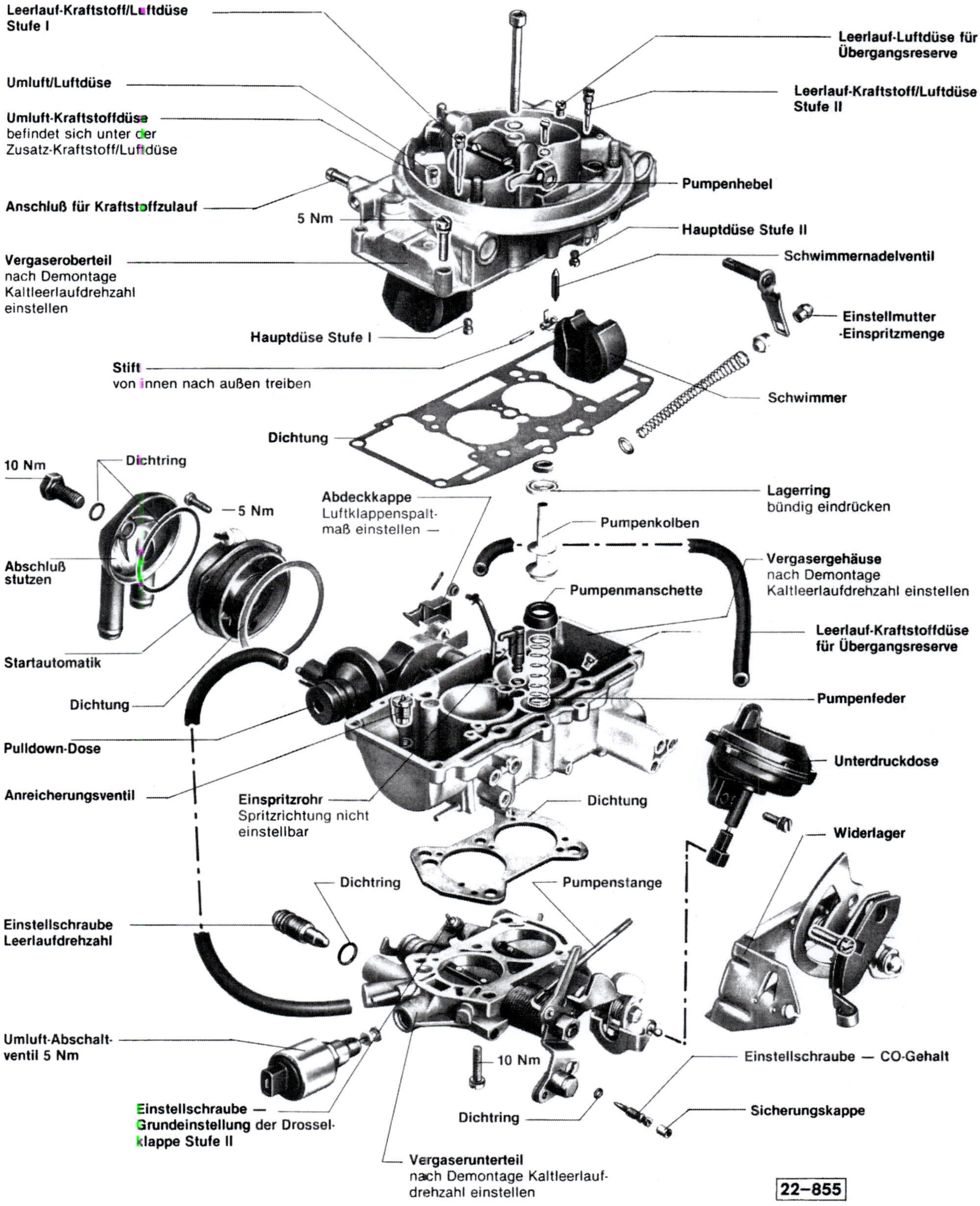

Düsenanordnung

Düsen im Vergaseroberteil

1 – Umluft-Luftdüse
2 – Umluft-Kraftstoffdüse, befindet sich unter der Umluft-Luftdüse
3 – Luftkorrekturdüse mit Mischrohr, Stufe I (nicht ausschraubbar)
4 – Leerlauf-Leerlaufluftdüse, Stufe I
5 – Leerlauf-Leerlaufluftdüse, Stufe II
6 – Luftkorrekturdüse mit Mischrohr, Stufe II (nicht ausschraubbar)
7 – Luftdüse für Übergangsreserve

Hauptdüsenanordnung

9 – Hauptdüse, Stufe I
10 – Hauptdüse, Stufe II

Düsen im Vergaseroberteil

11 – Leerlauf-Kraftstoffdüse für Übergangsreserve
12 – Anreicherungsventil

Vergaser aus- und einbauen

Ausbau

- Batterie-Masseband abklemmen.
- Luftfilter abnehmen, siehe Seite 69.
- Vergaserzug Steckraste entfernen, Zug aushängen.
- Elektrische Anschlüsse vom Umluftabschaltventil und von der Startautomatik abziehen.
- Anschlußstutzen für Startautomatik abschrauben.
- Kraftstoffschläuche – Zulauf und Rücklauf – markieren und abziehen.
- Unterdruckschläuche, die zum Vergaser führen, markieren und abziehen.
- Vier Schrauben von oben aus dem Vergaser herausschrauben.
- Vergaser abnehmen.
- Ansaugstutzen mit sauberem Tuch abdecken.

Einbau

- Vergaser aufsetzen und aufschrauben, Unterlegscheiben nicht vergessen.
- Elektrische Anschlüsse für Umluftabschaltventil und Startautomatik aufschieben.
- Abschlußstutzen für Startautomatik aufschrauben, Dichtring nicht vergessen.
- Kraftstoffschläuche aufschieben und mit Schellen sichern.

Achtung: Zu- und Rücklauf nicht verwechseln, Kraftstoffschläuche entsprechend der Markierung aufschieben.

- Sämtliche Unterdruckschläuche aufschieben.
- Vergaserzug anklemmen.
- Batterie-Masseband anklemmen.
- Luftfilter anbauen, siehe Seite 69.
- Leerlauf überprüfen und gegebenenfalls einstellen, siehe Seite 46.

Vergaseroberteil aus- und einbauen

(2B2-Vergaser)

Ausbau

- Luftfilter abbauen, siehe Seite 69.
- Schlauch von Unterdruckdose/Vergaseroberteil abziehen.
- Kraftstoffschlauch vom Vergaserdeckel abziehen.

22–188

- Umlenkhebel lösen. Sicherungssplint (a) herausziehen, Unterlegscheibe (b) abnehmen. Umlenkhebel ausklinken.

22–189

- Verbindungsstange (c) aus Befestigung (d) ausklinken. **Achtung:** Einstellmutter „e" nicht verdrehen.
- Schlitzschrauben aus Vergaseroberteil herausschrauben. Vergaserdeckel abnehmen.

Einbau

- Neue Vergaserdeckeldichtung auflegen. 6 Schrauben in Vergaserdeckel einschrauben. Auf richtiges Lochbild der Vergaserdeckeldichtung achten.
- Verbindungsstange (c) in Befestigung (d) eindrücken.
- Umlenkhebel in Verbindungsstange einschieben. Unterlegscheibe (b) aufschieben. Sicherungssplint (a) durch Verbindungsstange schieben und umbiegen.
- Unterdruckschlauch aufschieben, Benzinschlauch aufschieben und mit Klemme sichern.
- Luftklappenspaltmaß einstellen, siehe Seite 52.
- Luftfilter aufbauen, siehe Seite 69.

Schwimmer einstellen

Das Kraftstoffniveau wird durch Einstellen der Schwimmer reguliert. Das Kraftstoffniveau ist dann zu überprüfen und gegebenenfalls einzustellen, wenn der Kraftstoffverbrauch sehr hoch ist oder Magerruckeln auftritt. Wenn also der Motor im Teillastbereich einen schlechten Übergang hat. Normalerweise verstellt sich der Schwimmerstand nicht.

- Vergaseroberteil ausbauen.

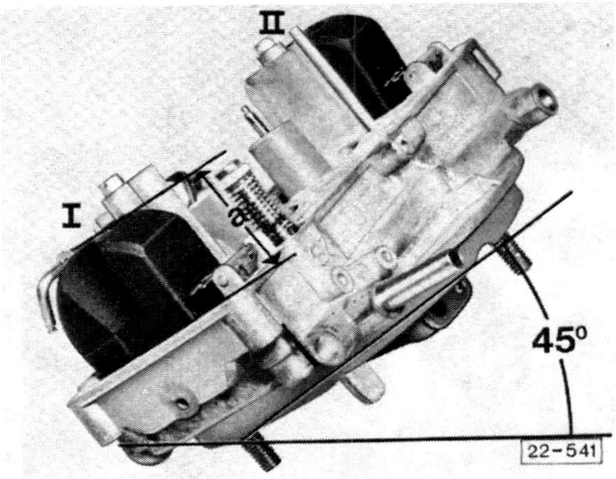

22–541

- Maß a durch Verbiegen des Schwimmers herstellen. Maß a wird von Kante Vergaseroberteil bis Schwimmerunterkante gemessen. Sollwert siehe Seite 62.

  Achtung: Schwimmer zum Einstellen ausbauen.
- Einstellung unter 45° Neigung des Vergaseroberteils durchführen. Gefederter Stift des Schwimmernadelventils darf nicht eingefedert sein.
- Vergaseroberteil einbauen.

Leerlaufdrehzahl prüfen/einstellen

(2B2-/2B5-Vergaser)

Beim Einstellen der Leerlaufdrehzahl kann sich auch der CO-Gehalt verändern. Bei der Prüfung bzw. Einstellung der Leerlaufdrehzahl ist deshalb auch ein CO-Meßgerät anzuschließen.

Wandert der CO-Gehalt bei der Einstellung der Leerlaufdrehzahl aus dem Toleranzbereich heraus, sind die Leerlaufdrehzahl und der CO-Gehalt durch **wechselweises** Verdrehen der Einstellschrauben auf die jeweiligen Sollwerte einzustellen.

- Motor warmfahren, Öltemperatur muß mindestens + 60° C betragen.
- Elektrische Verbraucher (Radio, Scheinwerfer usw.) ausschalten.
- Luftklappe (obere Klappe im Vergaser) muß vollständig geöffnet sein. Luftfilter aufgeschraubt lassen.
- Schlauch für Kurbelgehäuseentlüftung vom Zylinderkopfdeckel abziehen und luftfilterseitig verschließen.
- Falls vorhanden, Klimaanlage ausschalten.
- Drehzahlmesser nach Vorschrift anschließen.
- Sicherungskappe entfernen.

2B5-Vergaser

- Drosselklappe betätigen und Stufenscheibe — a — der Kaltstarteinrichtung so verdrehen, daß die Begrenzungsschraube nicht auf der Stufenscheibe steht.
- Motor starten.

Achtung: Beim Einstellen darf der Lüfter für Kühler nicht laufen.

- Leerlaufdrehzahl (Pfeil) einstellen. Sollwert, siehe „Vergaserdaten" Seite 62.

2B2-Vergaser

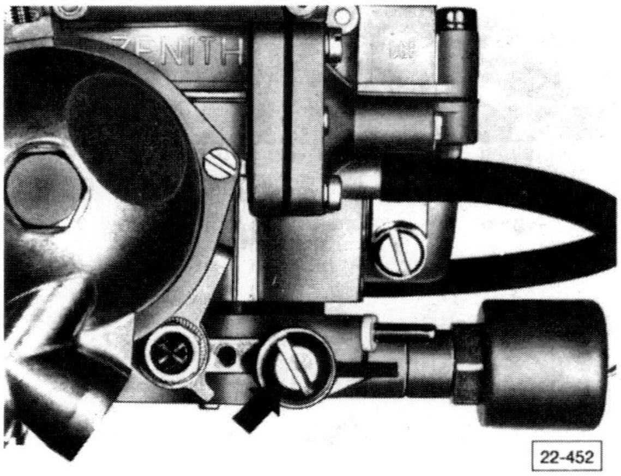

- Leerlaufdrehzahl an der Leerlaufregulierschraube einstellen, Sollwert siehe Seite 62.
- Einstellschraube sichern.
- Schlauch für Kurbelgehäuseentlüftung wieder aufstecken.

CO-Gehalt einstellen

(2B2-/2B5-Vergaser)

- Motor warmfahren, Öltemperatur muß mindestens + 60° C betragen.
- Elektrische Verbraucher (Radio, Scheinwerfer) ausschalten.
- Luftklappe (obere Klappe im Vergaser) muß vollständig geöffnet sein.
- Schlauch für Kurbelgehäuse am Zylinderkopfdeckel abziehen und verschließen.
- Drehzahlmesser und CO-Prüfgerät anschließen, Motor starten.
- Falls vorhanden, Klimaanlage ausschalten.
- Sicherungskappe an Einstellschraube zerstören.
- Zündzeitpunkt prüfen, siehe Seite 180.
- Leerlaufdrehzahl prüfen.

2B5-Vergaser

- Drosselklappe betätigen und Stufenscheibe — a — der Kaltstarteinrichtung so verdrehen, daß die Begrenzungsschraube — b — **nicht** auf der Stufenscheibe steht.

- CO-Gehalt an der Einstellschraube (Pfeil) einstellen, dabei darf der Lüfter für Kühler nicht laufen. Sollwert, siehe Seite 62.

2B2-Vergaser

- CO-Wert an der Regulierschraube (Pfeil) einregulieren, dabei darf der Lüfter für Kühler nicht laufen, Sollwert siehe Seite 62.
- Leerlaufdrehzahl prüfen und korrigieren.
- Neue Sicherungskappe auf Einstellschrauben aufsetzen.

Achtung: Nach der CO-Einstellung muß der Schlauch für die Kurbelgehäuseentlüftung wieder aufgesteckt werden. Wenn jetzt der CO-Gehalt ansteigt, liegt das nicht an einer falschen Einstellung, sondern an einer Anfettung aus dem Kurbelgehäuse infolge Ölverdünnung bei überwiegendem Kurzstreckenverkehr. Bei längeren zügigen Überlandfahrten verringert sich der Kraftstoffanteil im Öl und der CO-Gehalt normalisiert sich wieder. Kurzfristig läßt sich das auch durch eine ca. 30-minütige scharfe Fahrt oder durch einen sowieso anstehenden Ölwechsel erreichen.

Die Startautomatik

Die Startautomatik wird elektrisch- und wasserbeheizt. Die Grundeinstellung sollte nur, wenn unbedingt erforderlich, verändert werden.

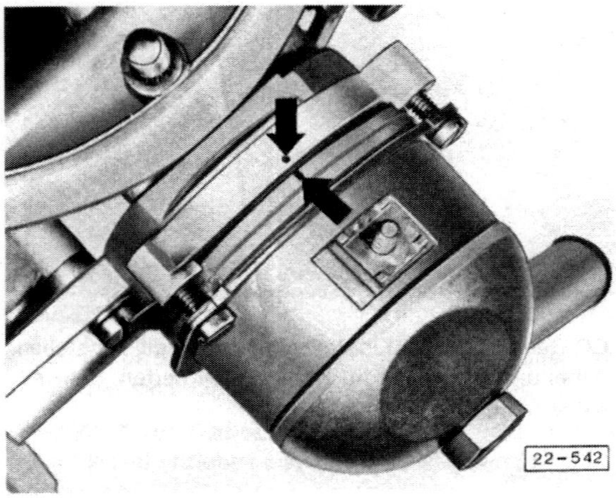
22-542

- Richtig eingestellt ist die Startautomatik, wenn die Markierungen von Startautomatikdeckel und Vergaseroberteil (Pfeile) fluchten.

Ausbau

- Massekabel von Batterie abklemmen.
- Elektrische Leitung für Startautomatik abziehen.
- Deckel für Startautomatik abschrauben.
- 3 Schrauben am Einstellring herausdrehen, Starterdeckel abnehmen.

Einbau

- Auf richtige Lage der Isolierscheibe achten.
- Dichtung erneuern. Beim Einbau darauf achten, daß die Heizspirale in den Mitnehmerhebel greift.
- Starterdeckel ansetzen, Dichtung nicht vergessen, 3 Schrauben reindrehen. Kerben von Starterdeckel und Vergasergehäuse müssen fluchten. Starterdeckel festziehen.
- Leitung für Startautomatik aufstecken, Deckel anschrauben, Batterie-Massekabel anschließen.
- Falls die Startautomatik zu früh abschaltet (Motor bleibt während der Warmlaufphase stehen), kann der Starterdeckel um etwa 5 mm (zwischen Markierung Vergasergehäuse und Markierung Starterdeckel) verdreht werden (vorher die 3 Schrauben am Deckel lösen. Luftfilter abbauen, 3 Schrauben am Starterdeckel lösen, Starterdeckel verdrehen. Dabei Starterklappe im Vergaseroberteil beobachten. Soll die Starterklappe länger geschlossen bleiben, Starterdeckel so verdrehen, daß die Starterklappe sich in Richtung „zu" bewegt (höchstens 5 mm von der Markierung). Doch muß dann auf alle Fälle bei betriebswarmem Motor die Stufenscheibe noch bis zum Anschlag herabfallen können.
- Falls die Startautomatik früher abschalten soll, Starterdeckel um etwa 5 mm von der Markierung entgegengesetzt verdrehen. Dabei ist die Grenze dadurch gegeben, daß der kalte Motor noch willig anspringt und auch beim Gaswegnehmen weiterläuft. Bleibt der noch nicht ganz warme Motor beim Gaswegnehmen stehen, muß der Deckel entgegengesetzt verdreht werden.

Startautomatik prüfen

- Luftfilter von Vergaser abbauen, siehe Seite 69.
- Gaspedal einmal langsam durchtreten, Luftklappe (obere Klappe im Vergaser) muß geschlossen sein.
- Zündung einschalten, Motor starten.
- Je nach Außentemperatur muß sich die Luftklappe nach etwa 5 Minuten geöffnet haben. Sonst Bimetallfeder auf Bruch untersuchen bzw. Stromanschluß für Startautomatik überprüfen.

Umluftabschaltventil prüfen

Das Umluftabschaltventil verschließt beim Abschalten der Zündung den Zulauf des Leerlauf- und Zusatzgemisches in die Mischkammer. Dadurch wird verhindert, daß der abgeschaltete Motor aufgrund von Glühzündungen nachläuft. Bei einem Defekt des Ventils springt der Motor nicht an.

Prüfen

- Zündung einschalten und elektrische Zuleitung zum Ventil mehrmals aufstecken und abziehen. Dabei muß das Ventil hörbar klicken.

Das Ventil kann auch in ausgebautem Zustand überprüft werden:

- Ventil abschrauben und an Masse legen (auf Motor).
- Von Batterie-Pluspol Leitung an die Klemme für Umluftabschaltventil anschließen.
- Vorn am Ventil den Stift ca. 3 bis 4 mm einschieben. Dabei muß der Kern angezogen werden, sonst Ventil auswechseln bzw. elektrische Zuleitung überprüfen.

Thermoschalter für Startautomatik/ Ansaugrohrvorwärmung prüfen

Die elektrische Beheizung der Startautomatik bzw. Ansaugrohrvorwärmung wird über einen Thermoschalter gesteuert, der in Abhängigkeit der Kühlmittel-Temperatur arbeitet. Dadurch erfolgt die Aufheizung der Bimetallfeder oberhalb von +30 °C nur noch mit etwa 9 Volt. Geprüft wird der Thermoschalter mit einem Ohmmeter.

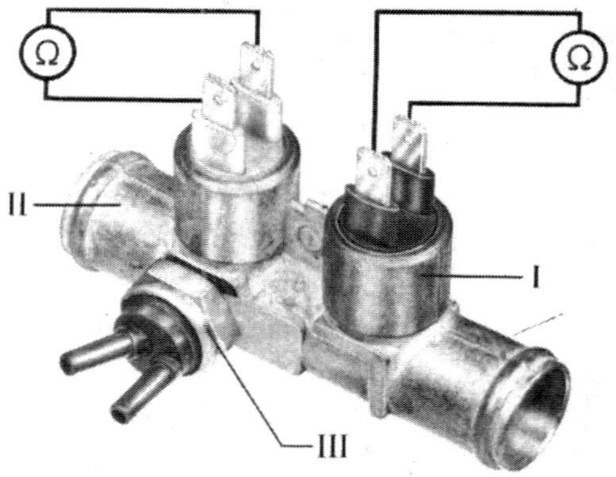

22-904

- Sollwert für Startautomatik (II, rote Isolierung für Steckzungen) unter ca. + 30 °C = 0 Ω, über ca. +40 °C = ∞ Ω.
- Zur Prüfung Schalter ausbauen und im Wasserbad auf Prüftemperaturen erwärmen und Widerstand mit Ohmmeter prüfen.
- Bei Thermoschalter für Ansaugrohrvorwärmung (I), Sollwert: unter ca. + 50 °C = 0 Ω, über ca. + 55 °C = ∞ Ω.

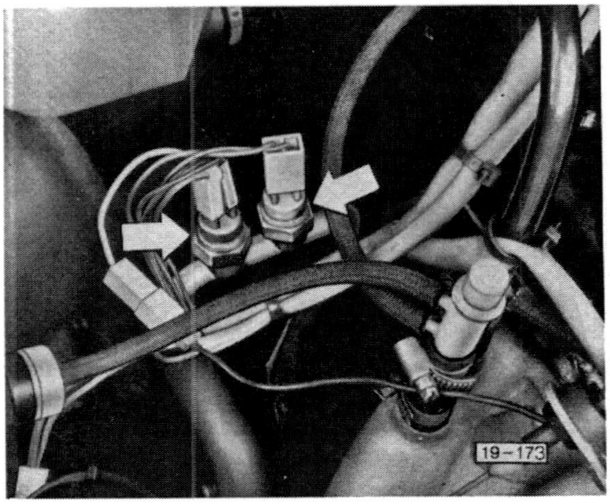

19-173

Seit August 1980 befinden sich die Thermoschalter für Startautomatik und Ansaugrohrvorwärmung im Kühlmittelrohr zwischen Motor und Heizung.

Thermopneumatisches Ventil prüfen

Die 2. Stufe des Vergasers wird bei Fahrzeugen mit Schaltgetriebe in Abhängigkeit von der Kühlmitteltemperatur über ein thermopneumatisches Ventil gesteuert. Das heißt, bei kaltem Motor (unter ca. 60 °C) kann sich der Unterdruck nur langsam über die Kalibrierung in den Unterdruckschläuchen aufbauen und die Betätigung der 2. Vergaserstufe wird verzögert.

22-545

Seit August 1980 sitzt das Ventil im Deckel für Startautomatik.

22-947

- Ventil ausbauen und im Wasserbad auf Prüftemperatur erwärmen bzw. abkühlen.
- Ventil mit Mund durchblasen.
- Ventil mit neuem Dichtring einschrauben.
- Sollwert unter ca. +45 °C kein Durchgang, über ca. +60 °C muß die reingeblasene Luft durchgehen.

Einspritzmenge der Beschleunigerpumpe prüfen/einstellen

Die Einspritzmenge der Beschleunigerpumpe ist immer dann zu überprüfen, wenn der Benzinverbrauch zu hoch ist, der Übergang beim Gasgeben zu schlecht ist, der Motor nur schlecht Gas annimmt oder verzögert beschleunigt.

- Motor kurz warmlaufen lassen, damit die Schwimmerkammer gefüllt wird.
- Luftfilter ausbauen, siehe Seite 69.
- Vergaser ausbauen, siehe Seite 44.
- Trichter und Meßzylinder unter Vergaser halten.
- Drosselklappenhebel 10 mal langsam öffnen, mindestens 3 Sekunden pro Hub.
- Abgelesenen Wert der eingespritzten Menge durch 10 dividieren und mit Sollwert (siehe unter „Vergaserdaten") vergleichen.

2B5-Vergaser

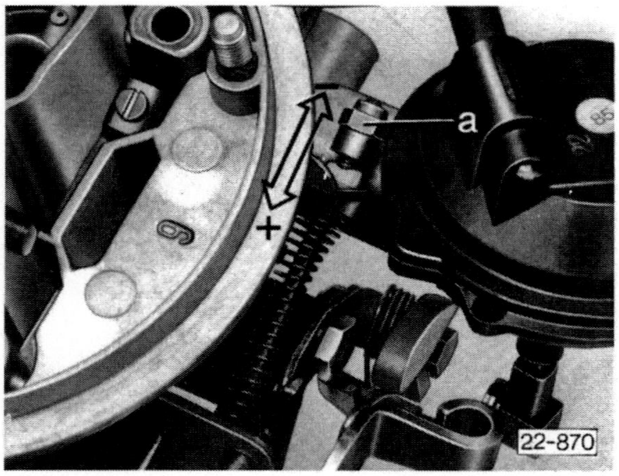

- Einspritzmenge an der Einstellmutter — a — einstellen. + = Einspritzmenge größer; — = Einspritzmenge geringer.

2B2-Vergaser

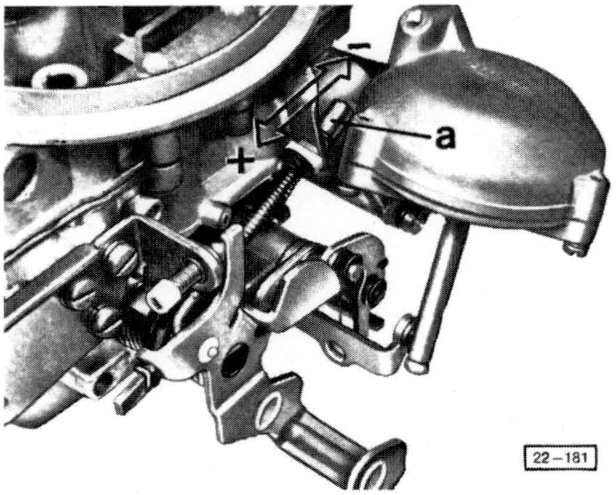

- Die Einspritzmenge kann an der Einstellmutter — 1 — verändert werden. + = Einspritzmenge größer; — = Einspritzmenge geringer.
- Einstellmutter — 1 — nach der Einstellung mit Sicherungslack sichern.

Achtung: Wird nach der Korrektur die erforderliche Einspritzmenge nicht erreicht: Pumpenkolben, -manschette prüfen. Einspritzrohr auf Durchgang prüfen.

- Vergaser einbauen, siehe Seite 44.

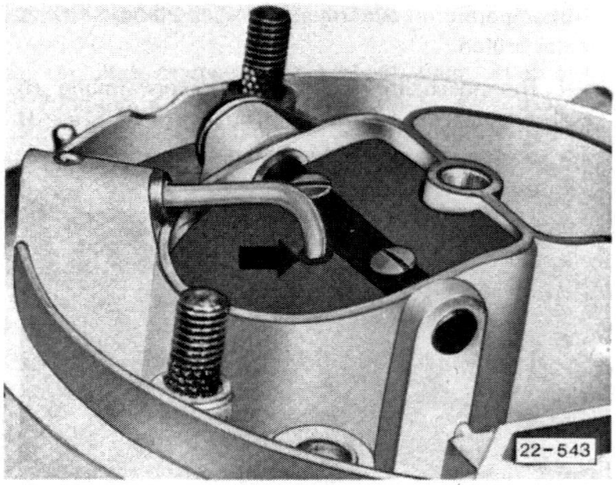

- Anreicherungsrohr für Stufe 1 einstellen. Die Unterkante vom Anreicherungsrohr muß mit der Oberkante der Luftklappe (Pfeil) abschließen. **Achtung:** Steht das Anreicherungsrohr zu tief, treten Ruckelerscheinungen im Kaltfahrbetrieb auf. Steht es zu hoch, treten Kaltstart-Schwierigkeiten auf.
- Luftfilter einbauen, siehe Seite 69.
- Leerlaufdrehzahl einstellen.
- CO-Gehalt prüfen.

Kaltleerlaufdrehzahl prüfen und einstellen

Der Drosselklappenspalt kann auch über die Kaltleerlaufdrehzahl eingestellt werden. Das hat den Vorteil, daß zum Einstellen der Vergaser nicht ausgebaut werden muß. Die Kaltleerlaufdrehzahl ist immer dann zu überprüfen bzw. einzustellen, wenn der Motor beim Gasgeben einen schlechten Übergang hat oder der kalte Motor schlecht Gas annimmt. Außerdem ist die Einstellung nach der Demontage des Vergaseroberteils zu überprüfen.

- Motoröltemperatur mindestens + 50° C.
- Luftfilterdeckel ausbauen, siehe Seite 69.
- Sicherungsschraube für Begrenzungsschraube entfernen.
- Zündeinstellung muß in Ordnung sein.
- Leerlaufeinstellung muß stimmen.

2B5-Vergaser

- Drosselklappe öffnen.
- Stufenscheibe so verdrehen, daß die Begrenzungsschraube nach Schließen der Drosselklappe auf der höchsten Stufe steht.
- Motor ohne Betätigen des Gaspedals starten.
- Kaltleerlaufdrehzahl prüfen und ggf. mit Begrenzungsschraube einstellen – Pfeil –. Sollwert, siehe Seite 62.
- Begrenzungsschraube mit Sicherungslack sichern.

Achtung: Steht die Begrenzungsschraube auf der höchsten Stelle der Stufenscheibe, ist sie schlecht zugängig. Deshalb zur Einstellung Drosselklappe kurz betätigen und Schraube nach Gefühl verdrehen. Anschließend Prüfung der Kaltleerlaufdrehzahl wiederholen.

2B2-Vergaser

- Drosselklappe voll öffnen und Luftklappe voll schließen.

- Drosselklappe loslassen. Die Begrenzungsschraube steht dann auf der höchsten Stufe der Stufenscheibe.
- Luftklappe loslassen (muß voll geöffnet sein).
- Drehzahlmesser anschließen.
- Motor ohne Betätigung des Gaspedals starten.
- Kaltleerlaufdrehzahl prüfen und gegebenenfalls an der Begrenzungsschraube einstellen. Sollwert siehe S. 62.

Achtung: Zur Einstellung Drosselklappe kurz betätigen und Schraube nach Gefühl verdrehen. Anschließend Prüfung der Kaltleerlaufdrehzahl wiederholen.

Luftklappenspaltmaß prüfen und einstellen/2B2-Vergaser

Das Luftklappenspaltmaß ist nach einer vollständigen Vergaserüberholung und nach Abbau des Vergaseroberteils einzustellen oder wenn der Motor schlecht Gas annimmt, beziehungsweise Übergangsstörungen vorhanden sind. Für das Einstellen des Luftklappenspaltmaßes beim 2B5-Vergaser ist ein Unterdruckmeßgerät erforderlich.

Prüfen

- Luftfilter ausbauen, siehe Seite 69.
- Deckel für Startautomatik ausbauen, siehe Seite 48.
- Luftklappe (obere Klappe im Vergaser) schließen.

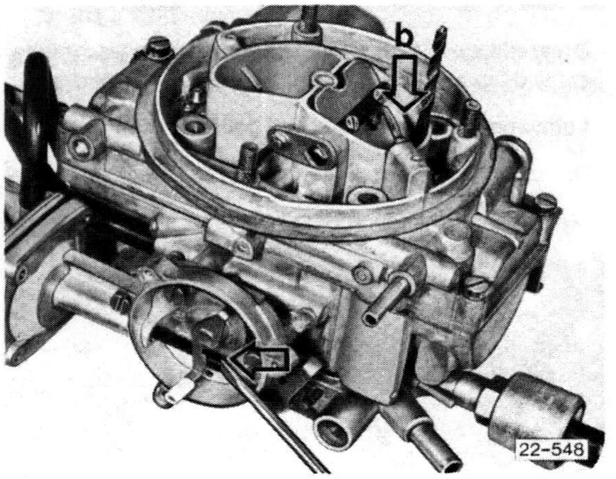

- Zugstange mit Schraubenzieher bis zum Anschlag (Pfeil) eindrücken.
- Lager- und Hebelspiele durch leichten Druck in Pfeilrichtung – b – ausgleichen.
- In dieser Stellung Luftklappenspalt mit geeignetem Spiralbohrer zwischen Luftklappe und Lufttrichter messen. Sollwert des Spiralbohrers siehe unter „Vergaser-Daten".

- Luftklappenspalt an Einstellschraube (Pfeil) einstellen und mit Spiralbohrer prüfen. Schraube nach der Einstellung mit Sicherungslack sichern.
- Deckel für Startautomatik anbauen, siehe Seite 48.
- Luftfilter anbauen, siehe Seite 69.

Ansaugrohrvorwärmung prüfen

Prüfen

Der Audi 100 mit Vergaser-Fünfzylindermotor besitzt im Ansaugrohr ein Element, das sich sekundenschnell erwärmt und diese Wärme an die Umgebung abgibt. Dadurch ist eine innige Vermengung von Kraftstoff und Luft auch bei kaltem Motor gegeben, so daß der Motor auch in dieser Phase sauber rund läuft und weniger Kraftstoff benötigt.

Beim Aus- und Einbau des Ansaugrohrvorwärmers bzw. bei Arbeiten im Bereich der Ansaugrohrvorwärmung sind zur Vermeidung von Folgeschäden die nachstehend aufgeführten Punkte besonders zu beachten:

- Isolation der Anschlußleitung (rot) auf Rißbildung und auf Beschädigungen durch möglichen Grat am Ansaugrohr prüfen.
- Zugentlastung (Schutzschlauch) auf korrekten Sitz prüfen.
- Wirksamen Sitz der Kabelbinder für die Leitung des Ansaugrohrvorwärmers prüfen, damit eine Berührung mit Aufbauteilen – und somit ein mögliches Durchscheuern – vermieden wird.

Werden Schäden bei den Punkten 1 und 2 festgestellt, ist der Ansaugrohrvorwärmer zu ersetzen, ggf. Grat am Ansaugrohr entfernen.

Eine nicht ordnungsgemäß verlegte Leitung – Punkt 3 – ist, wenn nötig, mit zusätzlichen Kabelbindern zu sichern.

- Motor kalt.
- Elektrische Leitung an der Ansaugvorwärmung abziehen.
- Voltmeter anschließen und Spannungsversorgung prüfen. Sollwert mindestens 11,5 Volt.

- Widerstand zwischen Anschluß und Masse messen. Sollwert 0,25–0,50 Ω, sonst Ansaugrohrvorwärmung erneuern.

Ansaugrohr

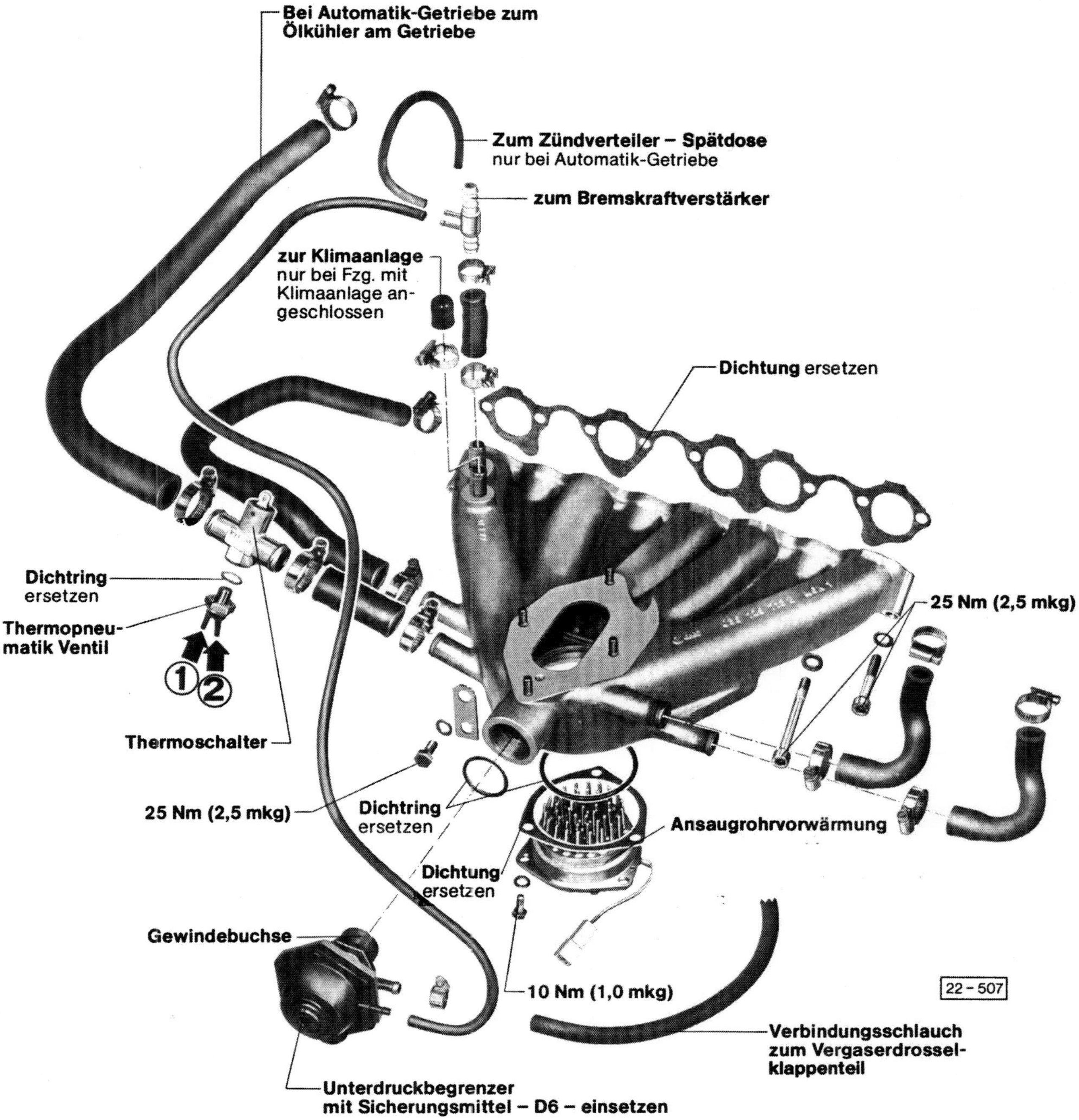

Bei Automatik-Getriebe zum Ölkühler am Getriebe
Zum Zündverteiler – Spätdose
nur bei Automatik-Getriebe
zum Bremskraftverstärker
zur Klimaanlage
nur bei Fzg. mit Klimaanlage angeschlossen
Dichtung ersetzen
Dichtring ersetzen
Thermopneumatik Ventil
1
2
Thermoschalter
25 Nm (2,5 mkg)
25 Nm (2,5 mkg)
Dichtring ersetzen
Ansaugrohrvorwärmung
Dichtung ersetzen
Gewindebuchse
10 Nm (1,0 mkg)
22-507
Verbindungsschlauch zum Vergaserdrosselklappenteil
Unterdruckbegrenzer mit Sicherungsmittel – D6 – einsetzen

Keihin-Vergaser

Hinweis: Alle Vergasergelenke mit MoS_2-Paste schmieren. Dichtungen und Dichtringe grundsätzlich ersetzen.
Achtung: Mischrohre der I. und II. Stufe nicht vertauschen.

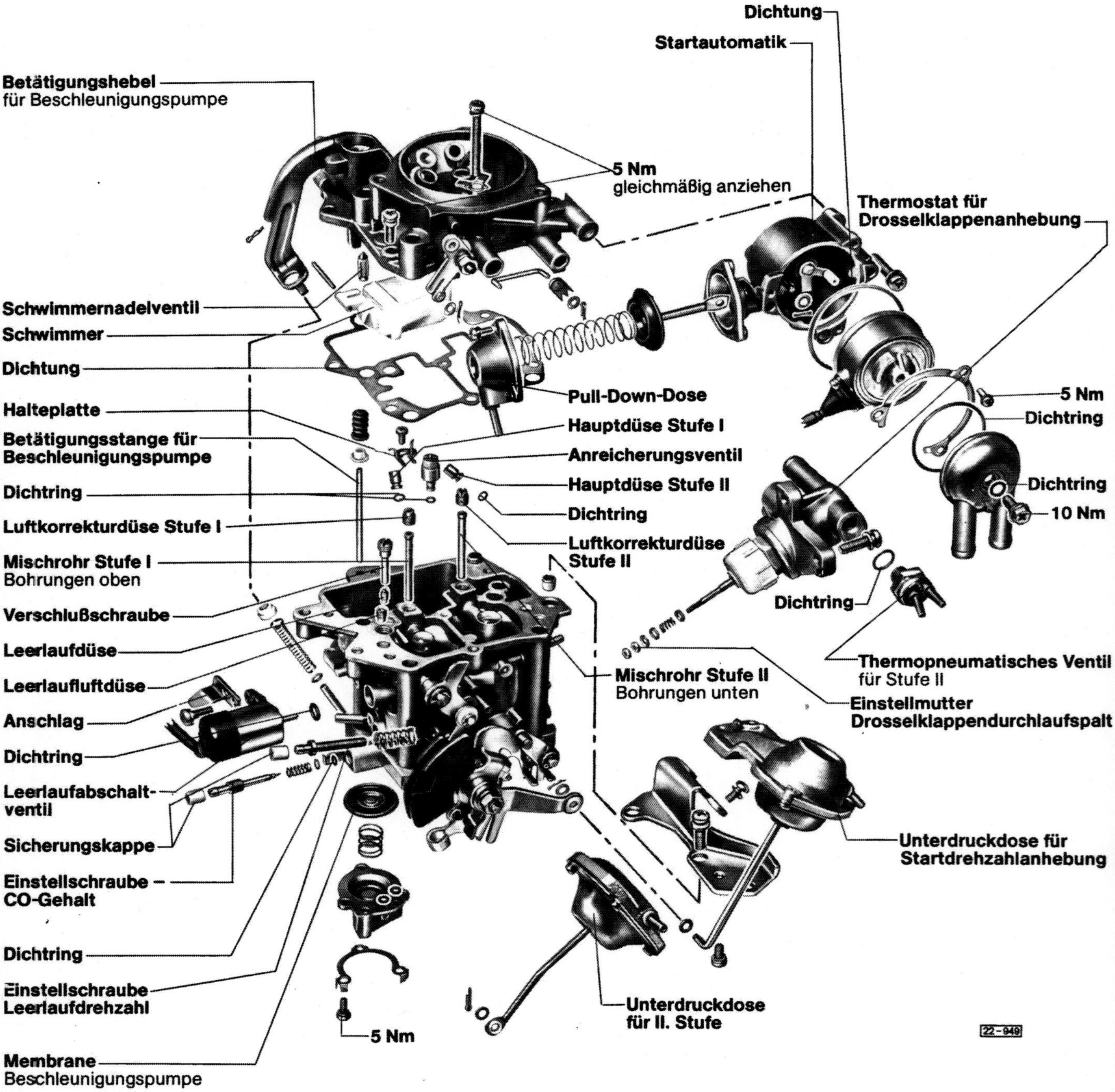

Vergaser aus- und einbauen

Ausbau

- Batterie-Masseband abklemmen.
- Luftfilter abnehmen.
- Unterdruckschläuche am Vergaser kennzeichnen und abziehen.
- Sicherung am Widerlager des Gaszuges rausziehen, Gaszug aushängen.
- Kraftstoffschläuche kennzeichnen und vom Vergaser abziehen.
- Verschlußkappe für Startautomatik abschrauben.
- Befestigungsschrauben für Vergaser herausdrehen, Vergaser abnehmen.
- Ansaugstutzen mit sauberem Tuch abdecken.

Einbau

- Vergaser aufsetzen und Schrauben gefühlvoll anziehen.
- Unterdruckschläuche entsprechend der Markierung aufschieben.
- Kraftstoffschläuche entsprechend der Markierung aufschieben und mit Schellen sichern. Zu- und Rücklauf nicht vertauschen.
- Deckel für Startautomatik montieren, ggf. Dichtring erneuern.
- Vergaserzug einhängen und einstellen, siehe Seite 65.
- Luftfilter montieren.
- Batterie-Masseband anklemmen.
- Leerlauf überprüfen und gegebenenfalls einstellen.

Düsenanordnung im Vergaser

1 - Hauptdüse Stufe I
2 - Hauptdüse Stufe II
3 - Luftkorrekturdüse Stufe I
4 - Luftkorrekturdüse Stufe II
5 - Anreicherungsventil
6 - Leerlaufluftdüse
7 - Leerlaufdüse (sitzt unterhalb der Verschlußschraube)
8 - Bohrung für Umluft

Achtung: Die Begrenzungsschraube -a- für die Grundeinstellung der Drosselklappe ist im Werk eingestellt worden und darf nicht verändert werden.

Unterdruckanschlüsse

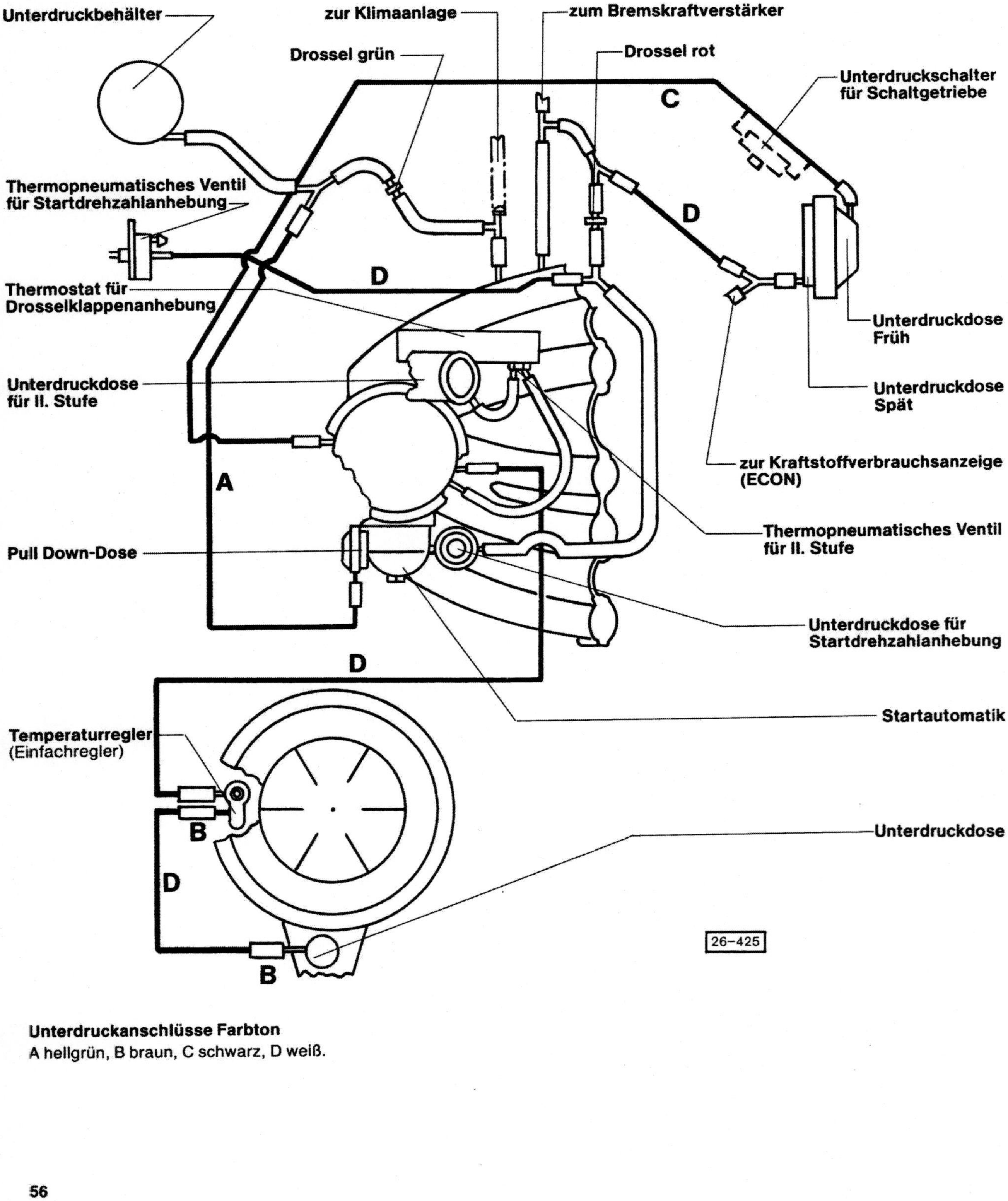

Unterdruckanschlüsse Farbton
A hellgrün, B braun, C schwarz, D weiß.

Leerlaufdrehzahl einstellen

Beim Einstellen der Leerlaufdrehzahl kann sich auch der CO-Gehalt verändern.

Bei der Prüfung bzw. Einstellung der Leerlaufdrehzahl ist deshalb auch ein CO-Meßgerät anzuschließen.

Wandert der CO-Gehalt bei der Einstellung der Leerlaufdrehzahl aus dem Toleranzbereich heraus, sind die Leerlaufdrehzahl und der CO-Gehalt durch **wechselweises** Verdrehen der Einstellschrauben auf die jeweiligen Sollwerte einzustellen.

Bei Fahrzeugen, bei denen der CO-Gehalt bisher nur mit angeschlossenem Schaltgerät für Leerlaufstabilisierung (DLS) eingestellt wurde, ist wie folgt zu verfahren.

- Stecker vom DLS-Schaltgerät abziehen und miteinander verbinden, siehe Seite 178.
- Leerlaufdrehzahl und CO-Gehalt durch **wechselweises** Verdrehen der Einstellschraube auf Soll- bzw. Einstellwerte einstellen.
- DLS-Schaltgerät wieder anschließen.
- Motor anlassen und Drehzahl kurzfristig erhöhen (Gasstoß).
- CO-Gehalt ggf. nochmals auf Sollwert korrigieren.
- Drehzahlmesser anschließen.
- Motoröltemperatur mind. 60 °C.
- Elektrische Verbraucher ausgeschaltet.
- Klimaanlage ausgeschaltet.
- Schlauch für Kurbelgehäuseentlüftung am Zylinderkopfdeckel abziehen und luftfilterseitig verschließen.
- Sicherungskappe entfernen.
- Beide Stecker vom DLS-Gerät abziehen und miteinander koppeln, siehe Seite 178.
- Motor starten.
- Motordrehzahl kurzzeitig auf ca. 1500/min bringen.

- Leerlaufdrehzahl einstellen, dabei darf der Lüfter für Kühler nicht laufen. Sollwert, siehe Seite 62.
- Schlauch für Kurbelgehäuseentlüftung wieder aufstecken.
- Beide Stecker des DLS-Gerätes wieder trennen und auf DLS-Gerät aufstecken, siehe Seite 178.
- Leerlaufdrehzahl kontrollieren.
- Neue Sicherungskappe aufstecken.

CO-Gehalt einstellen

- CO-Prüfgerät nach Bedienungsanleitung anschließen.
- Motoröltemperatur mind. 60 °C.
- Elektrische Verbraucher ausschalten.
- Klimaanlage ausgeschaltet.
- Schlauch für Kurbelgehäuseentlüftung am Zylinderkopfdeckel abziehen und luftfilterseitig verschließen.
- Leerlaufdrehzahl prüfen ggf. einstellen.
- Zündzeitpunkt prüfen ggf. einstellen.
- Sicherungskappe entfernen.

- CO-Gehalt einstellen, dabei darf der Lüfter für Kühler nicht laufen.
- Gemessen wird im Nachschalldämpfer, Sollwert, siehe Seite 62.
- Nach Einstellung ggf. Leerlaufdrehzahl korrigieren.
- Neue Sicherungskappe aufstecken.

Achtung: Nach der CO-Einstellung muß der Schlauch für die Kurbelgehäuseentlüftung wieder aufgesteckt werden. Wenn jetzt der CO-Gehalt ansteigt, liegt das nicht an einer falschen Einstellung, sondern an einer Anfettung aus dem Kurbelgehäuse infolge Ölverdünnung bei überwiegender Kurzstreckenverkehr.

Bei längeren zügigen Überlandfahrten verringert sich der Kraftstoffanteil im Öl und der CO-Gehalt normalisiert sich wieder. Kurzfristig läßt sich das auch durch eine ca. 30-minütige zügige Fahrt oder durch einen sowieso anstehenden Ölwechsel erreichen.

Thermopneumatisches Ventil für Startdrehzahlanhebung prüfen

- Für die Prüfung muß der Motor kalt sein, Zündung ausgeschaltet.

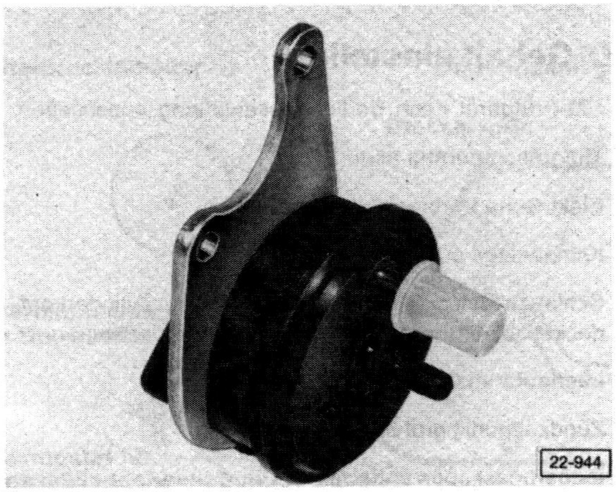
22-944

- Sollwert unter 0 °C = Durchgang.
- Zündung mindestens 1 Minute einschalten. Sollwert über 12 °C = kein Durchgang.

Thermopneumatisches Ventil für Stufe II prüfen

Die 2. Stufe des Vergasers wird von der Kühlmitteltemperatur über ein thermopneumatisches Ventil gesteuert. Das bedeutet, daß bei kaltem Motor sich der Unterdruck nur langsam aufbauen kann, so daß der Einsatz der 2. Stufe verzögert wird.

22-925

- Thermopneumatisches Ventil ausbauen und im Wasserbad erwärmen.
- Sollwert unter ca. 48 °C = geringer Durchgang, über ca. 58 °C = voller Durchgang.

Achtung: Durch eine zusätzliche Bohrung Ø 0,3 mm (Bypas) im Thermopneumatischen Ventil wird ein schlagartiges Öffnen der Drosselklappe für Stufe II verhindert.

Einspritzmenge prüfen und einstellen

Die Einspritzmenge der Beschleunigerpumpe ist immer dann zu überprüfen, wenn der Benzinverbrauch zu hoch ist, der Übergang beim Gasgeben zu schlecht ist, der Motor nur schlecht Gas annimmt oder verzögert beschleunigt.

- Vergaser ausbauen.

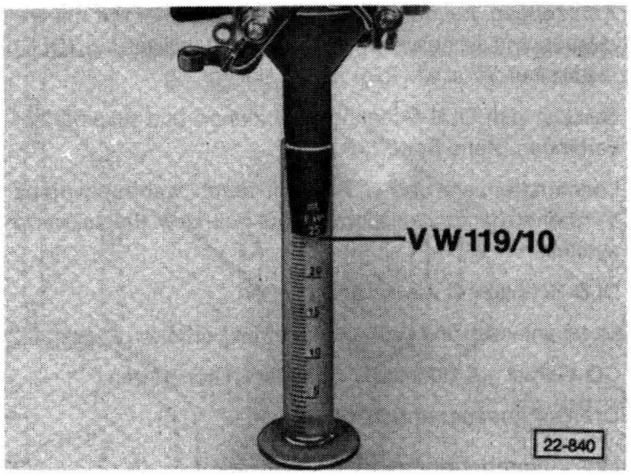

22-840

- Trichter und Meßzylinder unter den Vergaser halten.
- Thermostathebel in Richtung geöffnet drücken.
- Zugstange der Unterdruckdose bis auf Anschlag drücken.

22-971

- Schraube M 12 zwischen Vergasergehäuse und Thermostatschlepphebel einsetzen.
- Drosselklappenhebel 10mal langsam öffnen (mindestens 3 s/Hub).
- Abgelesener Wert der eingespritzten Menge durch 10 dividieren und mit Sollwert vergleichen. Sollwert siehe Seite 62.

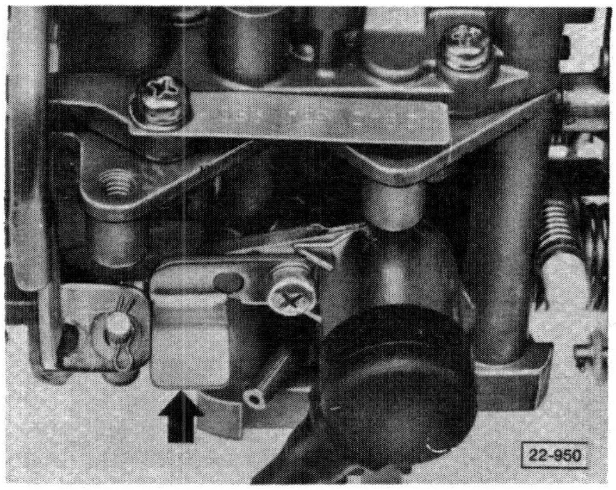

- Einspritzmenge ggf. durch Verbiegen des Anschlages einstellen.
- Einspritzmenge **zu gering:** Anschlag nach oben in Richtung Vergaseroberteil drücken.
- Einspritzmenge **zu groß:** Anschlag nach unten in Richtung Ansaugrohr drücken.

Achtung: Es darf jedoch kein Spiel (Leerhub) zwischen Betätigungsstange und Hebel -1- auftreten, der Einspritzvorgang muß also sofort bei Betätigung des Drosselklappenhebels beginnen.

- Wird die erforderliche Einspritzmenge nicht erreicht, Membrane im Gehäuse -2- der Beschleunigungspumpe prüfen und ggf. ersetzen.

Achtung: Die Einspritzrichtung ist nicht verstellbar.

Luftklappenspalt einstellen

Das Luftklappenspaltmaß ist im Werk eingestellt und darf nicht verändert werden.
Nur bei Ersetzen des Vergaseroberteils ist das Luftklappenspaltmaß zu prüfen und ggf. einzustellen (Werkstattarbeit).

Kaltleerlaufdrehzahl prüfen und einstellen

Der Drosselklappenspalt kann auch über die Kaltleerlaufdrehzahl eingestellt werden. Das hat den Vorteil, daß zum Einstellen der Vergaser nicht ausgebaut weren muß. Die Kaltleerlaufdrehzahl ist immer dann zu überprüfen bzw. einzustellen, wenn der Motor beim Gasgeben einen schlechten Übergang hat oder der kalte Motor schlecht Gas annimmt.

- Vergaser bleibt eingebaut.
- Motoröltemperatur mind. 50 °C.
- Luftfilter ausbauen.

- Schlauch von Unterdruckdose für Startdrehzahlanhebung abziehen.
- Drehzahlmeßgerät anschließen.
- Motor starten und im Leerlauf belassen.
- Motordrehzahl prüfen. Sollwert, siehe Seite 62.
- Ggf. Kaltleerlaufdrehzahl einstellen.

Einstellen

- Drehzahl zu hoch: Schlepphebel zusammendrücken.

- Drehzahl zu niedrig: Schlepphebel aufbiegen.

Drosselklappenspalt prüfen und einstellen

Der Drosselklappenspalt ist immer dann zu überprüfen bzw. einzustellen, wenn der Motor beim Gasgeben einen schlechten Übergang hat oder der kalte Motor schlecht Gas annimmt.

a) Startspalt einstellen

- Luftfilter ausbauen.
- Vergaser ausbauen.
- Einstellschraube CO-Gehalt so weit herausdrehen, bis die Schraubenspitze im Gehäuse des Vergasers liegt.

- Startspalt mit Spiralbohrer bzw. Düsenlehre prüfen ggf. einstellen. Sollwert, siehe Seite 62.

- Spaltmaß zu klein: Hebel auseinanderdrücken.

- Spaltmaß zu groß: Hebel zusammendrücken.

b) Durchlaufspalt einstellen

- Zugstange der Unterdruckdose bis auf Anschlag hineindrücken.

- Bohrer mit 9,5 mm Durchmesser zwischen Vergasergehäuse und Thermostatschlepphebel einsetzen.

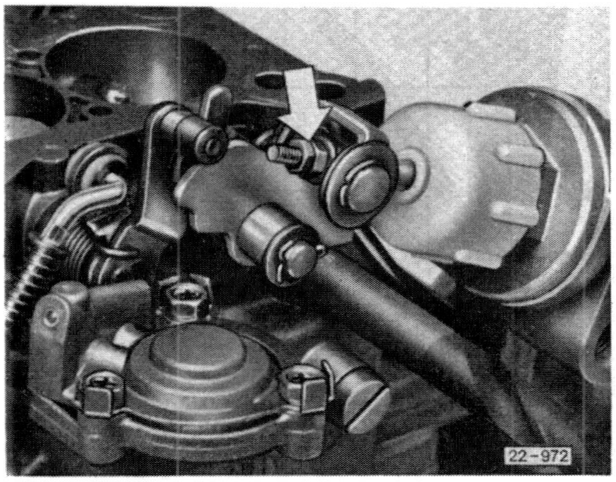

- Schlepphebel auf Bohrer einstellen.

- Durchlaufspalt mit Spiralbohrer bzw. Düsenlehre prüfen. Sollwert, siehe Seite 62.

- Durchlaufspalt **zu groß:** Hebel auseinanderdrücken.

- Durchlaufspalt **zu klein:** Hebel zusammendrücken.

Vergaserdaten

Ausführung		Schaltgetriebe	Automatisches Getriebe	Schaltgetriebe	Automatisches Getriebe	Schaltgetriebe	Automatisches Getriebe	Schaltgetriebe
Motor	Einsatz	3.78		8.79		8.80		8.80
	Motor-Kennbuchstabe	WB		WB, WF		WB		WH
	Leistung PS	115		115		115		100
Vergaser	Typ	2 B 2		2 B 5		2 B 5		Keihin
	Teile-Nummer	035 129 015	035 129 015 A	035 129 015 J	035 129 015 K	035 129 015 G	035 129 015 H	035 129 016 C
Vergaser-bestückung	Lufttrichter Stufe I/II	24/28		24/28		24/28		22/28
	Hauptdüse Stufe I/II	x120/x127,5		x120/x127,5		x115/x122,5		120/150
	Luftkorrekturdüse mit Mischrohr Stufe I/II	135/115		135/115		135/115		100/110
	Leerlauf-Leerlaufluftdüse Stufe I	45/120	42,5/120	45/120	42,5/120	42,5/125		115
	Leerlauf-Leerlaufluftdüse Stufe II	40/125		40/125		40/125		1,0
	Umluft – Kraftstoffdüse	42,5		42,5		45		–
	Umluft – Luftdüse	127,5		127,5		125		–
	Leerlauf – Luftdüse für Übergangsreserve Stufe II	205		205		205		–
	Leerlauf – Kraftstoffdüse für Übergangsreserve Stufe II	95		95		95		–
	Leerlaufdüse Stufe I/II	–		–		–		50/90
	Bohrung für Umluft	–		–		–		2,0
	Schwimmernadelventil Stufe I/II	2,0		2,0/2,0		2,0/2,0		2,8
	Pumpeneinspritzrohr	2 x 0,40		2 x 0,40/0,55		2 x 0,40/0,55		0,35
	Anreicherungsventil	100		100		100		45
	Drosselklappenspaltmaß mm Startspalt[1]/Durchlaufspalt[2]	1,1±0,05	1,2±0,05	–		–		1,7[1]± 0,1 0,6[2]±0,07
	Schwimmereinstellmaß Stufe I/II mm	28 ± 1/30 ± 1		28 ± 1/30 ± 1		28 ± 1/30 ± 1		–
	Einspritzmenge (langs.) cm^3/Hub	1,5 ± 0,15		1,5 ± 0,15		0,90 ± 0,15		0,65 ± 0,12
	Luftklappenspaltmaß mm	3,9 ± 0,15	3,7 ± 0,15	3,9 ± 0,15	3,7 ± 0,15	3,6 ± 0,15	3,4 ± 0,15	5,0 ± 0,15
	Kaltleerlaufdrehzahl 1/min	3600 ± 100	3700 ± 100	3600 ± 100	3700 ± 100	3600 ± 100	3700 ± 100	4550 ± 150
Oktanzahlbedarf/Kraftstoff/Norm./Sup. ROZ		91/N		91/N		98/S		98/S
Leerlaufdrehzahl 1/min		900 ± 50		900 ± 50		800 ± 50		800 - 50
CO-Gehalt	Vol. %	1,0 ± 0,5		1,0 ± 0,5		0,7 ± 0,2		1,0 ± 0,2
	bei Leerlaufdrehzahl 1/min	900 ± 50		900 ± 50		800 ± 50		800 ± 50
	Motoröltemperatur °C	mind. 60		mind. 60		mind. 60		mind. 60

Gasbetätigung

Hinweis: Vergaserzug und Gaspedalzug nicht knicken – Bruchgefahr

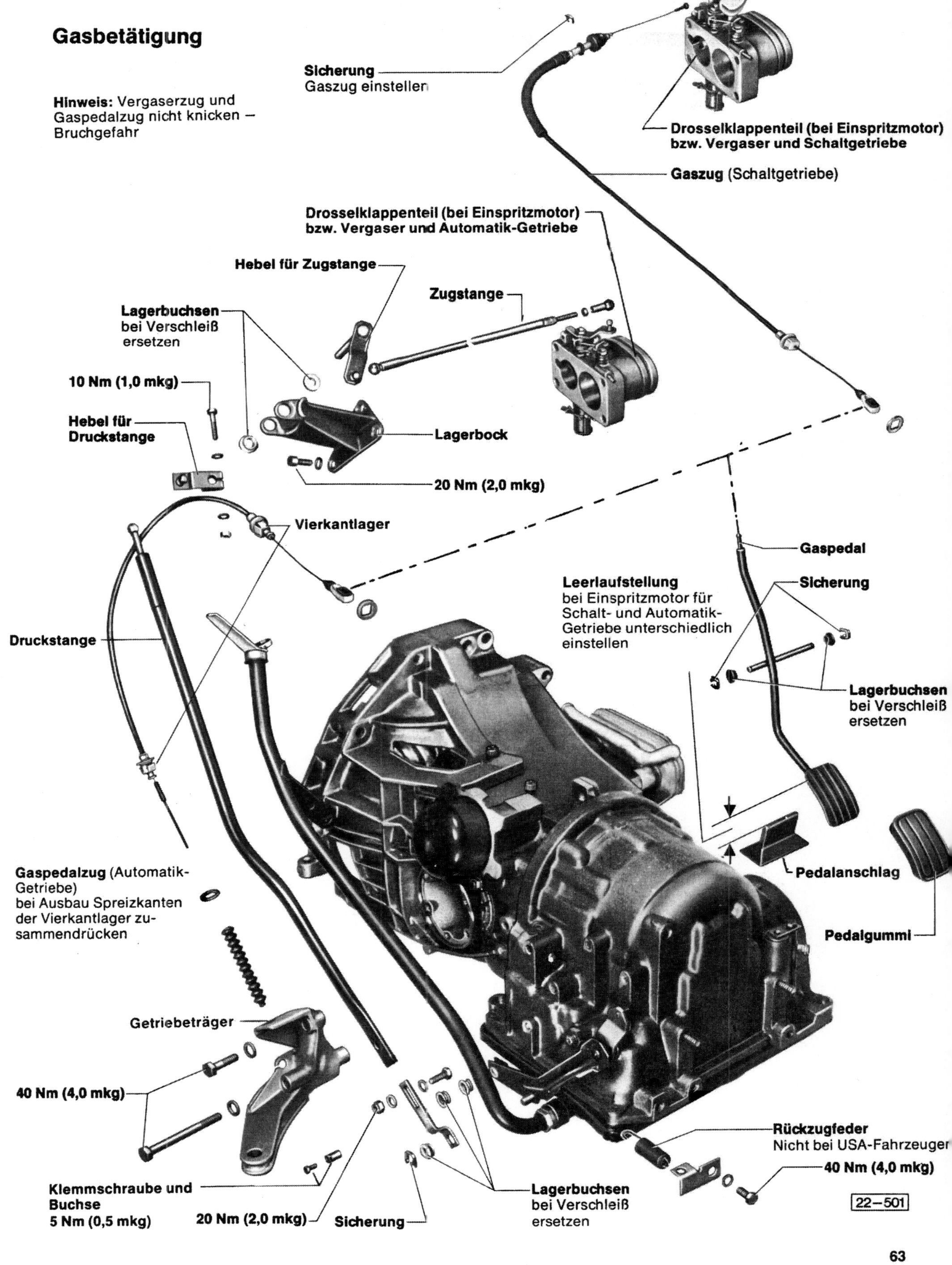

Gaszug aus- und einbauen
(Schaltgetriebe)

Ausbau

- Innenverkleidung im Fußraum ausbauen.

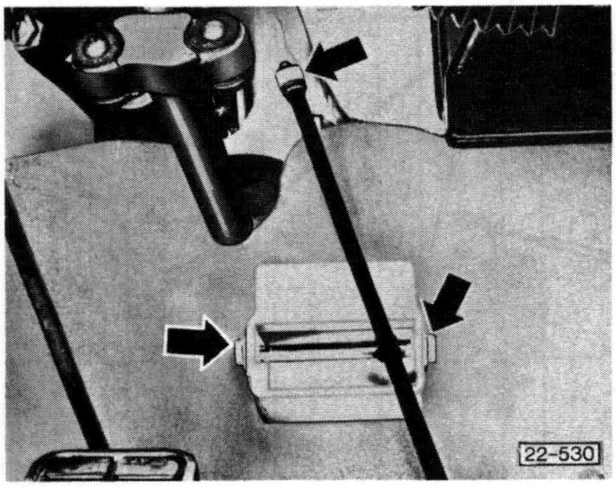

- Stecksicherung am Gaspedal (oberer Pfeil) abziehen.
- Gaszug ausklinken.
- Gaspedal ausbauen. Hierzu die Stecksicherungen an der Gaspedalplatte mit Schraubenzieher heraushebeln (untere Pfeile), Lagerbuchsen herausnehmen und Gaspedal aushängen.

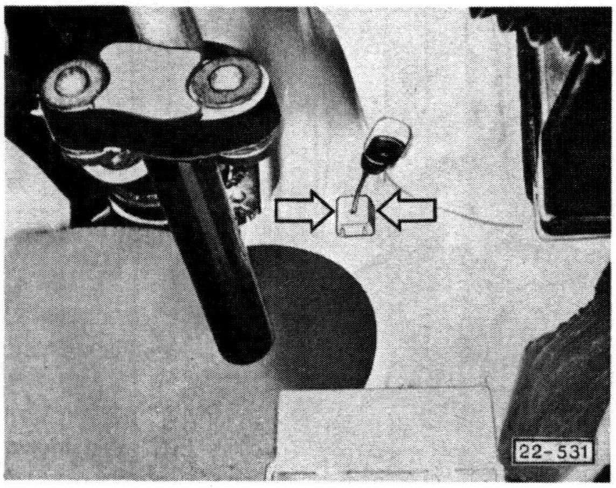

- Lagerung des Gaszuges am Bodenblech durch Zusammendrücken der beiden Spreizkanten ausklinken.
- Luftfilter ausbauen, siehe Seite 69.

- Gaszug (rechter Pfeil) am Drosselklappenhebel aushängen. Am Widerlager Klemmsicherung herausziehen. Gaszug aushängen.

Einbau

Achtung: Der Gaszug ist sehr knickempfindlich und somit beim Einbau besonders sorgfältig zu behandeln. Schon ein leichter Knick kann zum späteren Bruch im Fahrbetrieb führen. Züge, die geknickt sind, dürfen **nicht** eingebaut werden. Beim Einbau ist darauf zu achten, daß der Gaspedalzug zwischen seinen Stützlagern und den Zugbefestigungspunkten fluchtet.

Einbau

- Gaszug vorsichtig von der Motorseite durch das Bodenblech führen, Lagerung einklinken.
- Gaszug mit Halteclip am Gaspedal befestigen.
- Gaspedal in Lagerbock einsetzen, Lagerbuchsen einsetzen und Gaspedal mit Sicherungen befestigen.
- Gaspedal zum Lagerbock am Vergaser führen. **Achtung:** Nicht knicken. Durch Lagerbock schieben und mit Klemmschraube am Drosselklappenhebel befestigen.
- Gaszug am Drosselklappenhebel einhängen.
- Gaszug einstellen.

Gaszug einstellen

(Schaltgetriebe)

Achtung: Der Vergaserzug ist sehr knickempfindlich und somit beim Einbau besonders sorgfältig zu behandeln.
Ein einziger leichter Knick kann zum späteren Bruch im Fahrbetrieb führen. Züge, die geknickt wurden, dürfen daher **nicht** eingebaut werden.
Beim Einbau ist darauf zu achten, daß der Vergaserzug zwischen seinen Stützlagern und den Zugbefestigungspunkten fluchtet.

- Vergasermotor: Luftfilter ausbauen, siehe Seite 69.
- Luftklappe (obere Klappe im Vergaser) voll öffnen.
- Drosselklappe (untere Klappe) in Leerlaufstellung (geschlossen).
- Gaszug am Drosselklappenhebel aushängen.
- Gaspedal im Wageninnern in Leerlaufstellung bringen. Hierzu muß der Abstand zwischen Gaspedalplatte und Vollgasanschlag 60 mm betragen.
- Gaszug am Drosselklappenhebel befestigen. Vorher Sicherung aus der Steckraste entfernen.

2B2/2B5-Vergaser

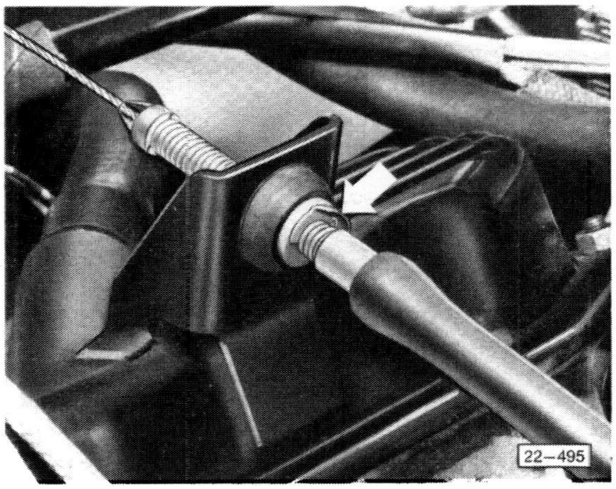

Keihin-Vergaser

- Gaszug einstellen. Dazu Sicherung am Widerlager (Pfeil) in die entsprechende Steckraste bringen, bis der Gaszug straff ist. Dabei muß das Gaspedal in Leerlaufstellung bleiben.
- Kontrolle: Bei Vollgasstellung des Gaspedals muß zwischen Drosselklappenhebel und Anschlag ein Spiel von max. 1 mm vorhanden sein. Gegebenenfalls Sicherung am Widerlager umstecken.
- Luftfilter anbauen, siehe Seite 69.

Gaspedalzug/-Betätigung einstellen

(Automatik-Getriebe)

- Bei Vergasermotor: Luftfilter abbauen, Luftklappe voll geöffnet.
- Bei Einspritzmotor: Verbindungsschlauch Luftmengenmesser/Drosselklappenteil ausbauen.
- Zugstange aushängen.
- Drosselklappe in Leerlaufstellung.

- Hebel für Zugstange auf Anschlag bringen.

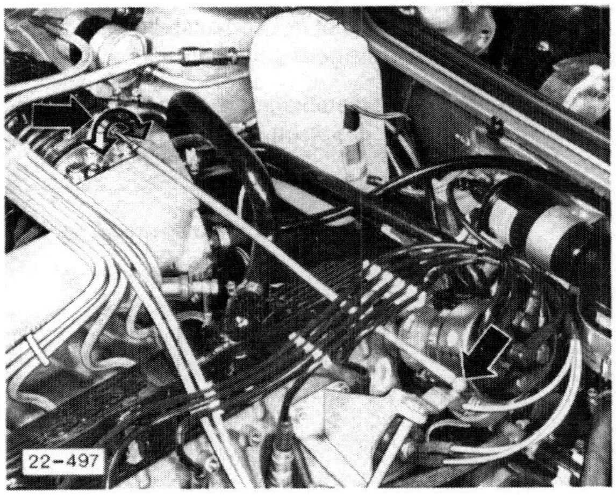

- Zugstange spannungsfrei aufsetzen, dazu Kugelpfanne entsprechend verdrehen.

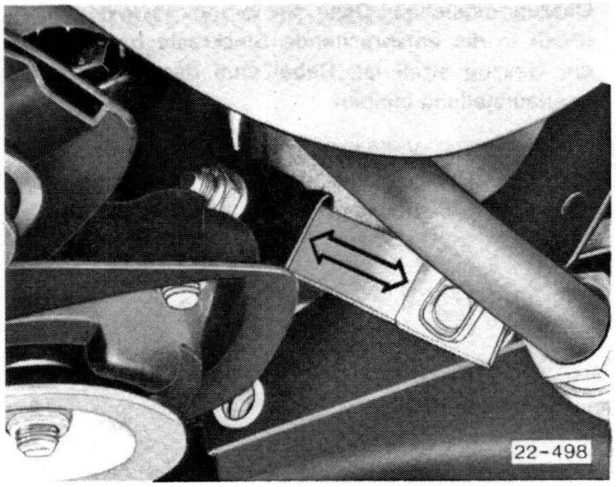

- Druckstange spannungsfrei einsetzen, dazu Einstellblech entsprechend verstellen.
- Getriebehebel in Leerlaufstellung bringen.
- Gaspedal in Leerlaufstellung bringen. Der Abstand von Anschlag Kickdown bis Anschlagpunkt des Gaspedals soll 75–80 mm betragen.

- Gaspedalzug von unten am Getriebe-Lagerbock spannen (Gaspedal bleibt in Leerlaufstellung) und mit Klemmschraube befestigen.

Kontrolle: Bei Vollgasstellung des Gaspedals (Kickdownüberweg nicht gedrückt) muß die Drosselklappe voll geöffnet sein.

Achtung: Die Überwegfeder darf noch nicht gedrückt sein.

- Luftfilter bzw. Verbindungsschlauch einbauen.

Störungstabelle Vergaser

Störung	Ursache	Abhilfe
Der kalte Motor springt nicht an	Startautomatik	
	a) Unterdruckmembrane hängt	■ Hemmungen beseitigen, eventuell Vergaser-Oberteil auswechseln
	b) Bimetallfeder ausgehängt oder gebrochen	■ Feder einhängen bzw. auswechseln
	c) Luftklappe klemmt	■ Mit Lösungsmittel wieder beweglich machen
	d) Thermoschalter defekt	■ Thermoschalter prüfen
Ständig erhöhte Leerlaufdrehzahl	Startautomatik schaltet nicht ab, weil	
	a) Kühlwasserzulauf unterbrochen	■ Wasserschläuche zur Startautomatik untersuchen, schadhafte Teile auswechseln
	b) Bimetallfeder defekt	■ Bimetallfeder auswechseln
Leerlauf unregelmäßig – Motor bleibt stehen	Leerlaufdrehzahl zu niedrig	■ Leerlaufdrehzahl nach Vorschrift einstellen
	Leerlaufgemisch falsch eingestellt	■ Einstellung berichtigen
	Leerlaufkraftstoffdüse verstopft	■ Düse ausbauen und reinigen
	Elektromagnetisches Umluftabschaltventil defekt	■ Ventil prüfen, eventuell auswechseln
	Motor noch nicht genügend warm	■ Eventuell Startautomatik so verdrehen, daß die Bimetallfeder etwas stärker gespannt wird
	Thermosteuerventil defekt	■ Thermosteuerventil prüfen bzw. erneuern
Leerlauf unregelmäßig – Auspuff rußt	Startautomatik defekt	■ Startautomatik überprüfen, eventuell auswechseln
	Schwimmer undicht	■ Schwimmer auswechseln
Motor läuft nach Abschalten der Zündung weiter	Leerlaufgemisch zu fett	■ Gemisch berichtigen
	Leerlaufdrehzahl zu hoch	■ Drehzahl berichtigen
	Umluftabschaltventil schließt nicht	■ Ventil prüfen, eventuell austauschen
Knallen im Auspuff bei schiebendem Wagen	Leerlaufgemisch etwas zu mager	■ Gemisch regulieren
	Undichtigkeiten	■ Gesamtes Ansaug- und Auspuffsystem auf gasdichten Anschluß überprüfen; schadhafte Dichtungen und durchgerostete Teile auswechseln

Störungstabelle Vergaser

Störung	Ursache	Abhilfe
Übergang schlecht	Beschleunigungssystem verschmutzt	■ Beschleunigungssystem reinigen
	Membran der Einspritzpumpe defekt	■ Membran auswechseln
	Einspritzmenge zu klein oder zu groß	■ Einspritzmenge berichtigen
	Falsche Leerlaufeinstellung	■ Leerlaufeinstellung prüfen
	Thermosteuerventil defekt	■ Thermosteuerventil ersetzen
	Drosselklappenspaltmaß falsch	■ Drosselklappenspaltmaß korrigieren
	Luftklappenspaltmaß falsch	■ Luftklappenspaltmaß korrigieren
Motor patscht bei Vollgas – Leistung läßt nach	Kraftstoffmangel	■ Hauptdüse und Anreicherungssystem reinigen
	Kraftstoffzulauf unterbrochen	■ Kraftstoffilter ersetzen
	Entlüftung des Kraftstoffbehälters nicht frei	■ Entlüftungsschlauch auf freien Durchgang prüfen
	Zündkerzen verbleit	■ Neue Zündkerzen einbauen
Kraftstoffverbrauch zu hoch	Kraftstoffniveau falsch	■ Kraftstoffniveau berichtigen
	Schwimmer undicht	■ Schwimmer auswechseln
	Startautomatik arbeitet nicht einwandfrei	■ Startautomatik überprüfen
	Thermosteuerventil defekt	■ Thermosteuerventil prüfen
	Unterdruckdose im Luftfilter defekt	■ Unterdruckdose prüfen

Luftfilter

(Nur Vergasermotor)

Hinweis:
Unterdruckschlauch am Temperaturregler bei der Luftfiltermontage nicht knicken.

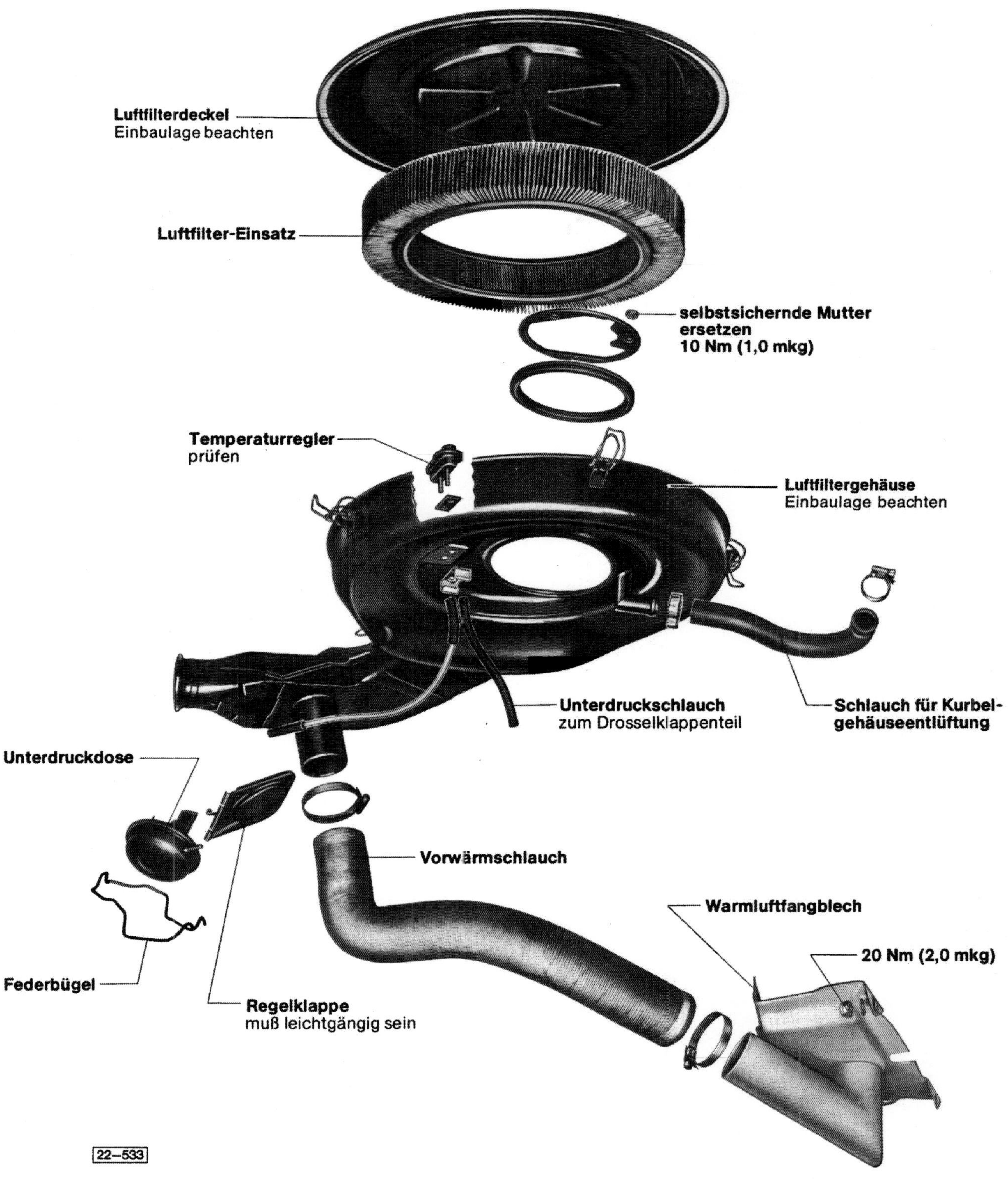

Luftfiltereinsatz auswechseln

- 4 Spannbügel am Luftfilter öffnen, Luftfilterdeckel abnehmen.

- Filtereinsatz herausnehmen.
- Luftfilterunterteil gründlich auswischen.

- Filtereinsatz alle 15 000 km ausklopfen, alle 30 000 km erneuern.

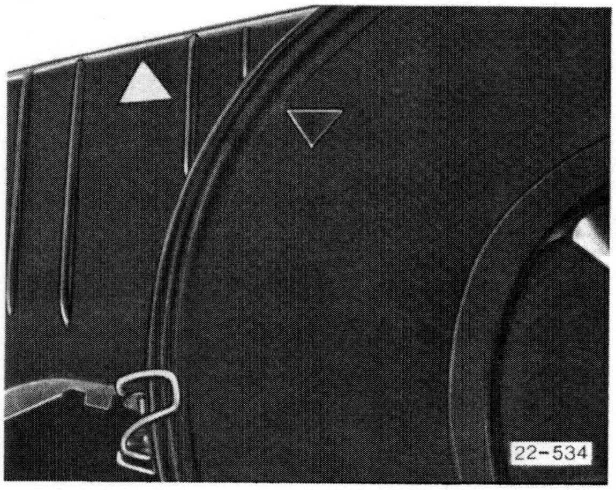

- Luftfilterdeckel so aufsetzen, daß die Markierungen auf Deckel und Gehäuse gegenüberliegen.

Luftfilter aus- und einbauen

Ausbau

- Filtereinsatz ausbauen.
- 3 selbstsichernde Muttern aus Filterunterteil herausdrehen.
- Schlauch für Kurbelgehäuseentlüftung, Unterdruckschlauch und Vorwärmschlauch abziehen, Luftfilterunterteil herausnehmen.

Einbau

- Filterunterteil einsetzen, Schlauch für Unterdruck aufschieben, Vorwärmschlauch aufschieben und mit Schelle sichern, Schlauch für Kurbelgehäuseentlüftung aufstecken und mit Schelle sichern.

- Luftfiltergehäuse, wie auf der Abbildung gezeigt, aufsetzen. Dichtring so aufsetzen, daß er sauber am Vergaser-Lufttrichter anliegt. Blechformscheibe auflegen und Luftfiltergehäuse mit neuen selbstsichernden Muttern (10 Nm, 1,0 mkg) anziehen.
- Luftfiltereinsatz einbauen.

Unterdruckdose prüfen

Die Unterdruckdose steuert in Abhängigkeit der Temperatur bzw. des Unterdruckes die Zufuhr von Warm- bzw. Kaltluft für die Verbrennung. Ein Defekt an der Unterdruckdose kann zu Übergangsstörungen während der Warmlaufphase bzw. zu erhöhtem Kraftstoffverbrauch oder zur Vergaservereisung führen.

Prüfen

Achtung: Die Regelklappe muß leichtgängig sein.

- Prüfvoraussetzung: Motor kalt.
- Vorwärmschlauch am Luftfilter abziehen.
- Stellung der Regelklappe mit Hand prüfen. Die Warmluftzufuhr muß geschlossen sein.

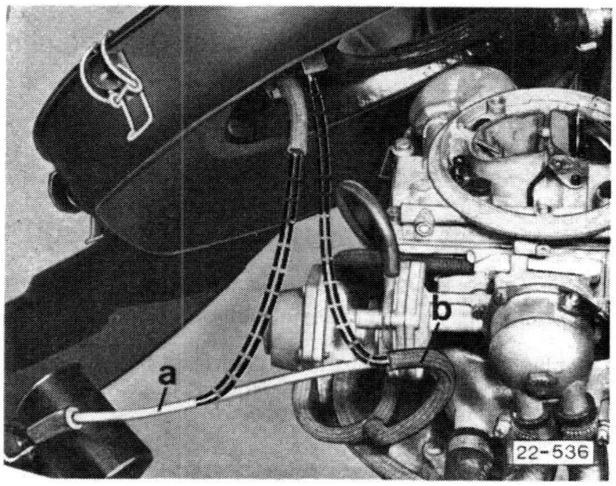

- Unterdruckleitung – a – von Unterdruckdose mit Unterdruckschlauch – b – vom Vergaser verbinden.

Hinweis: Der Luftfilter wurde nur aus fototechnischen Gründen gelöst.

- Motor starten und im Leerlauf belassen, Regelklappe – mit Hand prüfen – muß die Warmluftzufuhr öffnen.
- Unterdruckschlauch – a – an der Unterdruckdose abziehen. Regelklappe muß die Warmluftzufuhr verschließen. Falls nicht, Unterdruckdose ausbauen.

Unterdruckdose ausbauen

- Luftfilter ausbauen.

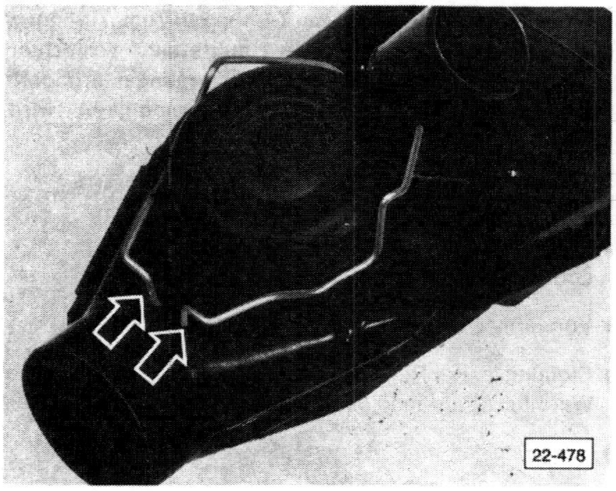

- Federbügel in Pfeilrichtung drücken.
- Unterdruckdose mit Klappe herausnehmen.

- Membranstößel – Mitte – eindrücken.
- Regelklappe aus beiden Haltenasen aushängen.

Achtung: Nach Einbau der Regelklappe diese auf Leichtgängigkeit prüfen.

Temperaturregler prüfen

Der Temperaturregler sitzt im Luftfiltergehäuse und steuert die Regelklappe in Abhängigkeit der Temperatur im Luftfilter. Bei defektem Temperaturregler können verschiedene Beanstandungen auftreten: schlechter Leerlauf in der Warmlaufphase, Übergangsstörungen, schlechte Motorleistung, Höchstgeschwindigkeit wird nicht erreicht, hoher Kraftstoffverbrauch.

Prüfen

- Prüfvoraussetzung: Motor kalt, Unterdruckdose in Ordnung, Regelklappe leichtgängig.
- Vorwärmschlauch am Luftfilter abziehen.
- Stellung der Regelklappe mit Hand prüfen. Die Warmluftzufuhr muß geschlossen sein.
- Motor starten und im Leerlauf belassen.

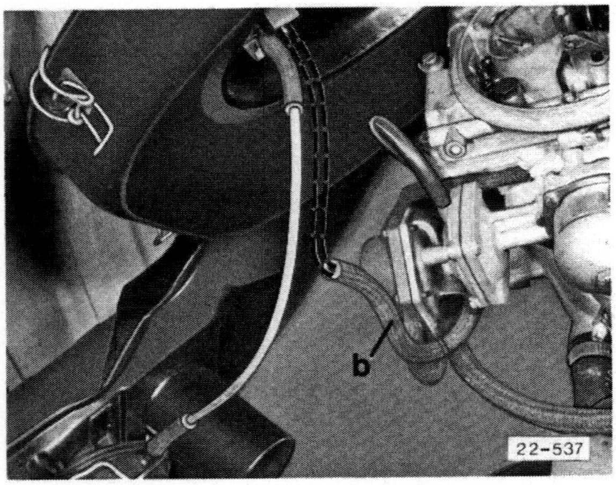

- Unterdruckschlauch – b – vom Temperaturregler abziehen.
- Regelklappe muß in Stellung – Warmluftzufuhr voll geöffnet – bleiben.

  Hinweis: Der Luftfilter wurde nur aus fototechnischen Gründen gelöst.
- Unterdruckschlauch wieder aufstecken.
- Motor weiterhin im Leerlauf belassen.
- Nach ca. 2 Minuten Unterdruckschlauch wieder abziehen. Die Regelklappe muß die Warmluftzufuhr zügig (nicht schlagartig) verschließen.
- Bei warmem Motor muß die Regelklappe bei angeschlossenen Unterdruckschläuchen in Stellung – Warmluftzufuhr geschlossen – stehen.

Kraftstoffilter auswechseln

Das Kraftstoff-Durchlauffilter sitzt vorn im Motorraum und muß im Rahmen der Wartung alle 30000 km erneuert werden.

Ausbau

- Massekabel von Batterie abklemmen.
- Klemmen an den Kraftstoffschläuchen mit Zange aufbiegen, Schläuche vom Filter abziehen.

Einbau

- Filter einsetzen. **Achtung:** Pfeil am Filter muß in Durchlaufrichtung, also zur Kraftstoffpumpe, zeigen.
- Schläuche aufschieben und mit Schellen sichern.
- Batterie-Masseband anklemmen.

- Seit August 81 befindet sich in der Kraftstoffleitung zwischen Rücklaufventil und Vergaser ein Filter. Es dient zur Beseitigung eventuell vorhandener Fertigungsrückstände. Falls das Filter verschmutzt ist, wird es gegen einen neuen Kraftstoffschlauch ersetzt.

Kraftstoffpumpe reinigen

Um das Kraftstoffilter zu reinigen, muß die Pumpe **nicht** ausgebaut werden.

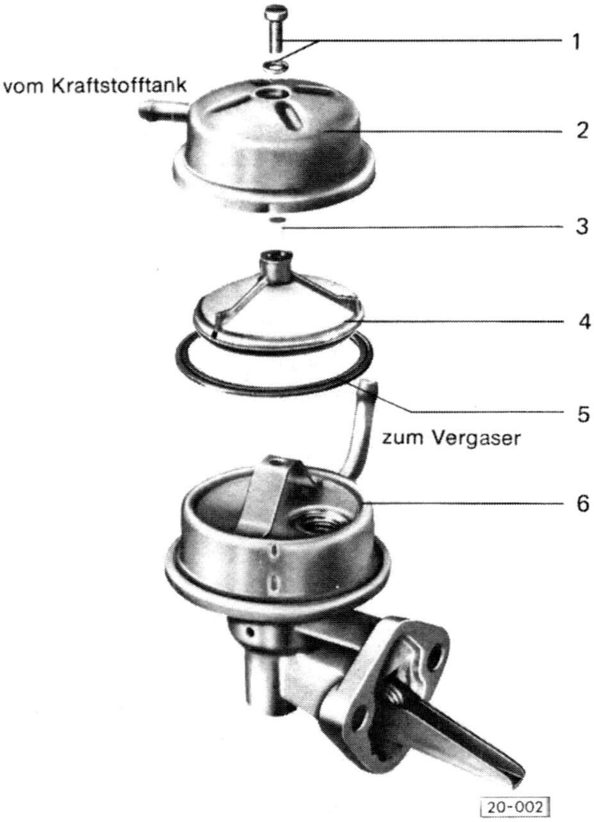

1 – Schlitzschraube mit Unterlegscheibe, 2 – Deckel, 3 – Buchse, 4 – Kraftstoffilter, 5 – Dichtring, 6 – Kraftstoffpumpe.

Achtung: Brandgefahr, kein offenes Feuer!

- Schlitzschraube (1) herausdrehen und Deckel abnehmen.
- Sieb reinigen, Dichtung (5) erneuern und Deckel festschrauben.

Achtung: Beim Einbau des Pumpendeckels muß die Einbuchtung im Deckel in die Eindrückung am Pumpengehäuse einrasten.

Kraftstoffpumpe aus- und einbauen

Ausbau

Achtung: Brandgefahr, kein offenes Feuer!

- Kraftstoffschläuche abziehen und verschließen.

- Innensechskantschrauben herausdrehen und Pumpe mit Zwischenflansch und Dichtring abnehmen.

Einbau

- Zwischenflansch mit Kraftstoffpumpe und neuem Dichtring einsetzen.
- Innensechskantschrauben mit 20 Nm (2,0 mkg) festziehen.
- Kraftstoffschläuche mit neuen Schellen sichern.

Die Einspritzanlage

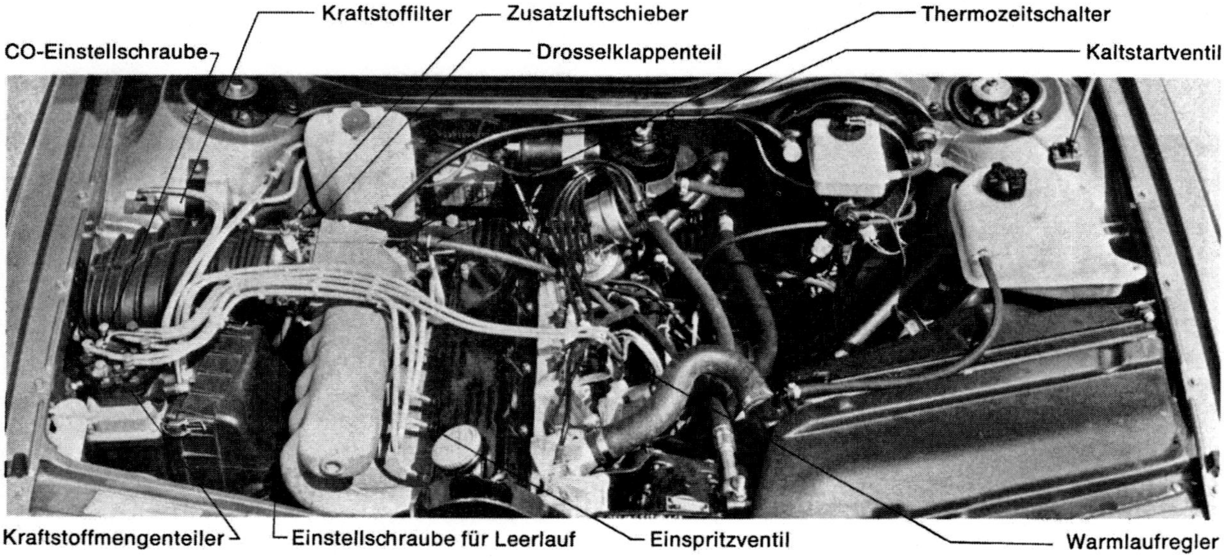

Funktionsweise

Der Kraftstoff wird aus dem Kraftstoffbehälter von der elektrischen Kraftstoffpumpe angesaugt und über Kraftstoffspeicher und -Filter zum Kraftstoffmengenteiler gefördert. Die Luftmenge wird vom Motor über das Sammelsaugrohr angesaugt und vom Luftmengenmesser gemessen. Der Kraftstoffmengenteiler teilt entsprechend der gemessenen Luftmenge den einzelnen Zylindern über das jeweilige Einspritzventil die Kraftstoffmenge zu. Zusätzliche Fühler und Geber sorgen auch in extremen Temperatur- und Fahrsituationen für die richtig bemessene Kraftstoffmenge.

- Der Kraftstoffspeicher hält den Kraftstoff auch nach Abschalten des Motors über einen längeren Zeitraum unter Druck. Dadurch verhindert man Dampfblasenbildung und verbessert das Heißstartverhalten.
- Der elektrisch beheizte Zusatzluftschieber erhöht während der Warmlaufphase die Motordrehzahl.
- Der Warmlaufregler fettet während der Warmlaufphase das Gemisch an.
- Das Kaltstartventil, gesteuert von einem elektrisch beheizten Thermozeitschalter, spritzt bei tiefen Außentemperaturen zusätzlich Kraftstoff in das Sammelsaugrohr.

Achtung: Der Einspritzmotor kann auch mit **bleifreiem** Superkraftstoff betrieben werden. Allerdings muß dazu der Zündzeitpunkt des Motors umgestellt werden. Der Grund dafür liegt in der niedrigeren Oktanzahl von 95 ROZ bei unverbleitem Superkraftstoff gegenüber 98 ROZ bei verbleitem Superkraftstoff. Im Betrieb ergibt sich durch die Zündumstellung eine geringfügige Leistungseinbuße sowie ein eventuell leicht erhöhter Kraftstoffverbrauch. Geänderter Zündzeitpunkt siehe Seite 181.

Falls nachträglich ein Katalysator eingebaut wird, muß das Fahrzeug vor dem Einbau des Katalysators mit 2 Tankfüllungen unverbleitem Superkraftstoff gefahren werden. Es ist zweckmäßig den Umbau in einer Fachwerkstatt durchführen zu lassen, da für die Einstufung als schadstoffarmes Fahrzeug und die dadurch mögliche Steuerersparnis eine Bescheinigung der Werkstatt über den ordnungsgemäßen Umbau erforderlich ist.

K-Jetronic

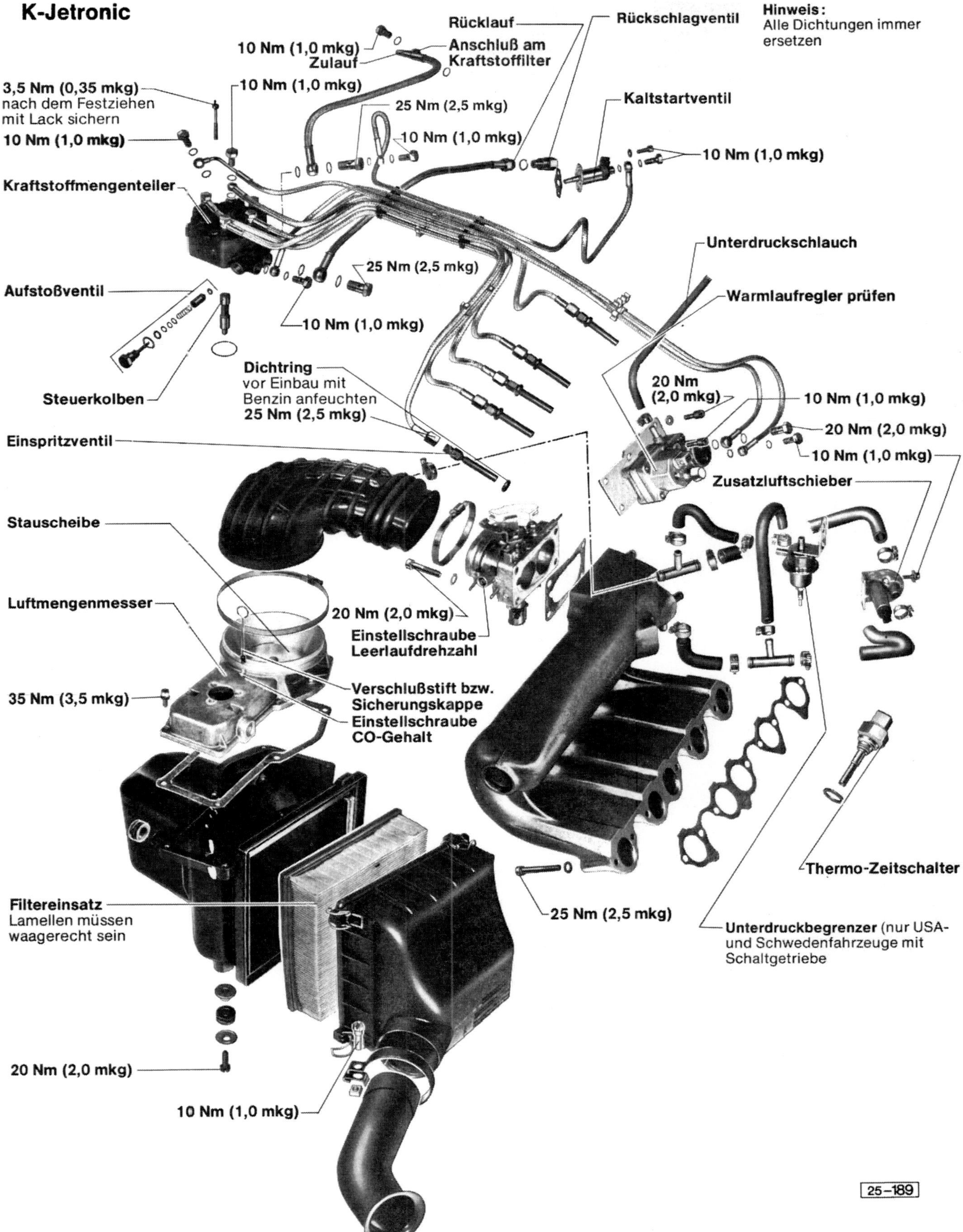

Hinweis:
Alle Dichtungen immer ersetzen
Rücklauf
Rückschlagventil
10 Nm (1,0 mkg)
Zulauf
Anschluß am Kraftstoffilter
3,5 Nm (0,35 mkg) nach dem Festziehen mit Lack sichern
10 Nm (1,0 mkg)
10 Nm (1,0 mkg)
25 Nm (2,5 mkg)
10 Nm (1,0 mkg)
Kaltstartventil
10 Nm (1,0 mkg)
Kraftstoffmengenteiler
Unterdruckschlauch
25 Nm (2,5 mkg)
Aufstoßventil
Warmlaufregler prüfen
10 Nm (1,0 mkg)
Dichtring vor Einbau mit Benzin anfeuchten 25 Nm (2,5 mkg)
20 Nm (2,0 mkg)
10 Nm (1,0 mkg)
Steuerkolben
20 Nm (2,0 mkg)
Einspritzventil
10 Nm (1,0 mkg)
Zusatzluftschieber
Stauscheibe
Luftmengenmesser
20 Nm (2,0 mkg)
Einstellschraube Leerlaufdrehzahl
35 Nm (3,5 mkg)
Verschlußstift bzw. Sicherungskappe
Einstellschraube CO-Gehalt
Thermo-Zeitschalter
Filtereinsatz Lamellen müssen waagerecht sein
25 Nm (2,5 mkg)
Unterdruckbegrenzer (nur USA- und Schwedenfahrzeuge mit Schaltgetriebe
20 Nm (2,0 mkg)
10 Nm (1,0 mkg)
25–189

Leerlauf und CO-Gehalt einstellen

- Motoröltemperatur mindestens +60 °C.
- Zündzeitpunkt einstellen, siehe Seite 180.
- Fernlicht einschalten, Klimaanlage ausschalten.
- Wurden Einspritzleitungen gelöst beziehungsweise erneuert, ist vor dem Einstellen der Motor mehrmals auf 3000/min zu bringen und mindestens 2 Minuten im Leerlauf zu belassen.
- Drehzahlmesser nach Vorschrift anschließen.

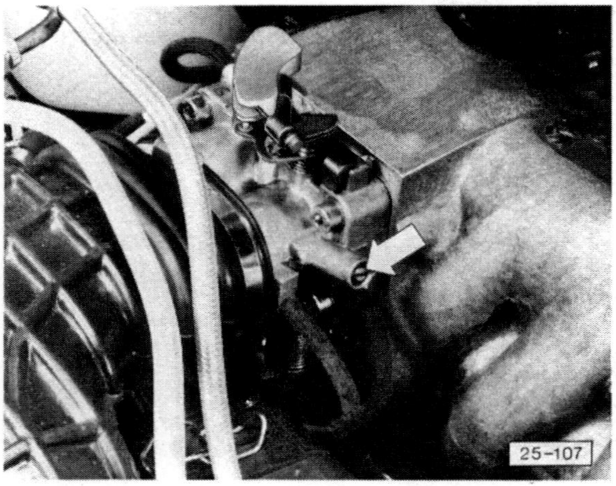

25-107

- Sicherungskappe entfernen, Leerlaufdrehzahl einstellen. Sollwert für Automatik und Schaltgetriebe 900 ± 50 min, beziehungsweise für Fahrzeuge ab 8/80: 800 ± 50 min.
- CO-Meßgerät am Nachschalldämpfer anschließen.

25-108

- Verschlußstift/Sicherungskappe (Pfeil) entfernen, CO-Gehalt an Einstellschraube einregulieren. Rechtsdrehung = CO-Gehalt größer, Linksdrehung = CO-Gehalt kleiner. Sollwert 1,0 ± 0,2 Vol. %.

Achtung: Während der CO-Einstellung die Einstellschraube mit dem Einstellschlüssel nicht nach unten drücken beziehungsweise anheben. Bei eingesetztem Einstellschlüssel nicht Gas geben (Verbiegungsgefahr). Einstellschlüssel nach jeder Verstellung sofort entfernen und kurz Gas geben.

- Verschlußstift und Sicherungskappe einsetzen.

Thermozeitschalter prüfen

- Motor kalt, Kühlmitteltemperatur unter +30 °C.

Achtung: Die Prüfung des Thermozeitschalters erfolgt über den elektrischen Anschluß des Kaltstartventils.

- Mit Voltmeter Spannungsversorgung am Kaltstartventil prüfen. Sollwert: mindestens 11,5 Volt.
- Steckfahnen des Steckers auf richtige Lage prüfen.

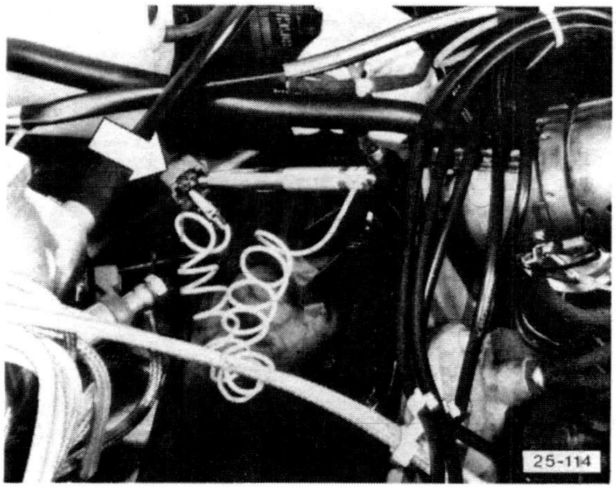

- Stecker am Kaltstartventil abziehen und normale 12 Volt-Prüflampe anschließen.
- Hochspannungsleitung am Zündverteiler abziehen und mittels gleichstarkem Hilfskabel an Masse legen.
- *Stecker am Warmlaufregler und Zusatzluftschieber* abziehen.
- Anlasser 10 Sekunden betätigen, Prüflampe muß aufleuchten.

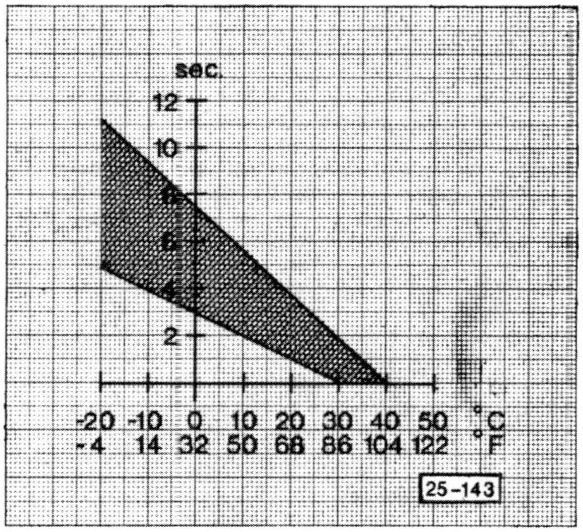

- Sollwert siehe Diagramm. Z. B. Kühlmitteltemperatur +10 °C, Einschaltdauer 2–5,6 Sekunden.
- Falls Sollwert nicht erreicht wird, Thermozeitschalter erneuern.
- Hochspannungsleitung auf Zündverteiler aufschieben, Stecker auf Warmlaufregler und Zusatzluftschieber aufschieben.

Kaltstartventil prüfen

- Motor kalt, Kühlmitteltemperatur unter +30 °C.
- Spannungsversorgung bei eingeschalteter Zündung am Kaltstartventil prüfen. Sollwert: mindestens 11,5 Volt.
- Steckfahnen des Steckers auf richtige Lage prüfen.

25-116

- Hochspannungskabel am Zündverteiler abziehen und mittels gleichstarkem Hilfskabel an Masse legen.
- Stecker am Warmlaufregler und Zusatzluftschieber abziehen.

25-117

- Kaltstartventil ausbauen und in ein Meßglas halten. Kraftstoffleitung und elektrische Steckverbindung bleiben angeschlossen.
- Anlasser 10 Sekunden betätigen, Kaltstartventil muß in einem gleichförmigen Kegel abspritzen.

Achtung: Die Einspritzzeit entspricht der Einschaltzeit des Thermoschalters, siehe Diagramm Seite 77.

- Kaltstartventil an der Düse abtrocknen.
- Batterie-Minuskabel abklemmen.

25-118

- Kraftstoffpumpenrelais aus der Fassung J herausziehen.

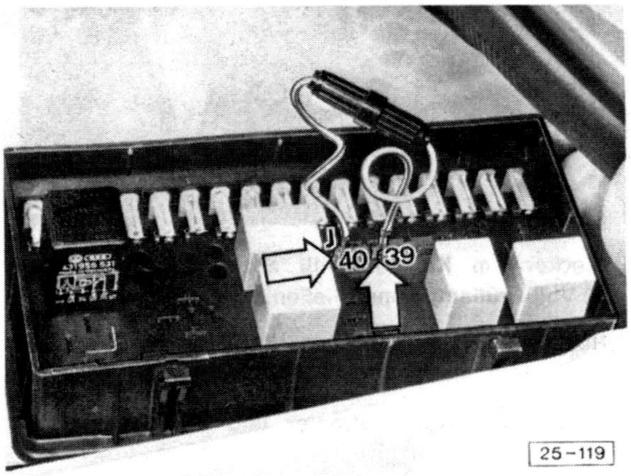

25-119

- Kontakte J 39 und J 40 in der Relaisplatte mittels Prüfleitung verbinden. Prüfleitung 1,5 mm² mit 8-A-Sicherung absichern.
- Batterie-Minuskabel auf Pol aufstecken.
- Am Kaltstartventil darf innerhalb einer Minute kein Tropfen abfallen, sonst Ventil erneuern.
- Kaltstartventil einbauen, Stecker auf Warmlaufregler und Zusatzluftschieber aufschieben.

Zusatzluftschieber prüfen

- Voraussetzung: Spannungsversorgung (mindestens 11,5 Volt am Stecker) und Steckfahnen des Steckers in Ordnung.
- Motor kalt.
- Steckverbindung am Zusatzluftschieber abziehen.
- Motor starten und im Leerlauf belassen.
- Drehzahlmesser anschließen und Motordrehzahl messen.

- Schlauch zwischen Luftführungshutze und Zusatzluftschieber zusammenklemmen.

Achtung: Die Motordrehzahl muß abfallen.

- Prüfung bei warmem Motor und aufgesteckter Steckverbindung am Zusatzluftschieber wiederholen. Dabei darf sich die Motordrehzahl bei zusammengeklemmtem Schlauch nicht verändern.

Einspritzventile prüfen

Spritzbildprüfung

- Batterie-Minuskabel abklemmen.

- Einspritzventile aus dem Sitz herausziehen.

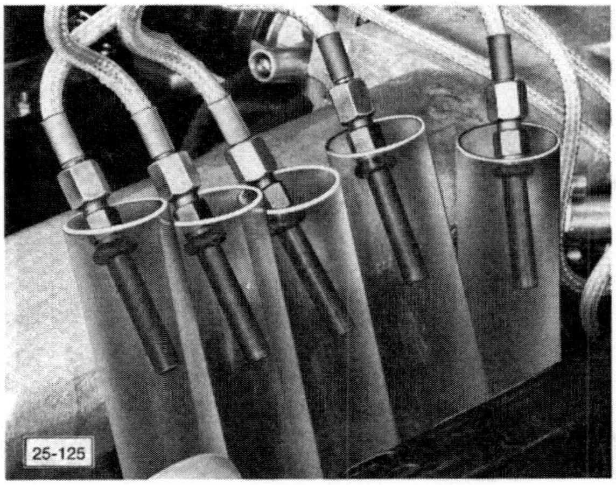

- Einspritzventile in Meßgläser stecken.

- Kraftstoffpumpenrelais aus der Fassung ziehen.

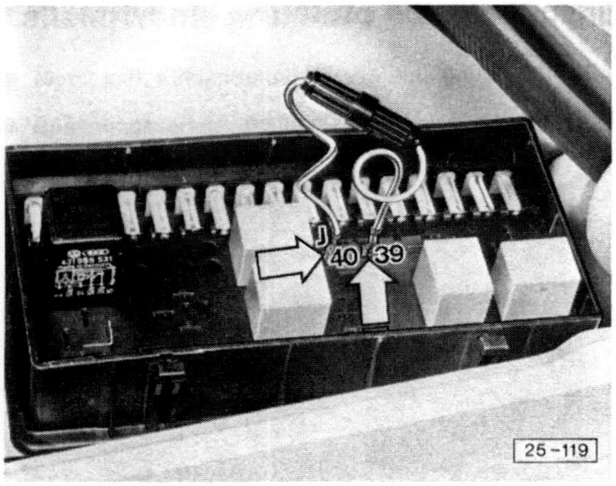

25-119

- Kontakt J 39 mit J 40 in der Relaisplatte mittels Prüfleitung verbinden. Prüfleitung 1,5 mm² mit 8-A-Sicherung absichern.
- Batterie-Minuskabel auf Pol aufstecken.
- Luftfilterdeckel und Einsatz ausbauen.

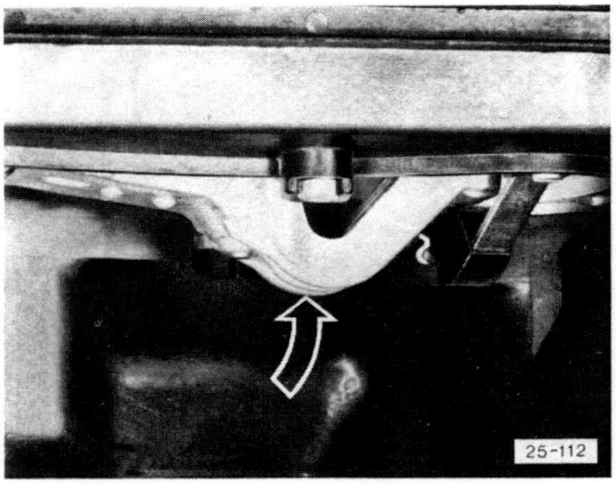
25-112

- Verstellhebel von unten im Luftfilter mit Hand ganz nach oben heben.
- Einspritzventile müssen mit kegelförmigem Strahl abspritzen.

Dichtheit prüfen

- Stauscheibe wieder in Ruhelage bringen.
- Einspritzventile dürfen nicht nachtropfen.

Achtung: Vor Montage der Einspritzventile sind die Gummiringe mit Benzin anzufeuchten. Einspritzventile vollkommen in die Sitze eindrücken.

Elektro-Kraftstoffpumpe prüfen

Die Kraftstoffpumpe sitzt unten am Tank.

- Batterie muß zur Prüfung der Pumpe vollgeladen sein, Mindestspannung 12 V.
- Stecker am Warmlaufregler und am Zusatzluftschieber abziehen.
- Batterie-Minuskabel abklemmen.

25-118

- Kraftstoffpumpen-Relais aus der Fassung ziehen.

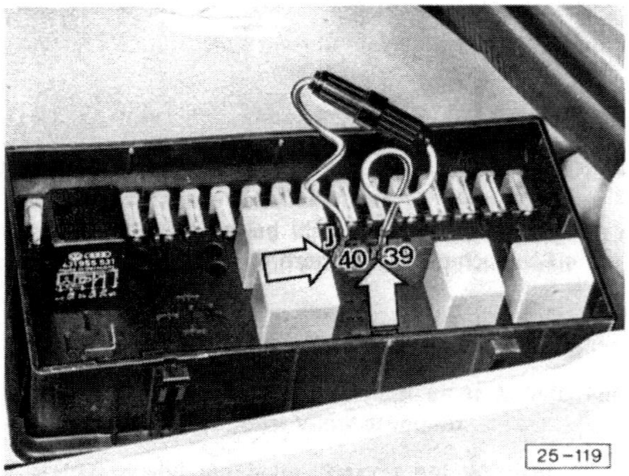

25-119

- Kontakt J 39 mit J 40 in der Relaisplatte mittels Prüfleitung verbinden. **Achtung:** Die Prüfleitung muß mit einer Sicherung abgesichert werden. Prüfleitungs-Querschnitt 1,5 mm² mit 8-A-Sicherung.
- Leitung von der Kraftstoffpumpe abschrauben. Hierzu Druckspeicher mit Halter aushängen, die Leitung bleibt angeschlossen.

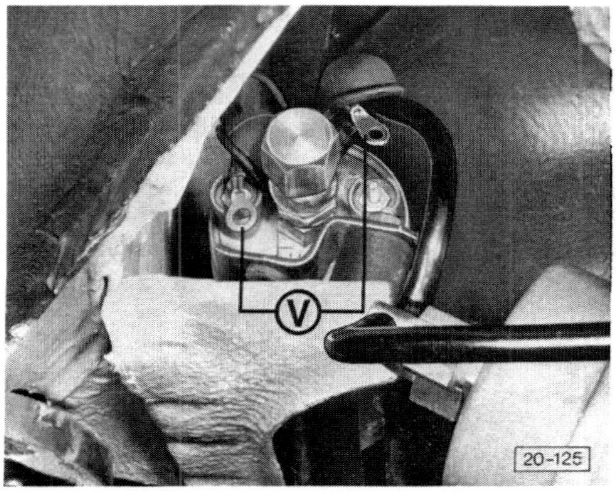

● Spannung mit Voltmeter prüfen, vorher Batterie-Minuskabel aufstecken. Sollwert: mindestens 11,5 Volt.

Achtung: Kurzschlußgefahr. Plusanschluß nicht mit Masse in Berührung bringen.

● Batterie-Minuskabel abklemmen.

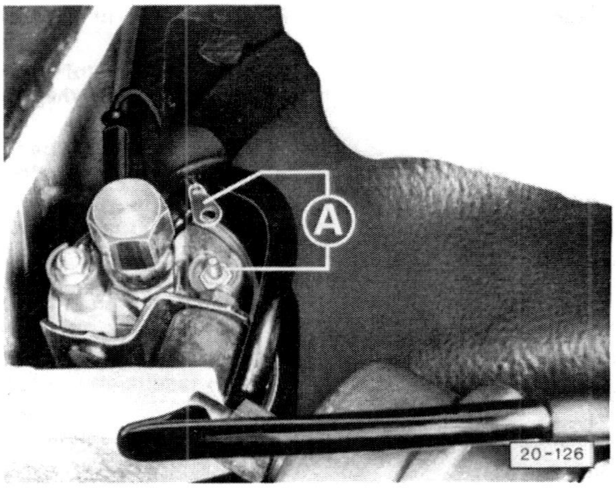

● Stromaufnahme mit Amperemeter messen, vorher Batterie-Minuskabel anschließen und Minuskabel der Kraftstoffpumpe anklemmen. Sollwert: maximal 8,5 Ampere.

Achtung: Liegt die Stromaufnahme höher als der Sollwert, Kraftstoffpumpe erneuern.

Fördermenge der Kraftstoffpumpe prüfen

● Batterie-Minuskabel von Pol abnehmen.

Achtung: Vor Prüfung der Kraftstoffpumpen-Fördermenge Verschluß am Kraftstoffbehälter nicht öffnen, um den Überdruck im Tank zu halten.

● Elektrische Leitungen an der Kraftstoffpumpe wieder befestigen.

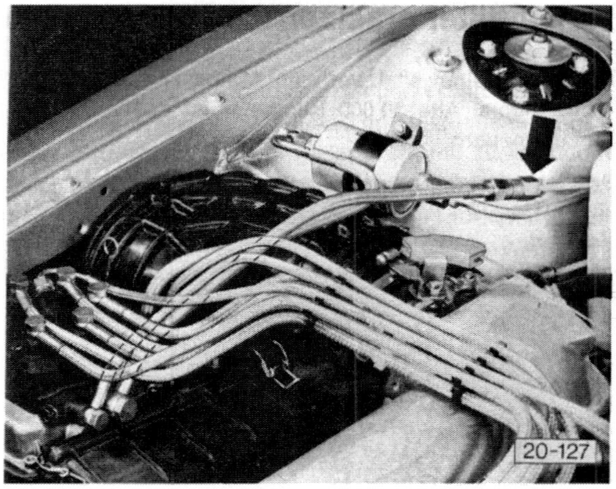

● Koppelung der Rücklaufleitung trennen und Meßglas unter Leitung halten.

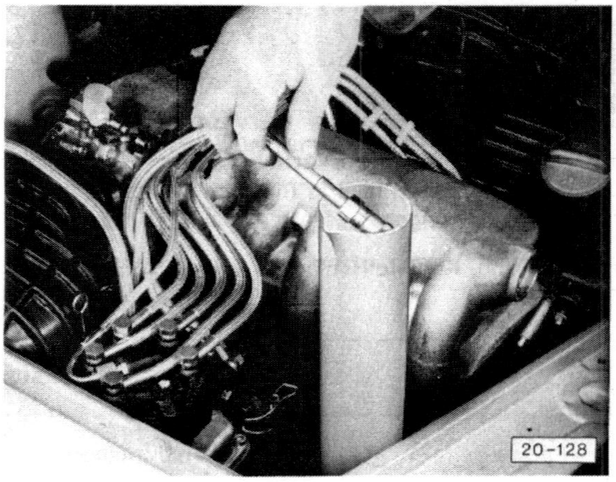

● Fördermenge prüfen. Hierzu Batterie-Massekabel 30 Sekunden auf den Pol aufstecken. In dieser Zeit muß die Fördermenge mindestens 900 cm³ betragen.

Achtung: Voraussetzung für die Prüfung ist ein einwandfreies Kraftstoffilter. Ist die Stromversorgung in Ordnung, die Fördermenge jedoch zu gering, Kraftstoffpumpe erneuern.

Kraftstoffilter ersetzen

Das Kraftstoffilter sitzt vorn im Motorraum am linken Federbeindom. Alle 30 000 Kilometer ist das Kraftstofffilter zu erneuern.

- Kraftstoffschläuche vor dem Lösen reinigen. Schläuche und Halter für Filter abschrauben.

- Kraftstoffilter einsetzen. **Achtung:** Durchflußrichtung beachten. Der Pfeil muß in Richtung Motor/Kraftstoffmengenteiler zeigen.
- Halter und Kraftstoffschläuche mit Dichtringen anschrauben.

Luftfiltereinsatz auswechseln

Alle 7500 Kilometer ist der Einsatz auszuklopfen, alle 15 000 Kilometer auszuwechseln.

- Schnellverschlüsse (Pfeile) öffnen und Deckel nach rechts abziehen. Luftfiltereinsatz herausnehmen.
- Filtereinsatz zum Reinigen auf einer festen Unterlage ausklopfen. **Achtung:** Filtereinsatz nicht mit Öl benetzen oder mit Benzin reinigen.
- Filtereinsatz so einsetzen, daß die Lamellen waagerecht liegen.
- Deckel aufsetzen und mit Schnellverschlüssen befestigen.

Störungstabelle Einspritzanlage K-Jetronic

Bevor anhand der Störungstabelle der Fehler aufgespürt wird, müssen folgende Prüfvoraussetzungen erfüllt sein: Bedienungsfehler beim Starten ausgeschlossen. Während des Startens Gaspedal **etwas** niederdrücken und festhalten. Kraftstoff im Tank, Motor mechanisch in Ordnung, Ventilspiel richtig, Batterie geladen, Anlasser dreht mit ausreichender Drehzahl, Zündeinstellung und Zündanlage ist in Ordnung, keine Undichtigkeiten an der Kraftstoffanlage, Verschmutzungen im Kraftstoffsystem ausgeschlossen, Kurbelgehäuse-Entlüftung in Ordnung, elektrische Masseverbindung (Motor–Getriebe–Aufbau) vorhanden. **Achtung:** Wenn Kraftstoffleitungen gelöst werden, müssen diese vorher mit Benzin gesäubert werden.

Störung: Der Motor springt nicht an

Ursache	**Abhilfe**
Elektro-Kraftstoffpumpe läuft nicht	Zündung einschalten. Steckverbindung Warmlaufregler und Luftmengenmesser abziehen. Kraftstoffpumpe muß hörbar anlaufen. Wenn nicht, Elektro-Kraftstoffpumpe überprüfen
Kraftstoffpumpen-Relais bzw. Sicherung defekt	Relais überprüfen
Thermozeitschalter defekt	Thermozeitschalter überprüfen
Kaltstartventil defekt	Kaltstartventil überprüfen
Warmlaufregler defekt	Warmlaufregler überprüfen
Zusatzluftschieber defekt	Zusatzluftschieber überprüfen

Störung: Der kalte Motor springt schlecht an

CO-Gehalt falsch Thermozeitschalter defekt	CO-Gehalt und Leerlauf prüfen Thermozeitschalter wird vom Zündschloß, Klemme 50, angesteuert. Thermozeitschalter prüfen
Kaltstartventil defekt	Kaltstartventil prüfen. Kraftstoffleitung und elektrische Anschlüsse bleiben angeschlossen
Ruhelage der Stauscheibe falsch	Ruhelage der Stauscheibe überprüfen lassen
Warmlaufregler defekt	Warmlaufregler überprüfen
Zusatzluftschieber defekt	Zusatzluftschieber überprüfen

Störung: Der heiße Motor springt nicht an

CO-Gehalt falsch	CO-Gehalt und Leerlauf einstellen
Thermozeitschalter schaltet nicht ab	Thermozeitschalter erneuern
Kaltstartventil undicht	Kaltstartventil prüfen
Warmlaufregler defekt	Stromversorgung prüfen, Sicherung am Kraftstoffpumpen-Relais prüfen. Warmlaufregler prüfen
Ruhelage der Stauscheibe falsch	Ruhelage der Stauscheibe überprüfen lassen
Kraftstoffsystem undicht	Sichtprüfung an allen Verbindungsstellen im Bereich des Motors und der elektrischen Kraftstoffpumpe. Alle Anschlüsse nachziehen
Luftansaugsystem undicht	Dichtstellen und Anschlüsse im Ansaugsystem prüfen

Störung: Motor springt an, bleibt aber nach kurzer Zeit stehen

Leerlauf und CO-Gehalt falsch	Leerlauf und CO-Gehalt prüfen
Warmlaufregler defekt	Warmlaufregler prüfen
Zusatzluftschieber defekt	Zusatzluftschieber prüfen
Thermozeitschalter defekt	Thermozeitschalter prüfen
Kaltstartventil schließt nicht	Kaltstartventil prüfen
Ruhelage der Stauscheibe falsch	Ruhelage der Stauscheibe überprüfen lassen

Störung: Der Motor setzt aus

Elektrische Verbindungen zur Kraftstoffpumpe zeitweise unterbrochen	Steckverbindungen und Anschlüsse von elektrischen Leitungen an der Kraftstoffpumpe, dem Luftmengenmesser und dem Kraftstoffpumpen-Relais auf feste und widerstandslose Verbindung prüfen. Sicherung und Kontaktstellen am Kraftstoffpumpen-Relais prüfen, Kontakte reinigen bzw. erneuern
Kraftstoffsystem undicht	Sichtprüfung an allen Verbindungsteilen im Bereich des Motors, der elektrischen Kraftstoffpumpe und des Kraftstoffspeichers **Achtung:** Zum Nachziehen von Anschlüssen Ringschlüssel bzw. offene Ringschlüssel verwenden
Kraftstoff-Filter defekt	Kraftstoff-Filter alle 30 000 km erneuern
Kraftstoffpumpe defekt	Kraftstoffpumpe prüfen
Kraftstoffmengenteiler defekt	Kraftstoffmengenteiler überprüfen lassen
Einspritzventil defekt	Einspritzventile prüfen

Kraftstofftank

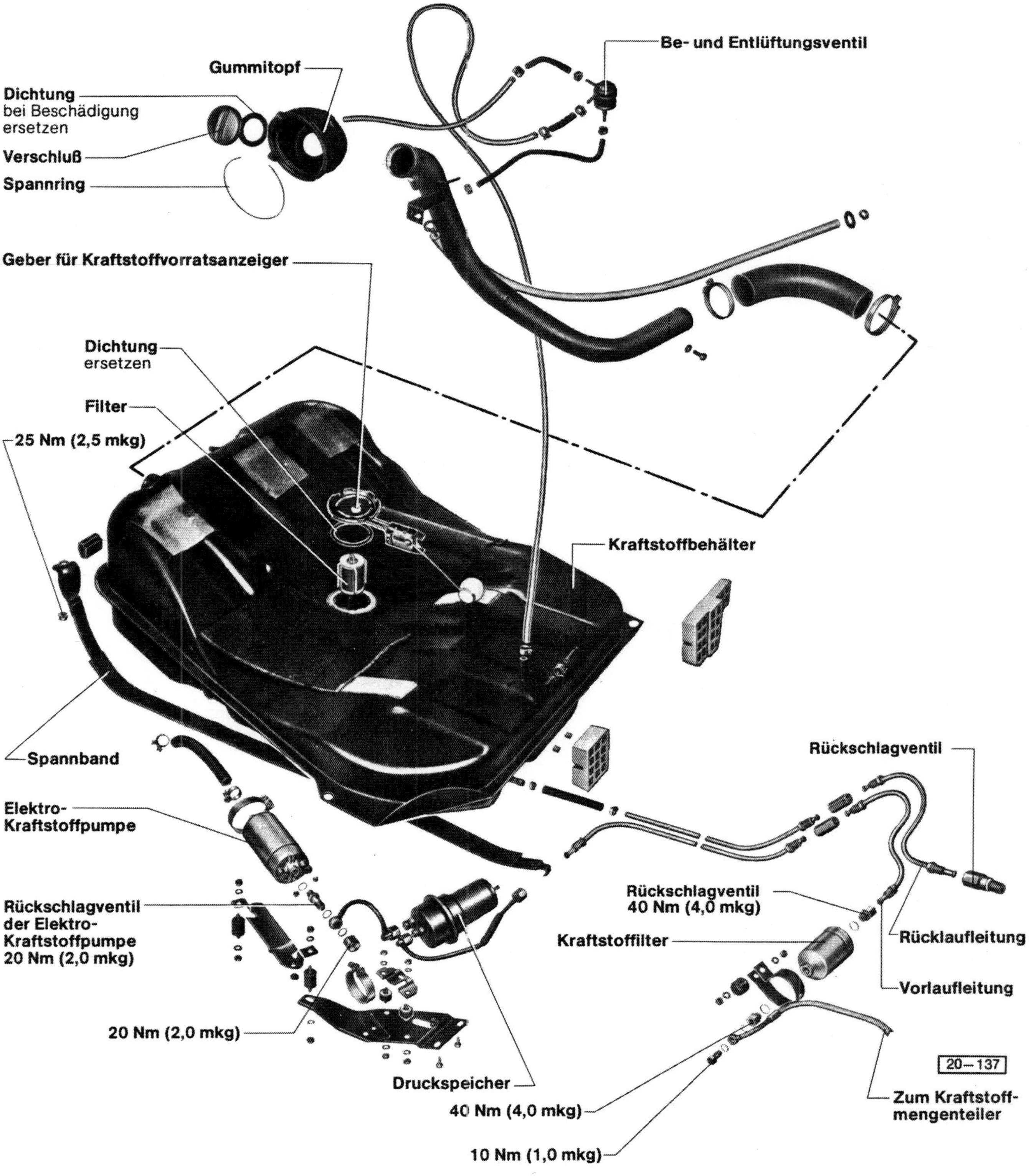

Kraftstoffbehälter aus- und einbauen

Ausbau

Achtung: Brandgefahr, kein offenes Feuer!

- Wagen aufbocken.

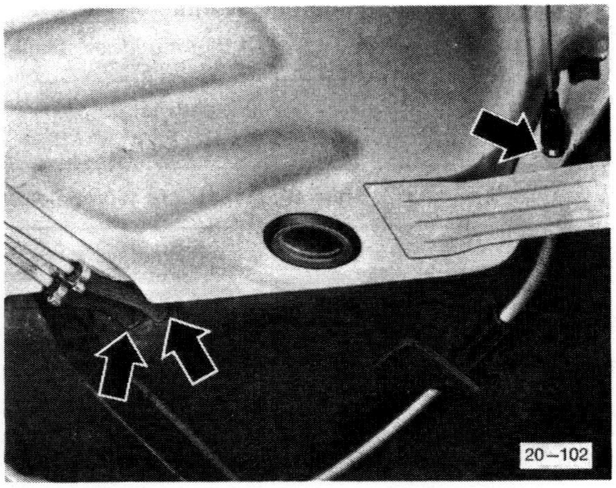

- Handbremsseil (Pfeil rechts) aushängen. Kraftstoffleitungen (Pfeile links) abziehen und beide Rohranschlußstücke mit geeigneten Stopfen verschließen.

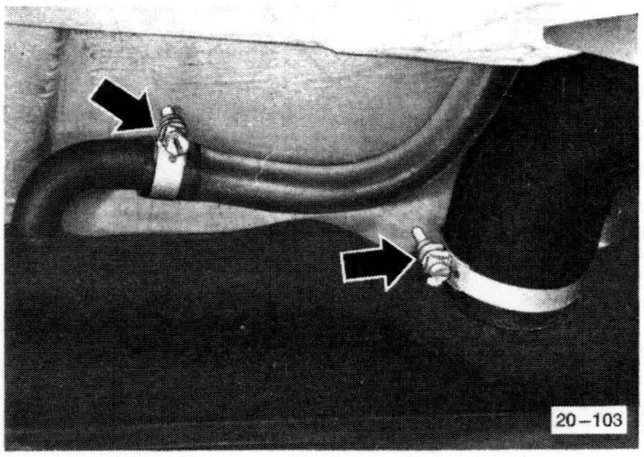

- Entlüfterschlauch und Verbindung am Einfüllstutzen abnehmen. Bei Einspritzmotor: Schlauch zur Elektro-Kraftstoffpumpe abnehmen.

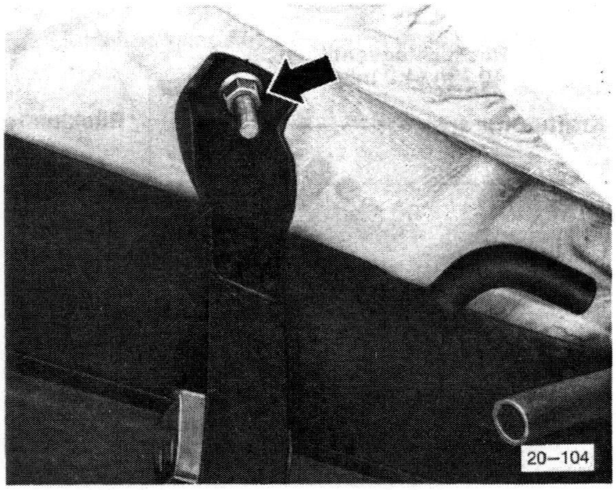

- Beide Spannbänder abschrauben, Tank festhalten.

- Kraftstoffbehälter absenken und elektrische Verbindungen zum Geber für Kraftstoffvorratsanzeige abziehen.
- Kraftstoffbehälter herausnehmen.

Einbau

- Beim Ersetzen des Kraftstofftankes ist darauf zu achten, daß die Unterlagen, die gegen Scheuern und Dröhngeräusche aufgeklebt weden, an den richtigen Stellen angebracht werden.

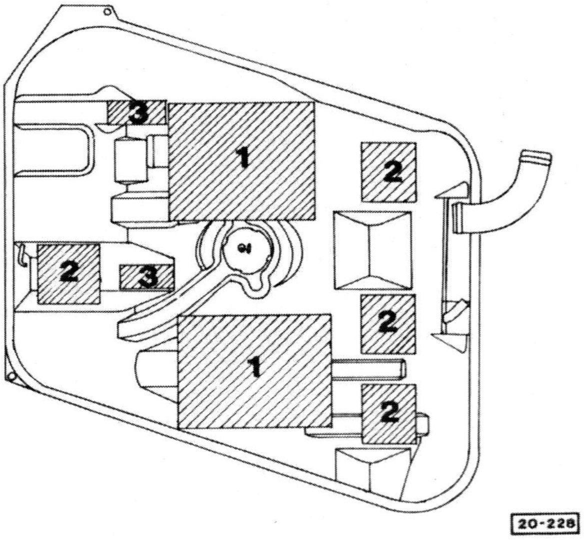

- Die Unterlagen (Reparatursatz, Et.-Nr. 431 201 365 A) müssen auf folgende Maße zurechtgeschnitten werden: 2 Stück auf 200 x 250 mm, 4 Stück auf 100 x 100 mm, 2 Stück auf 100 x 50 mm. Die Unterlagen wie in der Abbildung gezeigt aufkleben.
- Tank einsetzen, Elektrische Leitungen auf Geber für Kraftstoffvorratsanzeige aufschieben.
- Beide Spannbänder anschrauben.

- Entlüfterschlauch und Verbindung am Einfüllstutzen aufschieben und mit Schellen sichern. Bei Einspritzmotor: Schlauch zur Kraftstoffpumpe mit Klemmschellen befestigen.

- An den Rohranschlußstücken Stopfen herausziehen, Kraftstoffleitungen aufschieben und mit Schellen sichern.

- Handbremsseil einhängen.

- Wagen abbocken, Probefahrt durchführen und anschließend sämtliche Kraftstoffschlauchverbindungen auf Dichtigkeit überprüfen.

Tankgeber aus- und einbauen

Ausbau

Achtung: Brandgefahr, kein offenes Feuer! Geber nur ausbauen, wenn der Tank **halb leer** ist.

- Sitzteil für Sitzbank ausbauen.

- Abdeckung für Geber abschrauben.

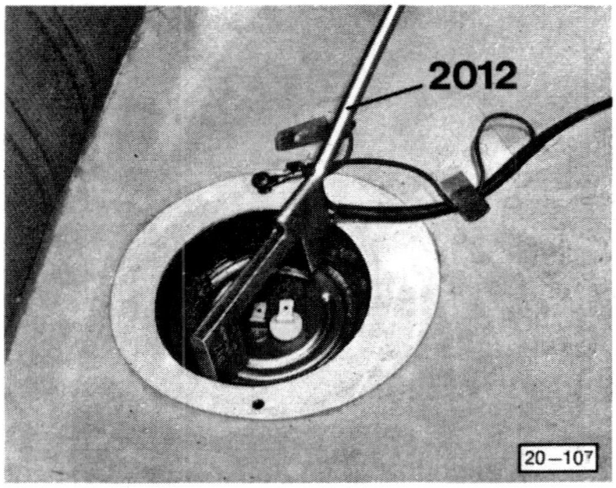

- Elektrische Zuleitungen markieren und abziehen.

- Tankgeber (Bajonettverschluß) mit VW/Audi-Werkzeug 2012 oder einer Wasserpumpenzange durch Linksdrehen ausklinken.

Einbau

- Neue Dichtung für Tankgeber verwenden, Tankgeber entsprechend der alten Lage einsetzen und bis zum Einrasten nach rechts drehen.

- Auf sorgfältiges Abdichten zwischen Tank und Geber achten.

- Elektrische Leitungen aufschieben.

- Abdeckung für Geber anschrauben.

- Sitzteil für hintere Sitzbank einbauen.

Die Kupplung

Die Kupplung ist in das Schwungrad eingebaut und dient beim Schalten der Gänge dazu, Motor und Getriebe voneinander zu trennen, um sie danach – wie auch beim Anfahren des Wagens aus dem Stand – durch Reibung stoßfrei wieder miteinander zu verbinden.

Die Kupplung besteht aus der Kupplungsdruckplatte und der Kupplungsscheibe.

Im Getriebegehäuse ist die drehbare Ausrückwelle angeordnet. Sie trägt für die Kupplung das wartungsfreie Ausrücklager. Beim Audi 100 mit Fünfzylindermotor wird die Kupplung hydraulisch betätigt. Die Hydraulikflüssigkeit erhält die Kupplung vom Hauptbremszylinder. Ein Entlüften der Anlage ist nur nach einer Reparatur erforderlich. Ein Nach- bzw. Einstellen des Kupplungsspiels ist nicht erforderlich. Das Kupplungspedal soll etwa 10 mm über dem Bremspedal stehen. Falls dies nicht der Fall ist, Kupplung von Werkstatt überprüfen lassen.

stufenweise überkreuz lösen bzw. anziehen
25 Nm (2,5 mkg)

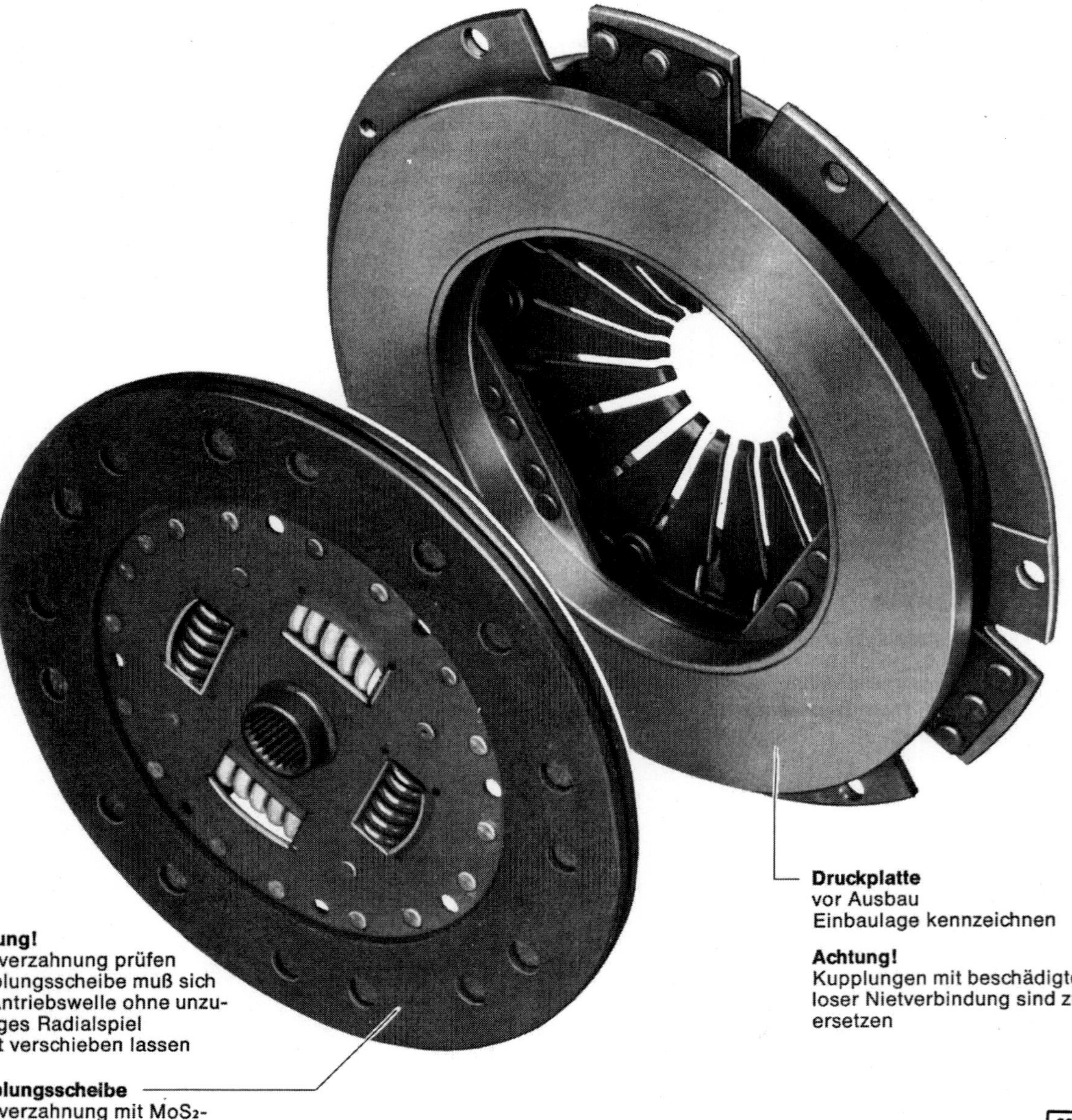

Druckplatte
vor Ausbau
Einbaulage kennzeichnen

Achtung!
Kupplungen mit beschädigter oder loser Nietverbindung sind zu ersetzen

Achtung!
Kerbverzahnung prüfen
Kupplungsscheibe muß sich auf Antriebswelle ohne unzulässiges Radialspiel leicht verschieben lassen

Kupplungsscheibe
Kerbverzahnung mit MoS_2-Puder schmieren
Einbaulage beachten

30–122

Funktionsweise

In eingekuppeltem Zustand wird durch die Kupplungsmembranfeder die Kupplungsscheibe von der Druckplatte gegen das Schwungrad gepreßt und so der Kraftschluß zwischen der Kurbelwelle und der Getriebeantriebswelle hergestellt. Ausrücklager und Ausrückring berühren sich nicht.

Beim Niedertreten des Kupplungspedals wird das Ausrücklager hydraulisch gegen die Kraft der Membranfeder bewegt und die Druckplatte ein wenig angehoben. Die Kupplungsscheibe zwischen Druckplatte und Schwungrad wird dadurch frei, der Kraftschluß zwischen Motor und Getriebe somit aufgehoben.

Kupplung aus- und einbauen

Ausbau

- Um an die Kupplung heranzukommen, kann sowohl der Motor als auch das Getriebe ausgebaut werden. Sinnvollerweise baut man das Getriebe aus, siehe Seite 85.
- Druckplatte und Schwungscheibe mit Meißel markieren, wenn die Kupplung wieder eingebaut wird.
- Sechskantschrauben abwechselnd über Kreuz um ein bis zwei Gewindegänge lösen. Anschließend ganz herausdrehen.
- Druckplatte und Mitnehmerscheibe herausnehmen.
- Druckplatte prüfen. Einlaufspuren an den Enden der Membranfeder in einer Tiefe von 0,3 mm sind bedeutungslos.

30-116

- Federverbindungen zwischen Druckplatte und Deckel auf Risse, Nietbefestigungen auf festen Sitz prüfen.
- Kupplungen mit beschädigter oder loser Nietverbindung sind zu erneuern.

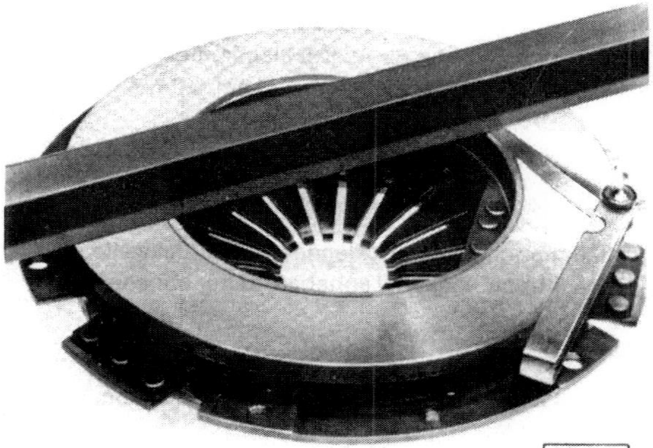

30-117

- Auflagefläche der Druckplatte auf Risse, Brandstellen und Verschleiß prüfen. Druckplatten, die bis zu 0,3 mm nach innen durchgebogen sind, dürfen noch eingebaut werden. Die Prüfung geschieht mit Lineal und Fühlerblattlehre.
- Kupplungsscheibe prüfen. Die Kupplungsscheibe muß sich auf der Antriebswelle des Getriebes ohne unzulässiges Radialspiel leicht verschieben lassen. Vernietungen und Seitenschlag prüfen.
- Falls die Kupplung im Fahrbetrieb gerupft hat und die alte Kupplungsscheibe wieder eingebaut wird, Seitenschlag der Kupplungsscheibe prüfen lassen. Die Verschleißgrenze ist bei 0,5 mm erreicht.

Einbau

- Kupplungs-Ausrücklager prüfen, bzw. austauschen.
- Um die Schwungscheibe beim Anziehen der Schrauben am Verdrehen zu hindern, benutzen die Werkstätten das VW-Werkzeug 10–201. Mit einem Dorn und einem Schraubenzieher läßt sich das Schwungrad auch halten.
- Kupplungsscheibe und Kupplungsdruckplatte in Schwungscheibe einsetzen. Dabei muß die Kupplungsscheibe mit einem Dorn (oder einer alten Getriebe-Antriebswelle) zentriert werden.
- Markierung von Druckplatte und Schwungscheibe beachten (gilt nur bei Einbau der alten Kupplung).

Achtung: Die 3 Zentrierbolzen am Schwungrad müssen in die Bohrungen der Druckplatte einrasten.

- Sechskantschrauben mit Federringen versehen und stufenweise über Kreuz mit 25 Nm (2,5mkg) festziehen.
- Getriebe einbauen.

Ausrücklager erneuern

Ein defektes Kupplungs-Ausrücklager macht sich durch Geräusche beim Auskuppeln bemerkbar.

Ausbau

- Getriebe ausbauen, siehe Seite 94.
- Klammern für Ausrücklager an Ausrückwelle abnehmen, Kupplungshebel anheben, Lager abnehmen.

Einbau

Achtung: Lager nicht auswaschen, nur abwischen.

- Sämtliche Lager- und Berührungsflächen der Ausrückwelle mit MoS_2-Schmierfett fetten.

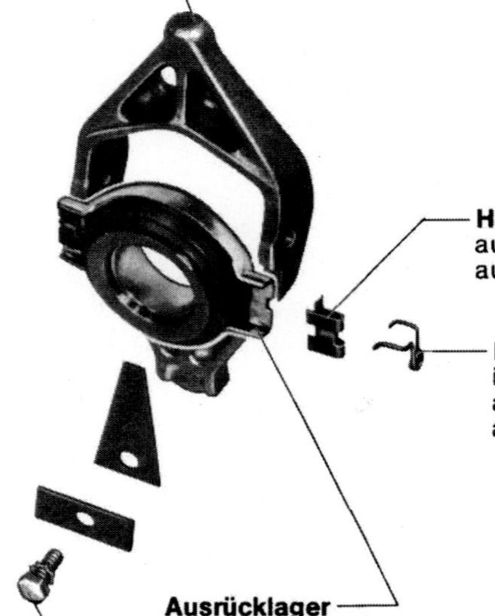

- Ausrücklager nicht auswaschen! Gleitflächen mit MoS_2-Schmierfett fetten.
- Ausrücklager in Ausrückwelle einsetzen und mit neuen Klammern sichern.
- Getriebe einbauen, siehe Seite 94.

Störungstabelle Kupplung

Störung	Ursache	Abhilfe
Kupplung rutscht	Zu wenig oder zu viel Spiel am Pedal	■ Gabelkopf einstellen lassen
	Belag verhärtet oder verölt	■ Kupplungsscheibe austauschen
	Federspannung zu gering	■ Kupplungsdruckplatte auswechseln
Kupplung trennt nicht richtig	Belag durch Abrieb verklebt	■ Kupplungsscheibe austauschen
	Kerbverzahnung auf der Antriebswelle trocken oder verklebt	■ Kerbverzahnung reinigen, entgraten und mit MoS_2-Puder einbürsten
	Ausrückhebel oder Fußhebel schwergängig	■ Teile reinigen und mit Universalfett schmieren
	Kupplungsscheibe schlägt	■ Kupplungsscheibe auswechseln
Kupplung rupft	Getriebe liegt in der Aufhängung nicht fest	■ Befestigungsschrauben nachziehen
	Ausrückring schlägt	■ Ausrücklager erneuern
	Druckplatte trägt ungleichmäßig	■ Druckplatte auswechseln
	Kupplungsscheibe zu stark oder ungleichmäßig geschränkt	■ Scheibe erneuern
Geräusch in ausgekuppeltem Zustand	Ausrücklager schadhaft	■ Ausrücklager auswechseln
	Kupplungsscheibe schlägt an die Druckplatte	■ Kupplungsscheibe ausstauschen
Kupplungspedal stellt sich nicht von selbst zurück	Luft in der Hydraulikanlage	■ Anlage entlüften lassen
	Pedal in der Lagerung schwergängig	■ Lagerung des Pedals und Übertotpunktes überprüfen lassen

Die Abgasanlage

Die Abgasanlage besteht aus Abgasrohr, Haupt- und Nachschalldämpfer. Sämtliche Teile sind miteinander verschraubt und lassen sich einzeln auswechseln. Haupt- und Nachschalldämpfer sind in Gummihalterungen gelagert, das Abgasrohr ist zusätzlich am Getriebe verschraubt. Falls die komplette Anlage ausgebaut werden soll, ist vorher der Nachschalldämpfer auszubauen.

Abgasanlage aus- und einbauen

Ausbau

- Wagen aufbocken.
- Sämtliche Schrauben und Muttern mit rostlösendem Mittel einsprühen.
- Klemmschelle am Nachschalldämpfer lösen, Gummi-Aufhängung aushängen und Nachschalldämpfer abziehen.

Achtung: Mitunter sitzen die Klemmverbindungen an der Abgasanlage sehr fest und lassen sich nur dann lösen, wenn die Stelle vorher mit einem Schweißbrenner erwärmt wurde. Vorsicht, Brandgefahr!

- Muttern an der Verbindung Auspuffkrümmer/Auspuffrohr abschrauben. Verbindungslasche Getriebe/Abgasrohr lösen.
- 2 Gummiringe am Hauptschalldämpfer aushängen, Abgasanlage herausnehmen.

Einbau

- Grundsätzlich Abgasanlage mit neuen Dichtungen einsetzen.
- Abgasanlage mit Hilfsperson einsetzen. Gummiringe am Hauptschalldämpfer einhängen, Abgasrohr am Abgaskrümmer mit neuer Dichtung und neuen selbstsichernden Muttern anschrauben, noch nicht festziehen. Die Bördelkanten der Dichtung müssen zum Abgasrohr vorn zeigen.
- Nachschalldämpfer aufschieben und Gummiringe einhängen, nicht festziehen.
- Abgasanlage ausrichten.
- Verbindungslasche Getriebe/Abgasrohr anschrauben, nicht festziehen.
- Abgasanlage spannungsfrei einrichten.
- Sämtliche Schrauben und Muttern der Abgasanlage mit 25 Nm (2,5 mkg) festziehen. Reihenfolge einhalten: Vom Abgaskrümmer zum Endrohr.
- Wagen abbocken.

Abgasanlage ausrichten

Um Dröhngeräusche und Spannungsrisse zu vermeiden, muß die Abgasanlage beim Einbau spannungsfrei ausgerichtet werden. Zum Ausrichten der Abgasanlage müssen Motor und Abgasanlage betriebswarm sein.

- Wagen aufbocken.
- Falls nicht gelöst, alle Befestigungsschrauben und Klemmschellen der Anlage lösen.
- Motor starten und im Leerlauf belassen.
- Befestigungen und Klemmschellen anziehen. Hierbei die Reihenfolge vom Abgaskrümmer zum Endrohr einhalten.
- Wagen abbocken.

Auspuffanlage

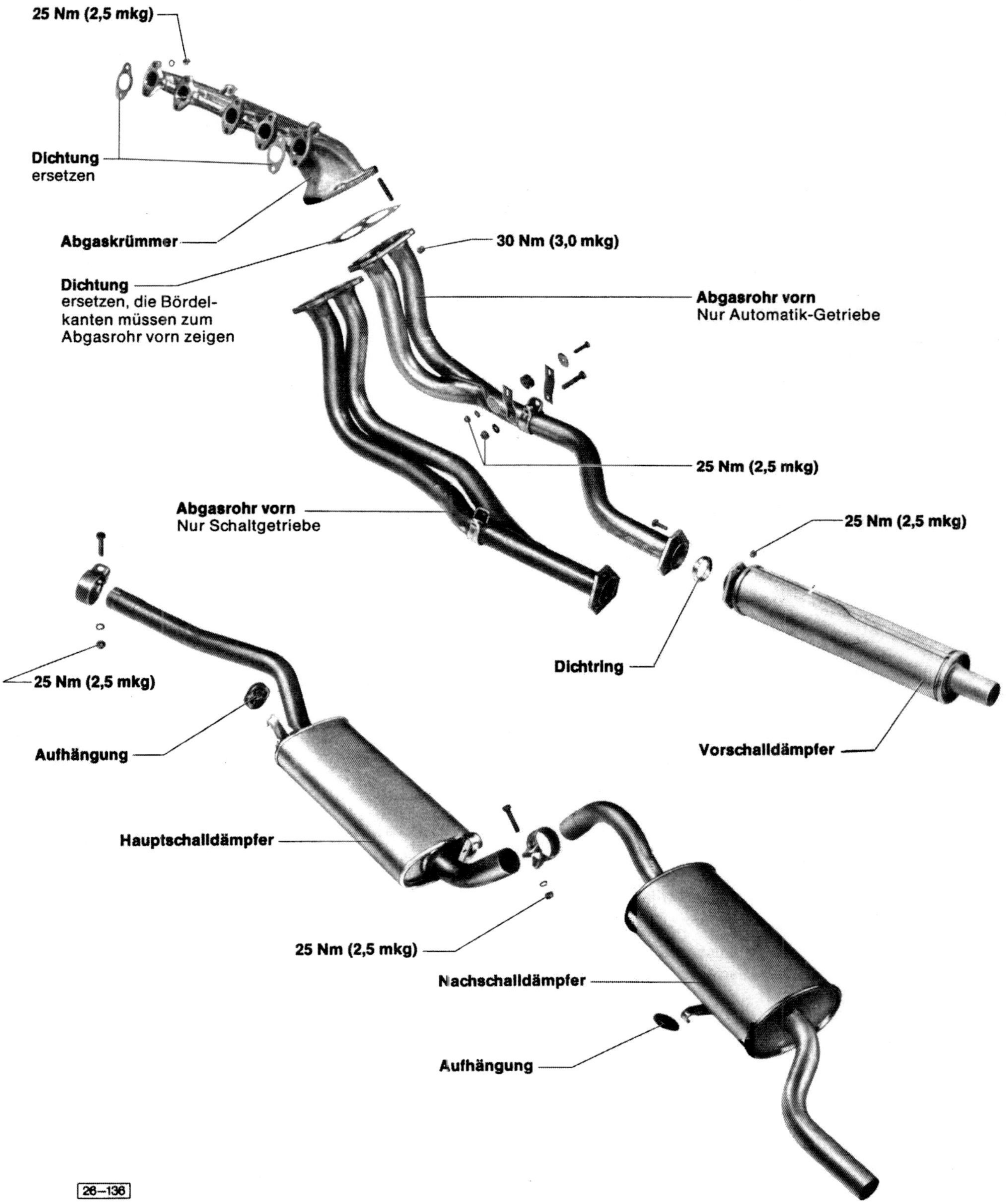

Das Getriebe

Das Schaltgetriebe bildet mit dem Achsantrieb eine Einheit. Das komplette Aggregat kann getrennt vom Motor ausgebaut werden. Ein kompletter Ausbau ist aber meistens nur dann notwendig, wenn die Kupplung erneuert werden muß, beziehungsweise wenn ein Austausch oder eine Überholung der Getriebeeinheit erforderlich ist. Da es in keinem Fall anzuraten ist, mit Heimwerkermitteln Reparaturen am Getriebe oder am Achsantrieb vorzunehmen, wird hier lediglich der Ausbau des Aggregates beschrieben.

Getriebe aus- und einbauen

Ausbau

- Masseband von der Batterie abklemmen.
- Behälter für Scheibenwaschanlage in Wasserkasten legen.
- Verbindungsschrauben Motor/Getriebe oben ausschrauben.
- Wagen aufbocken.
- Welle für Geschwindigkeitsmesser abschrauben.

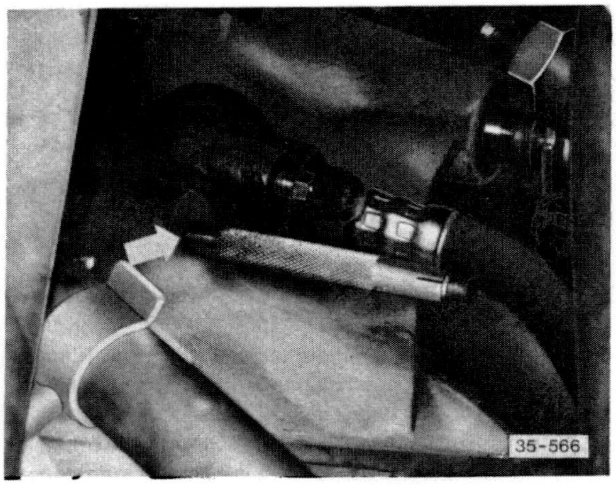

- Spannhülse für Kupplungs-Nehmerzylinder mit Dorn austreiben.
- Kupplungs-Nehmerzylinder ausbauen. **Achtung:** Die Hydraulikleitung bleibt angeschlossen.

- Aufhängevorrichtung 10–222 (VW/Audi-Werkzeug) einhängen und Motor mit Spindel vorspannen. Man kann das Getriebe auch mit einem Wagenheber leicht anheben. Nur muß dann in jedem Fall zwischen Getriebe und Wagenheber eine Holzunterlage gelegt werden.
- Abgasrohr vorn ausbauen, siehe Seite 93.

- Abschirmblech für Gelenkwelle rechts ausbauen.
- Beide Gelenkwellen am Getriebe abflanschen.
- Leitung für Rückfahrleuchten am Schalter abziehen.
- Schaltstange und Einstellstange vom Kugelkopf abdrücken, siehe Seite 87.
- Verbindungsschrauben Motor/Getriebe unten ausbauen.
- Anlasser ausbauen, siehe Seite 173.
- Abschirmblech vom Aggregateträger abschrauben.

- Aufnahme 2071 (VW/Audi-Werkzeug) in Hubwagen oder Wagenheber einsetzen und Getriebe leicht anheben.
- Beide hinteren Befestigungsschrauben für Aggregateträger ausbauen.
- Beide Getriebeträger vom Aggregateträger abschrauben.

- Rechten Getriebeträger vom Getriebe abschrauben.
- Getriebe vom Motor abdrücken.
- Getriebe vorsichtig nach unten ablassen.

Einbau

- Kerbverzahnung der Getriebe-Antriebswelle mit MoS_2-Puder schmieren.
- Getriebe von unten einsetzen. Beim Einsetzen des Getriebes beide Gelenkwellen am Aggregateträger aufliegen lassen.
- Getriebe auf die Paßhülsen aufstecken und untere Verbindungsschrauben – Motor/Getriebe – mit 55 Nm (5,5 mkg) festziehen.
- Rechten Getriebeträger an Getriebe anschrauben und mit 45 Nm (4,5 mkg) festziehen.
- Beide Getriebeträger an Aggregateträger anschrauben, Schrauben mit 40 Nm (4,0 mkg) festziehen.
- Beide hinteren Befestigungsschrauben für Aggregateträger mit 110 Nm (11,0 mkg) festziehen.
- Abschirmblech an Aggregateträger anschrauben.
- Anlasser einbauen, siehe Seite 173.
- Verbindungsschrauben Motor/Getriebe oben einschrauben und mit 55 Nm (5,5 mkg) festziehen.
- Schaltstange und Einstellstange auf Kugelkopf aufdrücken. Schaltbetätigung neu einstellen, siehe Seite 96.
- Leitung für Rückfahrleuchten auf Schalter schieben.
- Gelenkwellen anflanschen, Schrauben mit 45 Nm (4,5 mkg) festziehen.
- Abschirmblech für untere Gelenkwelle rechts anschrauben.
- Abgasrohr vorn einbauen, siehe Seite 93.
- Kupplungs-Nehmerzylinder anschrauben.
- Spannhülse für Nehmerzylinder eintreiben.
- Welle für Geschwindigkeitsmesser einschrauben.
- Behälter für Scheibenwaschanlage einhängen.
- Masseband an Batterie anschließen.
- Motor-Getriebe-Lagerung spannungsfrei einbauen, siehe Seite 17.
- Wagen abbocken.

Die Schaltung

Achtung!
Sämtliche Gelenke und Gleitflächen mit Festschmierstoffpaste, weiß, ET-Nr. AOS 126 000 06 fetten.

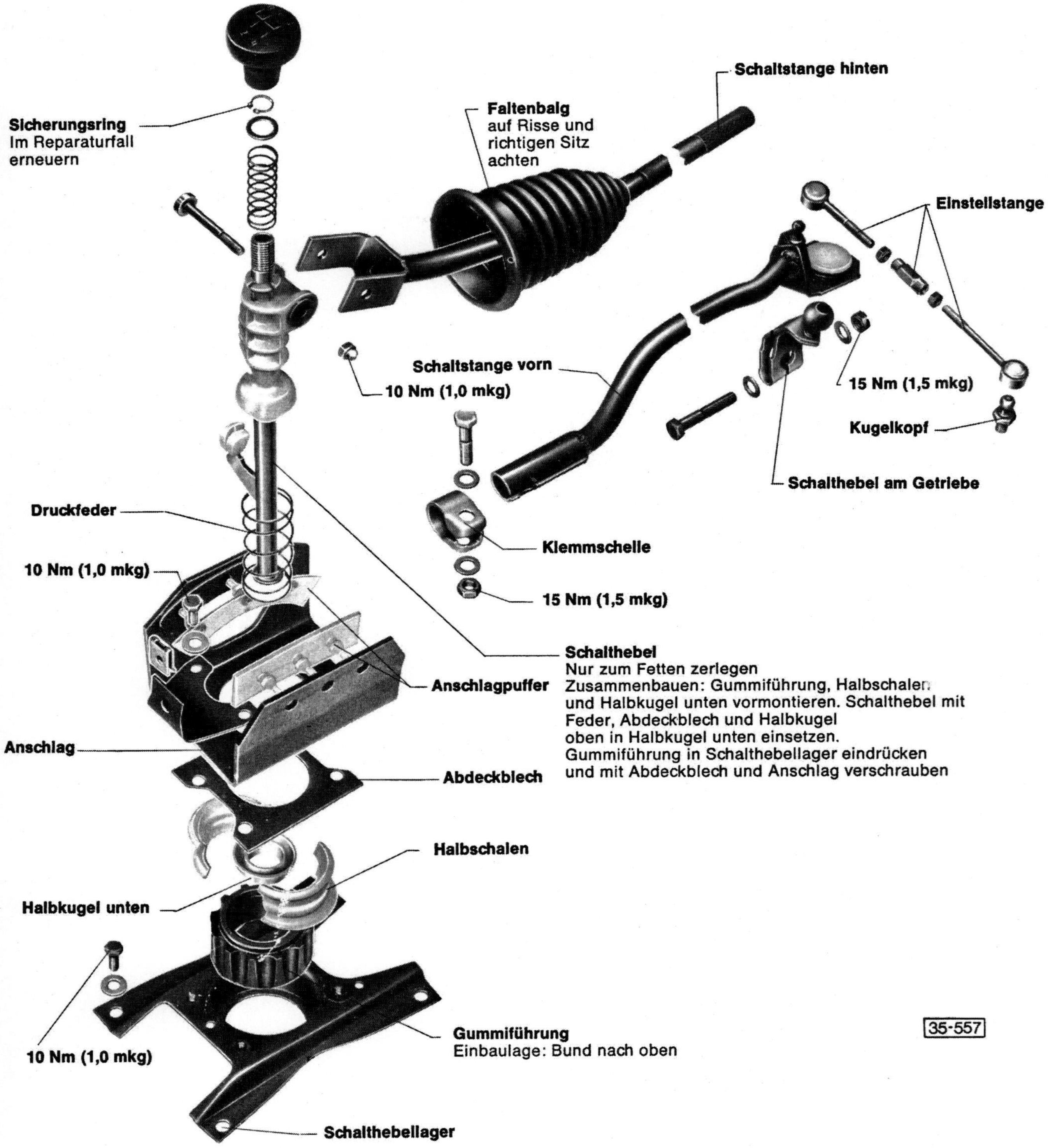

Schaltgestänge einstellen

Grundeinstellung prüfen

- 1. Gang einlegen.
- Schalthebel bis zum Anschlag nach links drücken.
- Schalthebel loslassen, dabei muß dieser von selbst ca. 5 bis 10 mm nach rechts zurückfedern. Ist dies nicht der Fall, muß wie folgt eingestellt werden:
- Getriebe in Leerlaufstellung.

- Schalthebel am Getriebe einstellen. Hierzu Klemmschelle vorn an Schaltstange lösen. Maß a = 104 mm einstellen.
- Klemmschraube festziehen. Der Schalthebel muß mit der Rändelung auf der Schaltwelle bündig abschließen.

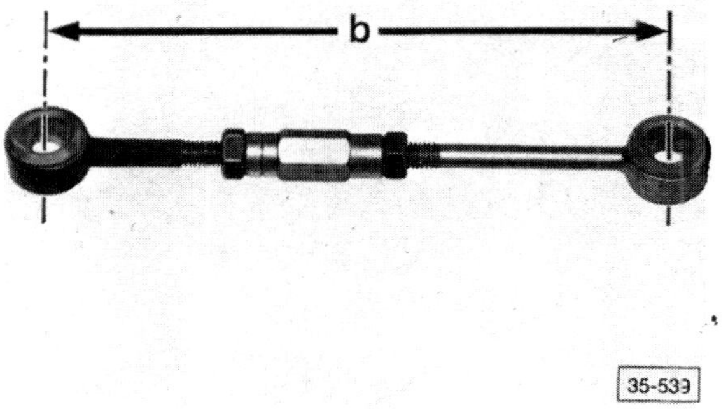

- Einstellstange einstellen. Maß b = 134 mm. Hierzu Einstellstange von den Kugelköpfen abdrücken, Kontermuttern für Einstellhülse lösen und Einstellstange auf Maß „b" einstellen.
- Schaltstange auf Kugelkopf drücken.
- Einstellstange einbauen.
- Schalthebelknopf abschrauben, Faltenbalg abziehen.

- Trennaht des Kunststoffanschlages am Schalthebel muß innerhalb der mittleren Bohrung des linken Anschlagpuffers bei Leerlaufstellung in der Schaltebene erster/zweiter Gang stehen.

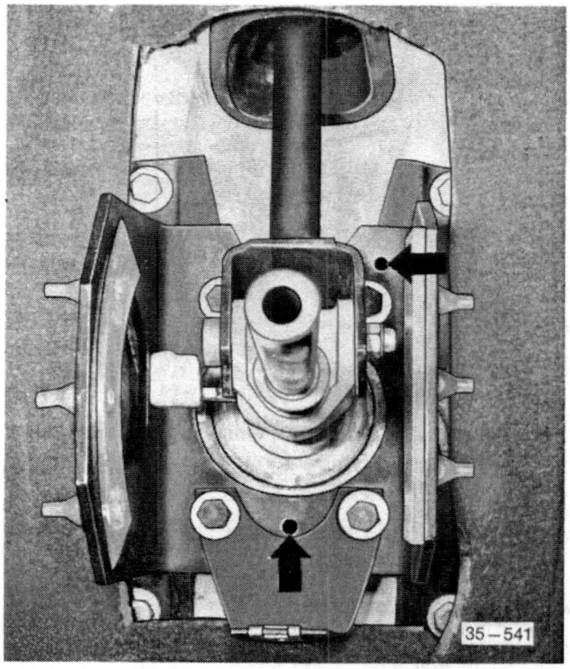

- Zentrierbohrung von Anschlag und Schalthebellager übereinander stellen, Schrauben anziehen.
- Fahrzeug aufbocken.

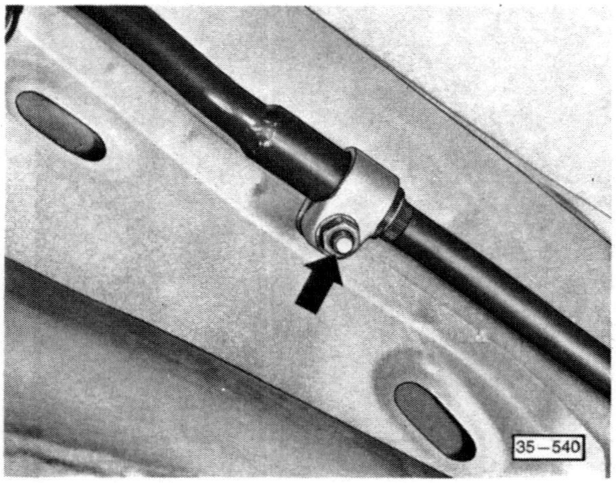

● Klemmschelle lösen, die Verbindung Schaltstange vorn und hinten muß leichtgängig sein.

● Speziallehre (VW/Audi 2073) einsetzen, Stifte der Lehre stecken in den freien Bohrungen am linken Anschlagpuffer, Schalthebel arretieren.

● Prüfen, ob Schaltstange vorn in Leerlaufstellung, gegebenenfalls einstellen.

● Klemmschelle festziehen.

● Lehre ausbauen.

● 1. Gang einlegen.

● Schalthebel bis zum Anschlag nach links drücken.

● Schalthebel loslassen. Dabei muß dieser von selbst ca. 5 bis 10 mm nach rechts zurückfedern. Ist dies nicht der Fall, kann durch seitliches Verschieben des Anschlages in den Langlöchern geringfügig korrigiert werden.

● Alle Gänge durchschalten. Sie müssen sich leicht und ohne zu haken einlegen lassen. Auf die Wirksamkeit der Rückwärtsgangsperre ist besonders zu achten.

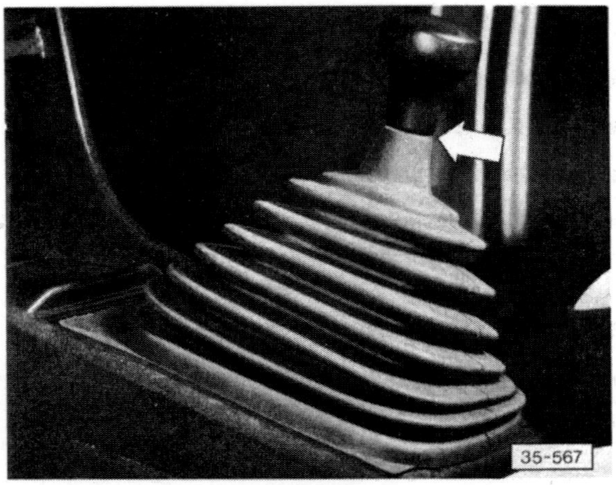

● Faltenbalg aufdrücken und Schaltknopf aufschrauben. **Achtung:** Der Faltenbalg muß am Schalthebelknopf anliegen.

Die Vollautomatik

Der Audi 100 wird auf Wunsch mit einer Getriebe-Vollautomatik ausgestattet. Die Automatik hat drei Vorwärtswählbereiche, die automatisch geschaltet werden. Um dennoch, zum Beispiel bei Überholvorgängen, schneller beschleunigen zu können, hat die Automatik einen sogenannten Kickdown-Schalter, der unter dem Gaspedal sitzt und sich beim vollen Niedertreten des Gaspedals einschaltet. Der Kickdown-Effekt sorgt dafür, daß das Getriebe entweder länger im kürzeren Gang verweilt oder von einem höheren in einen niedrigeren zurückschaltet.

Für die Beurteilung der Funktion der Getriebeautomatik und für die richtige Fehlersuche ist Erfahrung mit automatischen Getrieben und die Kenntnis der Arbeitsweise unerläßlich. Da diese Materie nur durch lange Berufserfahrung erworben werden kann, werden hier nur einige leichte Überprüfungsarbeiten beschrieben.

Flüssigkeitsstand im Planetengetriebe und Achsantrieb prüfen

Der vorgeschriebene Flüssigkeitsstand ist für die einwandfreie Funktion des automatischen Getriebes äußerst wichtig. Darum ist die Prüfung mit großer Sorgfalt durchzuführen!

ATF-Stand im Planetengetriebe prüfen

- Wagen auf ebene Fläche stellen.
- Wählhebel in „N" legen und Handbremse anziehen.
- Motor muß während der Prüfung im Leerlauf laufen.
- ATF-Flüssigkeit soll handwarm sein (40°–60° C).
- Der Flüssigkeitsstand muß unbedingt zwischen den beiden Marken des Peilstabes liegen. Die Differenz zwischen unterer und oberer Marke beträgt 0,4 Liter.
- Muß ATF nachgefüllt werden: Sauberen Trichter und passenden Schlauch verwenden.
- Zum Abwischen des Peilstabs darf nur ein sauberer, nicht fasernder Lappen verwendet werden.

Achtung: Bei höheren oder niedrigeren Temperaturen kann der Ölstand darüber oder darunter liegen (Wärmeausdehnung des ATF). Eine einwandfreie Messung ist deshalb nur in dem angegebenen Temperaturbereich möglich.

- Nicht zuviel ATF einfüllen. Zuviel Öl kann Störungen in der Automatik hervorrufen.
- Altes ATF gleichzeitig am Peilstab auf Aussehen und Geruch prüfen. Verbrannte Reibbeläge verursachen Brandgeruch. Durch verschmutztes Öl können Störungen an der Getriebesteuerung auftreten.

Achtung: Es dürfen nur die vom Werk freigegebenen ATF-Öle mit Dexron verwendet werden.

Alle zugelassenen ATF-Öle mit Dexron lassen sich miteinander mischen. Keine Zusatzschmiermittel verwenden.

Ölstand im Achsantrieb prüfen

Das Öl soll bis zum Rand der Öleinfüllschraube stehen. Ein zu hoher oder zu niedriger Ölstand deutet auf einen Ölaustausch zwischen Planetengetriebe und Achsantrieb hin.

Funktion des Kickdown-Schalters prüfen

- Zündung einschalten.
- Gaspedal voll durchtreten. Kickdown-Magnet muß hörbar anziehen.

Festbremstest (Stall-speed)

Der Festbremstest gibt Aufschluß über die Funktion des Drehmomentwandlers. Der Test ist dann durchzuführen, wenn trotz richtiger Motoreinstellung die Höchstgeschwindigkeit oder Beschleunigung nicht ausreichend ist.

- Drehzahlmesser an Motor anschließen.
- **Fahrzeug durch Hand- und Fußbremse sicher blockieren.**
- Motor starten.
- Mit dem Wählhebel in Stellung „D" **kurzzeitig** Vollgas geben. Der Motor stellt sich auf eine sogenannte Festbremsdrehzahl ein.

Achtung: Der Festbremstest muß bei betriebswarmem Motor und Getriebe durchgeführt werden und darf nicht länger, als zum Ablesen des Drehzahlmessers notwendig ist, dauern. Maximal 20 Sekunden, sonst treten Überhitzungsschäden auf.

Bei der Prüfung der Festbremsdrehzahl ist zu berücksichtigen, daß sie pro 1000 m Höhe um ca. 125/min abfällt. Darüberhinaus sinkt die Drehzahl noch geringfügig ab, weil die Motorfüllung verringert wird.

Festbremsdrehzahl

Modell	Motor	Festbremsdrehzahl/min
Audi 100	115 PS	2250–2500/min
	136 PS	2400–2650/min

Festbremsdrehzahl wird nicht erreicht:

	Ursache
bis 200/min zu niedrig	Schlechte Motorleistung (Zündung, Vergaser, Kompression)
über 200/min zu niedrig	Freilauf im Drehmomentwandler defekt

Achtung: Nicht unnötig oft die Festbremsdrehzahl prüfen!

Abschleppen von Fahrzeugen mit Automatik

Fahrzeuge mit automatischem Getriebe dürfen nicht schneller als 50 km/h und nicht weiter als 50 km abgeschleppt werden. **Grundsätzlich dürfen frontgetriebene Fahrzeuge mit automatischem Getriebe nicht auf der Antriebsachse geschleppt werden.** Der Audi 100 muß also beim Abschleppen vorn angehoben werden.

Die Vorderachse

Aufbau

Tragendes Element der Vorderachse ist der in Gummi gelagerte und mit der Karosserie verschraubte Fahrschemel. Aufgehängt sind die Vorderräder an langhubigen Federbeinen, die sich im Reparaturfall komplett ausbauen lassen. Die Federbeine sind oben mit der Karosserie verschraubt und unten über Querlenker mit dem Aggregateträger verbunden. Die Übertragung der Motor-Antriebskraft erfolgt über zwei Gelenkwellen, die über jeweils zwei Gleichlaufgelenke mit den Rädern und dem Achsantrieb verbunden sind.

Wartung

Die Vorderachse des Audi 100 ist wartungsfrei. Alle 7500 Kilometer sollten jedoch die Gelenkschutzhüllen und der Faltenbalg der Lenkung einer Sichtprüfung unterzogen werden. Defekte Gummischutzhüllen sind sofort zu erneuern.

Das Federbein

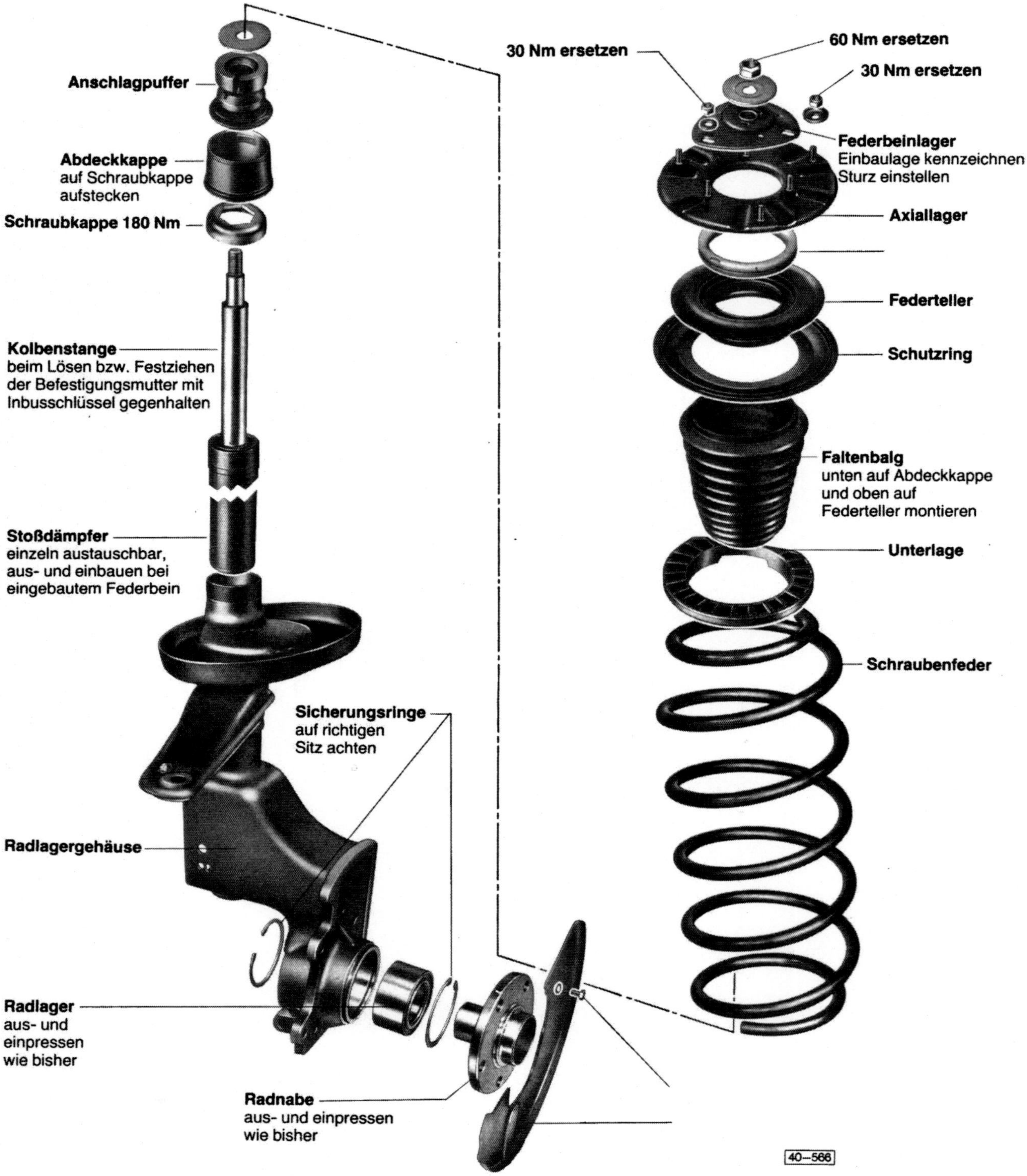

Federbein aus- und einbauen

Ausbau

Achtung: Falls das Federbein anschließend zerlegt werden soll, muß vor dem Ausbau die Spannvorrichtung (VW/Audi-Nr. 2070) angesetzt werden.

- Radmuttern lösen.
- Bei auf dem Boden stehenden Fahrzeug Befestigungsmutter für Radnabe abschrauben.

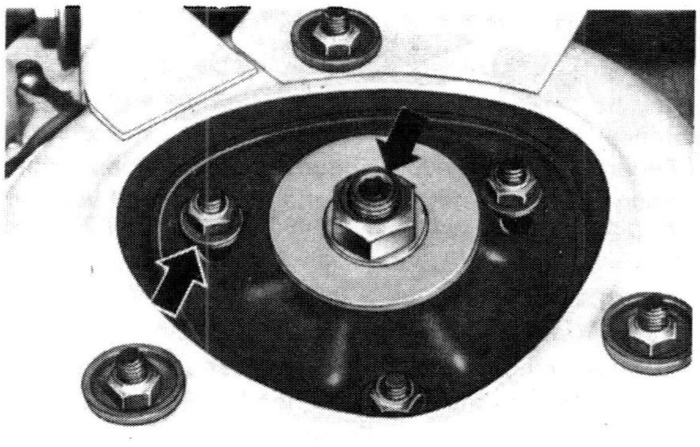

40-249

- Werkzeug 2070 ansetzen. Hierzu Mutter von der Kolbenstange abschrauben.
- Einbaulage des Federbeinlagers kennzeichnen (Sturzeinstellung). Hierzu mit Reißnadel um die Unterlegscheiben des Federbeinlagers fahren.
- Federbeinlager ausbauen. Lenkung so einschlagen, daß die Kolbenstange mittig zum oberen Federteller ausgerichtet werden kann. Holzstück zwischen Feder und Radhaus klemmen.

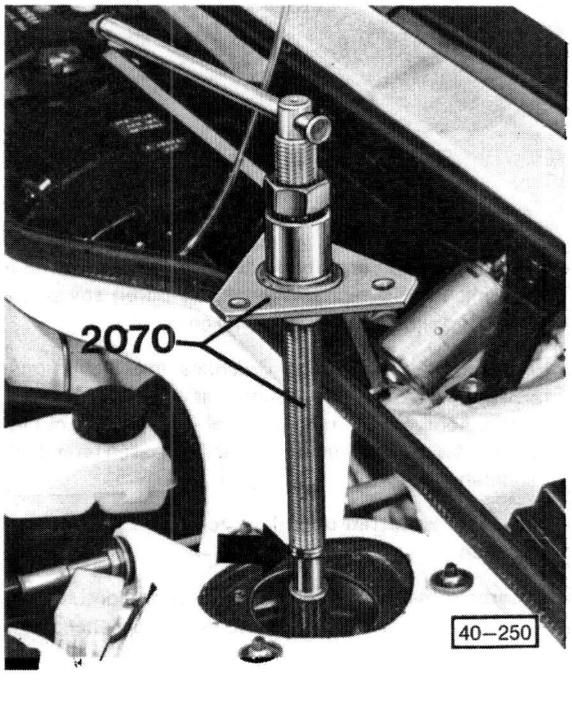

40-250

- Lagerdeckel des Werkzeugs auf die Spindel aufstecken.
- Spindel auf Kolbenstange bis Anschlag aufschrauben.

40-251

- Lagerdeckel mit Spindel verschrauben.
- Sechskantmutter der Spindel bis Anschlag festziehen.
- Wagen aufbocken, Rad ausbauen.

40-245

- Lagerschale für Stabilisator abbauen, Wagenheber unter Stabilisator stellen.

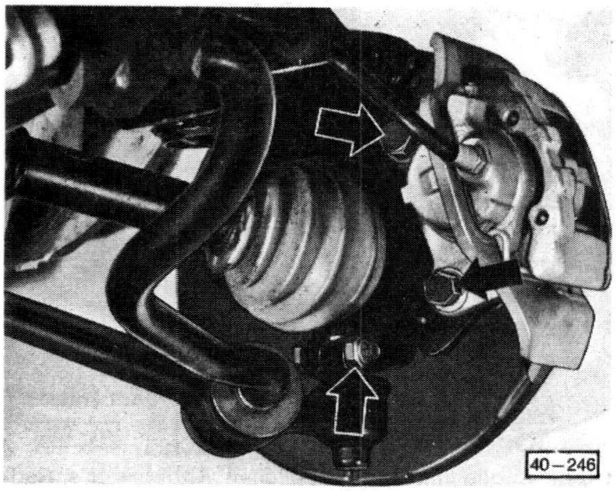

40-246

- Bremssattel abschrauben und mit Bindedraht am Aufbau befestigen.

- Bremsscheibe abnehmen.
- Klemmschraube für Querlenkerlager ausbauen.

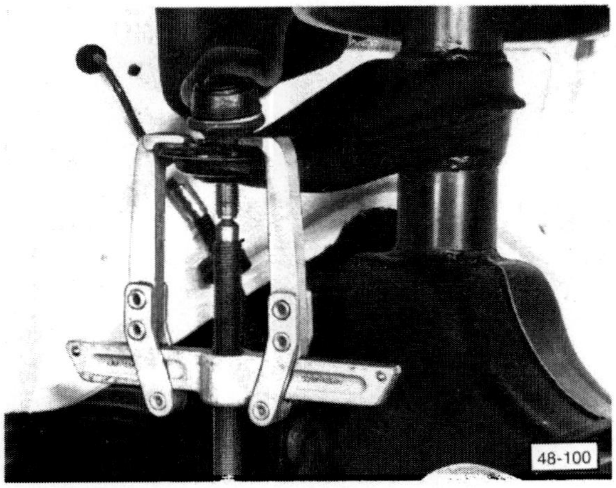

48-100

- Mutter für Spurstangenkopf abschrauben, Spurstangenkopf mit Ausdrücker für Spurstangenköpfe ausdrücken.

40–247

- Mit Montierhebel Gelenkzapfen ausdrücken. **Achtung:** Beim Ausdrücken des Gelenkzapfens Gelenkschutzhülle bzw. Manschette nicht beschädigen.

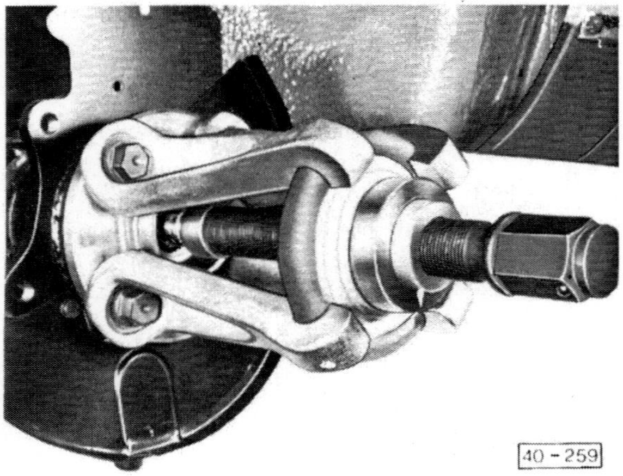

40 – 259

- Gelenkwelle mit handelsüblichen Abzieher aus Radnabe drücken.

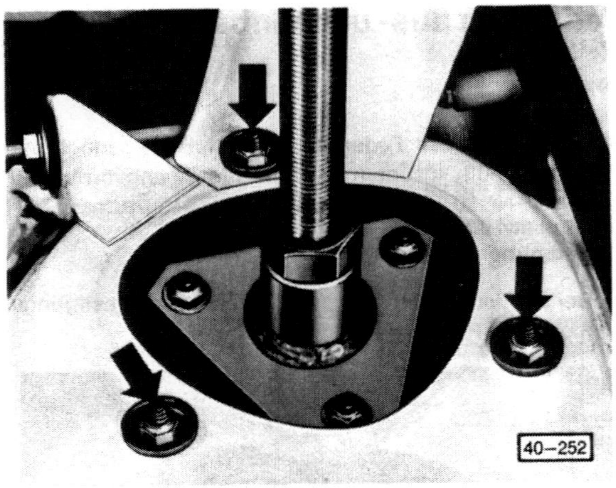

40–252

- Federbein am Federbeindom abschrauben. Dabei Federbein unten festhalten und anschließend von der Gelenkwelle abziehen.

Achtung: Seit Fahrgestell-Nr. 43 CN 067 bzw. 43 CA 062 751 wird serienmäßig eine verstärkte Stoßdämpferlagerung eingebaut. Dadurch haben sich geändert: Federbeinlager, Lagerteller und der Schutzring. Im Reparaturfall ist zu beachten: Ist an einem Federbein vor obigen Fahrgestell-Nummern der Lagerteller oder der Schutzring defekt, so ist der verstärkte Lagerteller nur in Verbindung mit dem geänderten Schutzring einzubauen.

Einbau

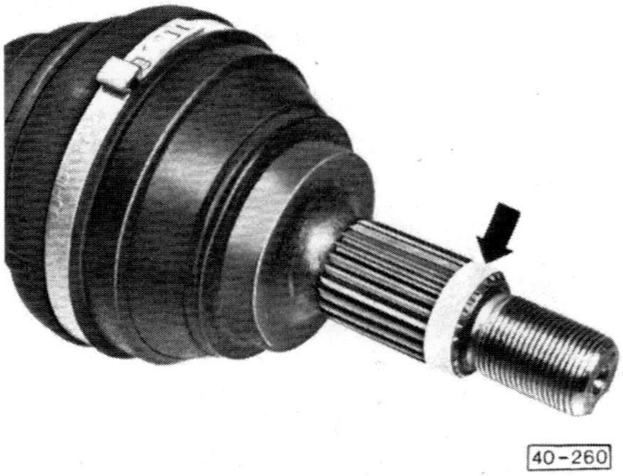

40–260

- Vor dem Einbau Verzahnung der Gelenkwelle und Radnabe mit Benzin reinigen (fett- und ölfrei) sowie alle Rückstände von Sicherungsmittel entfernen.
- Verzahnung des äußeren Gelenkes mit Sicherungsmittel –D6– ca. 5 mm rundum bestreichen, sofort einsetzen. **Achtung:** Sicherungsmittel –D6– nach dem Einbau mindestens 60 Minuten aushärten lassen (erst dann Probefahrt).
- Federbein einsetzen und gleichzeitig Gelenkwelle einschieben.
- Federbein oben mit neuen, selbstsichernden Muttern anschrauben und mit 30 Nm (3,0 mkg) festziehen.

- Unteren Gelenkzapfen einsetzen, Schraube und selbstsichernde Mutter erneuern. Mutter mit 65 Nm (6,5 mkg) festziehen.
- Spurstangenkopf einsetzen, neue selbstsichernde Mutter mit 60 Nm (6,0 mkg) festziehen.
- Bremsscheibe einsetzen, Bremssattel ansetzen, Schrauben für Bremssattel mit Federringen einschrauben und mit 115 Nm (11,5 mkg) festziehen.
- Lagerschale für Stabilisator anschrauben, eventuell Stabilisator mit Wagenheber andrücken. Neue selbstsichernde Mutter mit 105 Nm (10,5 mkg) festziehen.
- Lenkung so einschlagen, daß die Kolbenstange mittig zum oberen Federteller ausgerichtet werden kann. Holzstück zwischen Feder und Radhaus klemmen. Spindel abschrauben.
- Federbeinlager einbauen, Federbein dabei so einrichten, daß die Unterlegscheiben an den Muttern für Federbeinlager die angerissene Stellung einnehmen. Neue selbstsichernde Muttern mit 30 Nm (3,0 mkg) festziehen.
- Neue Mutter für Kolbenstange verwenden und mit 60 Nm (6,0 mkg) festziehen.
- Rad anschrauben.
- Neue selbstsichernde Befestigungsmutter für Radnabe anschrauben.
- Wagen abbocken.
- Neue selbstsichernde Befestigungsmutter für Radnabe nur bei auf den Rädern stehendem Fahrzeug mit 280 Nm (28,0 mkg) festziehen.
- Radschrauben mit 110 Nm (11,0 mkg) festziehen.
- Sturzeinstellung überprüfen, siehe Seite 128.

Federbein zerlegen

Seit August 79 sind die Schraubenfedern an den Enden eingezogen. Dadurch hat sich auch das Federbein geändert. Die Reparaturhinweise gelten für beide Federbein-Konstruktionen.

Ausbau

- Federbein ausbauen.

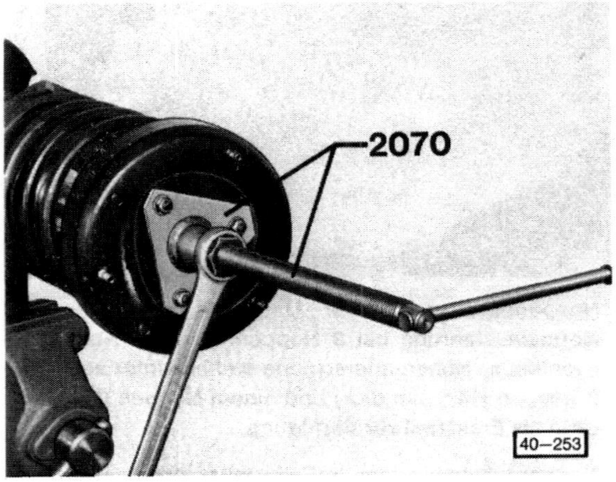

- Federbein in Schraubstock einspannen.
- Feder entspannen, dazu Spindelmutter lösen und dabei am Haltegriff gegenhalten. Die Spindel darf sich **nicht** drehen.
- Spindel von der Kolbenstange abschrauben, Einzelteile abnehmen.

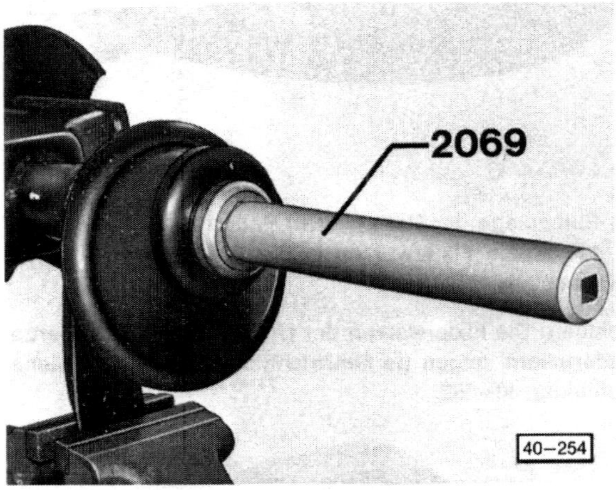

- Schraubkappe mit VW/Audi-Werkzeug 2069 abschrauben.
- Stoßdämpfer herausnehmen.

Zusammenbau

- Vor dem Zusammenbau Stoßdämpfer prüfen, siehe Seite 122.
- Stoßdämpfer einsetzen, Schraubkappe mit 180 Nm (18,0 mkg) festziehen.

Achtung: Die Federn (ET-Nr. 431511105 F) für den 2,2 l-Motor weisen 2 braune Farbstriche auf. Bis Fahrgestell-Nr. . . . 72 005 303 sind die Schraubenfedern paarweise auszutauschen.

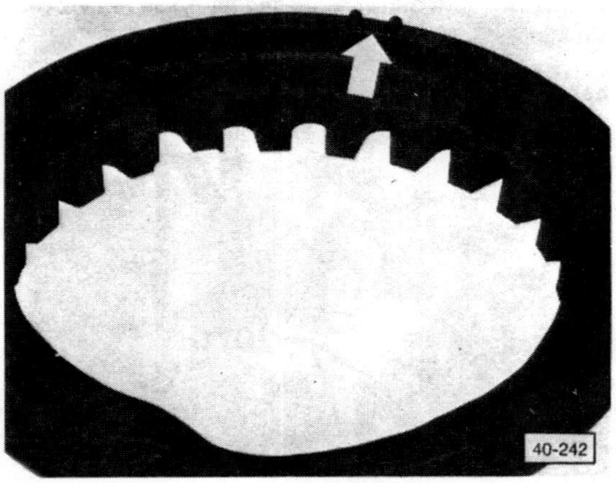

40-242

- Noppenbezeichnung der Unterlage beachten. Die Normalausführung hat 3 Noppen. Für den Ausgleich eventueller Höhenunterschiede stehen Unterlagen mit 2 Noppen (14,5 mm dick) und einem Noppen (20,5 mm dick) als Ersatzteil zur Verfügung.
- Noppenkranzunterlage in Federteller einsetzen.

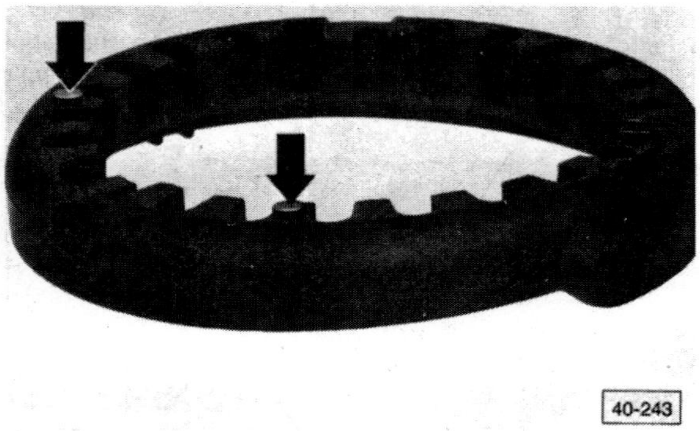

40-243

- Einbaulage der Unterlage in Federteller oben beachten. Beide Fixierwarzen in die Federtellerbohrungen einsetzen.

Achtung: Die Fixierwarzen der Unterlagen in den oberen Federtellern zeigen (in Fahrtrichtung) nach rechts, siehe Abbildung 40–552.

40-241

- Einbaulage des Axiallagers beachten. Die Nase am Lager muß in die Aussparung des Stoßdämpferführungsrohres eingreifen.
- Federteller unten auflegen. Abdeckkappe (nicht bei Schlechtwegeausführung) aufsetzen, Marke auf der Kappe zeigt nach außen.

40-552

- Beim Einsetzen von Federteller und Feder darauf achten, daß die unteren Schraubenfederenden nach hinten (A = in Fahrtrichtung) zeigen.
- Feder einsetzen. Schutzhülle, Anschlagpuffer, Topf für Anschlagpuffer aufschieben.
- Spindel mit Federteller oben verschrauben. Spindel auf Kolbenstange bis Anschlag aufschrauben. Mit Sechskantmutter der Spindel Feder spannen.
- Federbein einbauen.

Stoßdämpfer aus- und einbauen

Ausbau

Der Stoßdämpfer kann auch bei eingebautem Federbein ersetzt werden. Benötigt wird zum Abschrauben der Stoßdämpfer-Schraubkappe der VW/Audi-Sechskantschlüssel 2069.

- Fahrzeug auf den Rädern stehen lassen.

Achtung: Bei allen Fahrzeugen, die keinen Kolbenstangenschutz an den vorderen Stoßdämpfern haben, sollte bei Ausbau der Stoßdämpfer grundsätzlich der Kolbenstangenschutz mit eingebaut werden. Beim Einbau ist dann der bisherige Anschlagpuffer gegen den neuen (ET.-Nr. 431 412 131 F) auszutauschen. Vor dem Einbau wird der Anschlagpuffer in die Schutzhülle für die Kolbenstange eingesetzt.

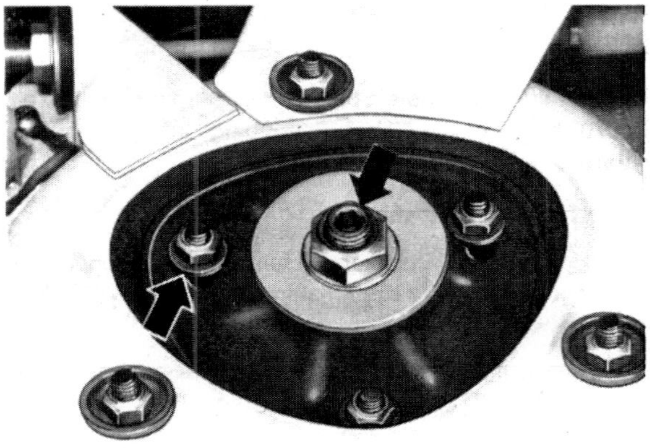

40-249

- Mutter von der Kolbenstange abschrauben.
- Einbaulage (Sturzeinstellung) des Federbeinlagers kennzeichnen, und zwar fährt man mit einer Reißnadel um die Unterlegscheiben des Federbeinlagers (linker Pfeil).
- Federbeinlager ausbauen, Lenkung so einschlagen, daß die Kolbenstange mittig zum oberen Federteller ausgerichtet werden kann (Holzstück zwischen Feder und Radhaus klemmen).
- Schutzhülle vom Topf für Anschlagpuffer abziehen.

- Topf für Anschlagpuffer abnehmen.
- Anschlagpuffer von der Kolbenstange abnehmen.
- Schutzhülle vom unteren Federteller abziehen und nach oben herausnehmen.

● Schraubkappe mit Werkzeug 2069 abschrauben.

Einbau

● Stoßdämpfer einsetzen.

● Schraubkappe aufschrauben.

● Anschlagpuffer auf die Kolbenstange aufstecken.

● Topf für Anschlagpuffer auf Kolbenstange aufstecken.

● Kolbenstange eindrücken und Faltenbalg einführen.

● Kolbenstange mittels Spindel des Sonderwerkzeuges 2070 hochziehen, dabei Faltenbalg auf Topf montieren.

● Federbeinlager einsetzen.

● Federbeinlager einsetzen, Scheibe auf Kolbenstange auflegen, Mutter für Kolbenstange mit 60 Nm (6,0 mkg) festziehen.

● 3 Muttern für Federbeinlager mit Scheiben leicht aufschrauben.

● Steckschlüssel auf Kolbenstange aufsetzen und Federbein so verschieben, daß die Unterlegscheiben des Federbeinlagers ihre alte Lage (angerissene Linie) wieder einnehmen.

● Muttern für Federbeinlager mit 25 Nm (2,5 mkg) festziehen.

● Holzstück zwischen Feder und Radhaus entfernen.

● Von unten Schutzhülle auf unteren Federteller montieren.

● Sturzeinstellung überprüfen, siehe Seite 128.

Radaufhängung vorn

Hinweis: Selbstsichernde Muttern erneuern.

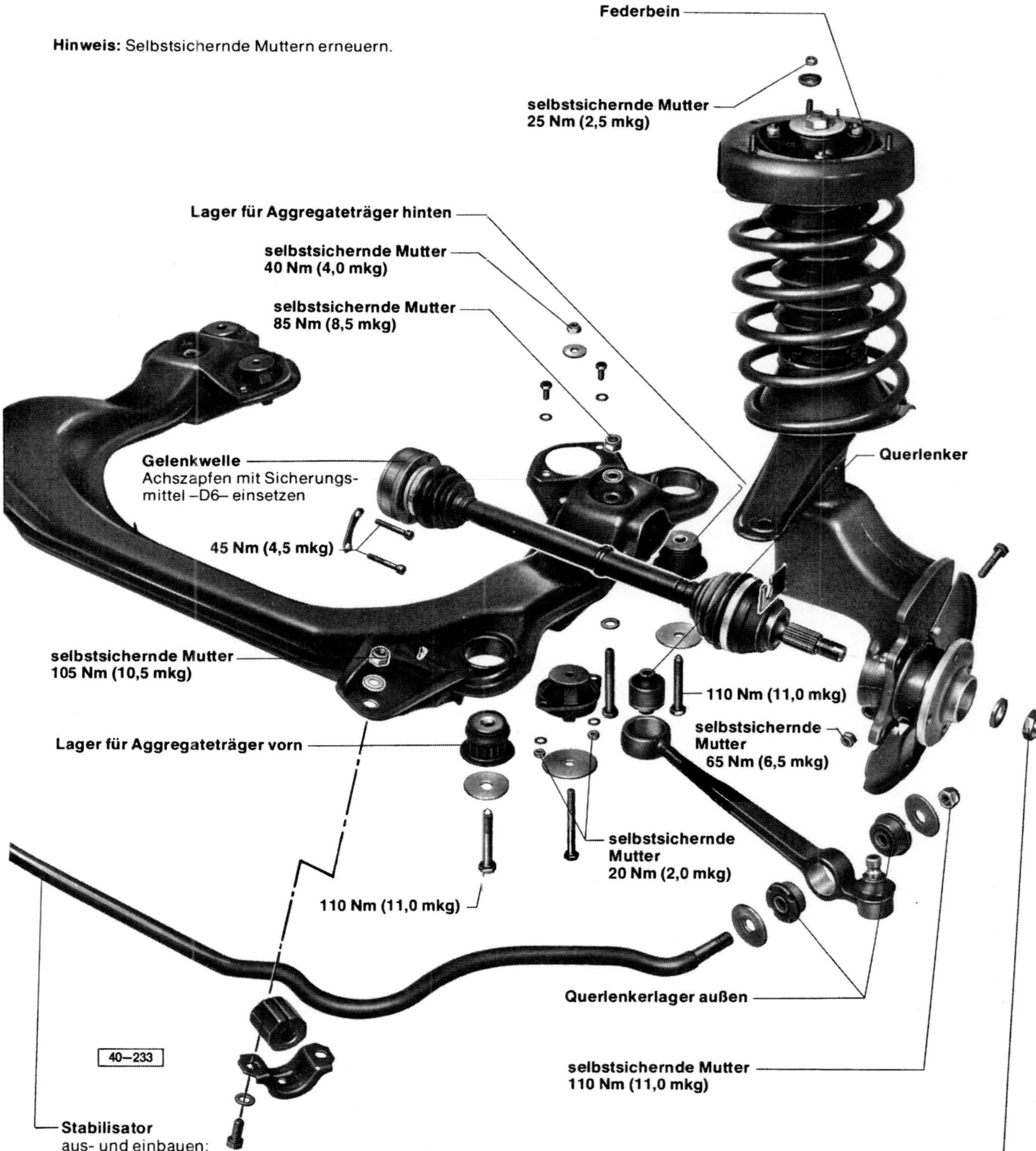

Stabilisator
aus- und einbauen:
Fahrzeug steht auf den Rädern, während mehrmaligen Aus- und Einfedern der Vorderachse Stabilisator aus den Querlenkern herausziehen bzw. einsetzen.

selbstsichernde Befestigungsmutter für Radnabe an Gelenkwelle
– erneuern.

280 Nm (28,0 mkg)

Nur bei auf den Rädern stehendem Fahrzeug lösen und festziehen (Unfallgefahr)

Gelenkwelle aus- und einbauen

Achtung: Bei demontierter Gelenkwelle darf das Fahrzeug nicht geschoben werden, da bei fehlender axialer Vorspannung die Wälzkörper des Radlagers beschädigt werden.

Ausbau

- Radschrauben lösen.

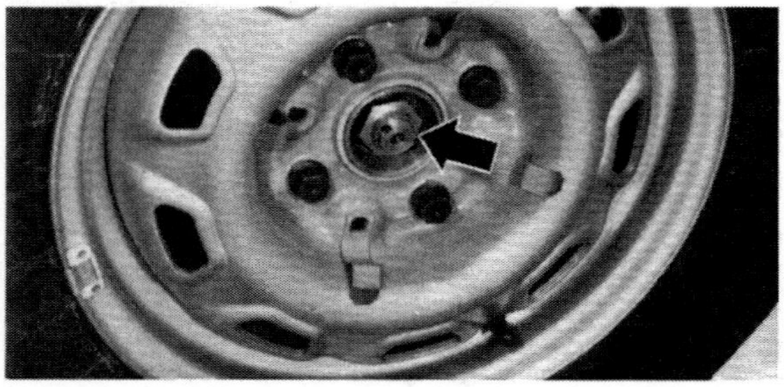

- Befestigungsmutter für Gelenkwelle abschrauben. **Achtung:** Das Fahrzeug muß auf den Rädern stehen, Gang eingelegt, Handbremse angezogen.
- Fahrzeug aufbocken, Rad abschrauben.
- Abschirmblech rechts ausbauen.
- Gelenkwelle am Achsantrieb abflanschen, Gelenkwelle vom Flansch abdrücken.

40-261

- Handelsüblichen Abzieher an Radnabe montieren, Gelenkwelle mit Abzieher aus Radnabe ausdrücken.

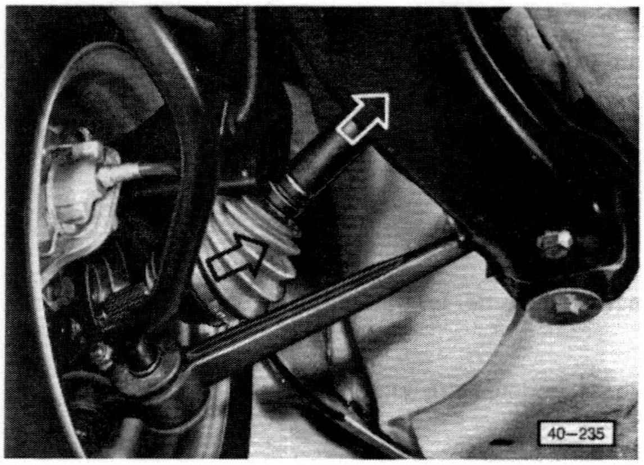

40-235

- Gelenkwelle am Getriebe hochführen und aus dem Radlagergehäuse herausziehen.

Achtung: Bei Fahrzeugen mit automatischem Getriebe ist zusätzlich die Lagerschale für Stabilisator und die Klemmschraube für Führungsgelenk auszubauen. Gelenkzapfen ausdrücken, Federbein nach außen schwenken und Gelenkwelle herausnehmen, siehe unter „Federbein-Ausbau".

Einbau

Achtung: Seit Fahrgestell-Nr. . . . 82 134 059 wird serienmäßig auf das innere Gelenk der Gelenkwelle ein Lüfterrad eingebaut. Grundsätzlich Lüfterrad auf inneres Gelenk aufstecken und mit Klammer ET-Nr. 321 819 059 befestigen. Bei Fahrzeugen mit Automatik, Lüfterrad nur auf die rechte Gelenkwelle montieren.

- Verzahnung von Gelenkwelle und Radnabe mit Benzin (fett- und ölfrei) reinigen, sowie alle Rückstände von Sicherungsmittel entfernen.

40-260

- Verzahnung des äußeren Gelenkes mit Sicherungsmittel –D6– ca. 5 mm rundum bestreichen.
- Gelenkwelle einsetzen, Inbusschrauben am Achsantrieb/Gelenkwelle mit 45 Nm (4,5 mkg) festziehen.
- Bei Fahrzeugen mit automatischem Getriebe: Gelenkzapfen einsetzen, Schraube für Führungsgelenk erneuern und festschrauben, Lagerschale für Stabilisator anschrauben, siehe unter „Federbein-Einbau".
- Abschirmblech rechts anschrauben.
- Rad anschrauben, neue selbstsichernde Mutter für Radnabe an Gelenkwelle anschrauben, noch nicht festziehen.
- Wagen abbocken, Radschrauben mit 110 Nm (11,0 mkg) festziehen.
- Neue selbstsichernde Befestigungsmutter für Gelenkwelle mit 280 Nm (28,0 mkg) festziehen.

Achtung: Vor Probefahrt Sicherungsmittel –D6– am Gelenk mindestens 60 Minuten aushärten lassen.

Die Gelenkwelle

Hinweis: Fettfüllung äußeres Gleichlaufgelenk 90 g G-6 Schmierfett in das Gelenk eindrücken. Bei Erneuern der Gelenkschutzhülle Gelenk ggf. nachfetten. Fettfüllung inneres Gleichlaufgelenk 45 g G-6 Schmierfett von jeder Seite in das Gelenk eindrücken (gesamt 90 g). Bei Erneuerung der Gelenkschutzhülle Gelenk ggf. nachfetten.

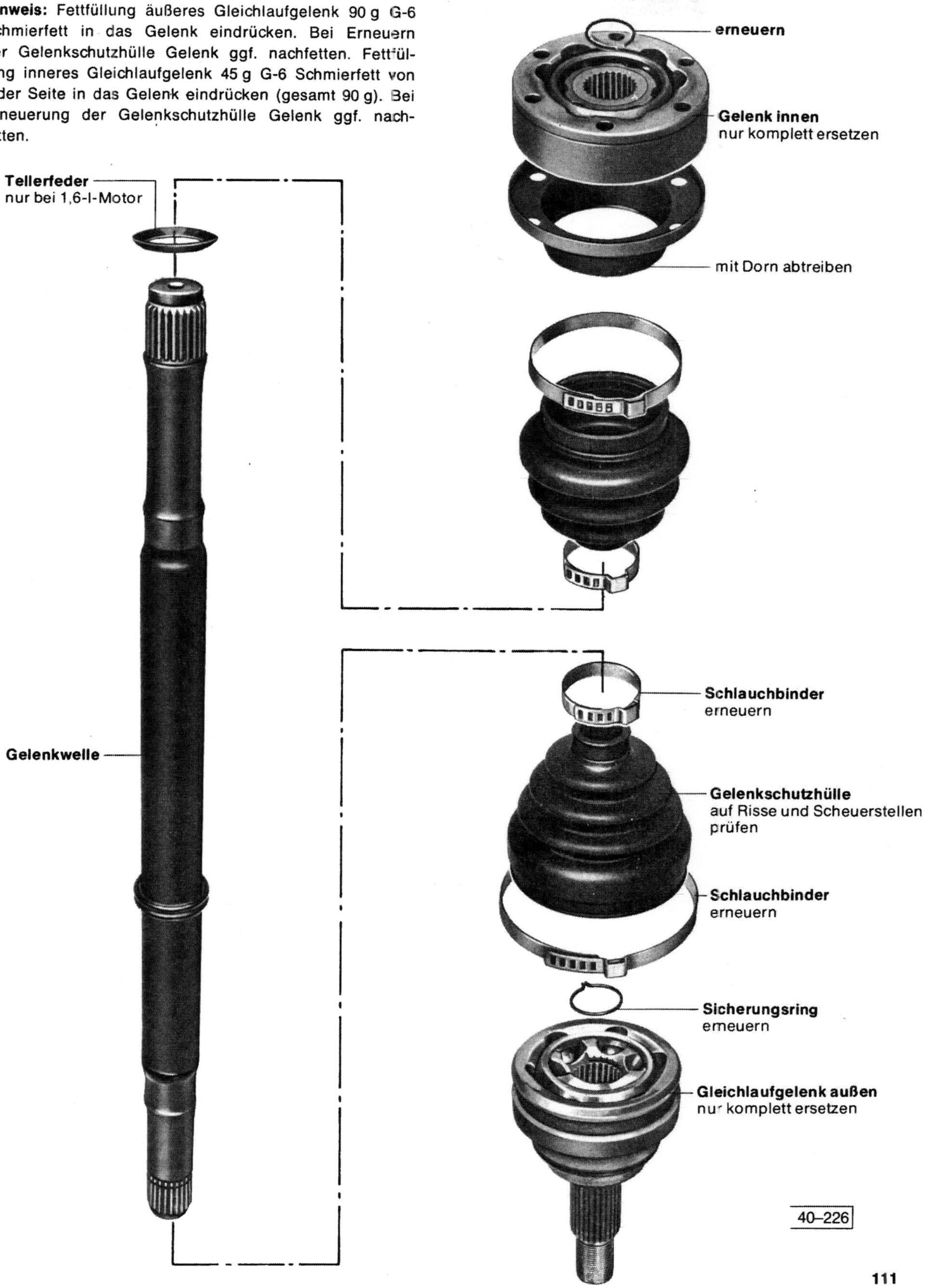

Gelenkwelle zerlegen

Defekte Gelenkschutzhüllen sofort erneuern. Zum Erneuern muß die Gelenkwelle zerlegt werden. Defekte Gleichlaufgelenke machen sich durch Geräusche und Lastwechselschlagen bemerkbar. Gelenke komplett austauschen.

Zerlegen

- Gelenkwelle ausbauen.
- Schlauchbinder am äußeren Gleichlaufgelenk mit Seitenschneider aufschneiden. Gelenkschutzhülle zurückschieben.

- Sicherungsring (Pfeil A) mit Schraubenzieher spreizen.
- Anschließend Gelenk von der Welle abtreiben. Hierbei mit einem Kupferdorn auf die Kugelnabe (Pfeil B) schlagen.
- Gelenk und Sicherungsring abnehmen, Schutzkappe vom Gelenk abstülpen.
- Schlauchbinder an Gelenkschutzhülle für inneres Gelenk mit Seitenschneider aufschneiden.

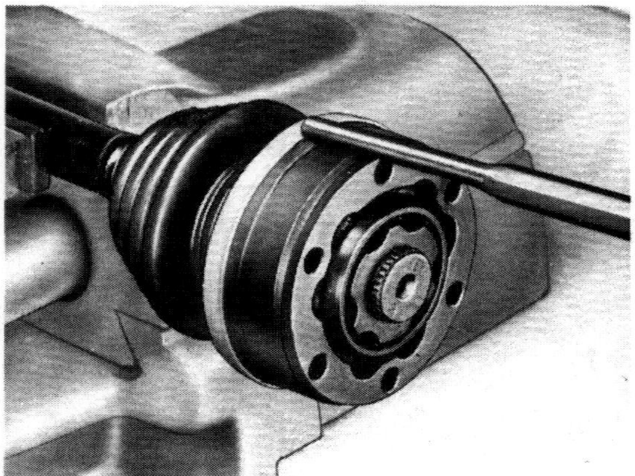

- Mit geeignetem Dorn Schutzkappe vom Gelenk abtreiben.

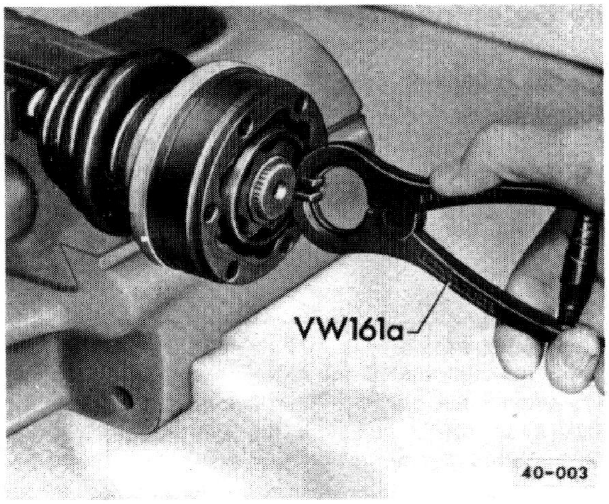

- Sicherungsring mit geeigneter Zange (VW 161a) ausfedern.

- Inneres Gelenk mit geeigneter Presse abpressen. Dabei die Kugelnabe abstützen.

Achtung: Seit November 1979 sind Gelenkwellen mit verstärkten inneren Gleichlaufgelenken im Einsatz. Die neuen Gelenkwellen sind mit einer belüfteten Gelenkschutzhülle sowie mit einer Dichtung zwischen Gelenk- und Flanschwelle versehen. Für den Reparaturfall sind auch noch die bisher eingebauten Ersatzteile vorgesehen. Im Bedarfsfall kann die verstärkte Welle nachträglich eingebaut werden (größerer Ersatzteilaufwand). Auch gegen den Einbau **nur einer** verstärkten Gelenkwelle bestehen technisch keine Bedenken. Vor Einbau **der linken,** verstärkten Flanschwelle ist das Getriebegehäuse entsprechend nachzuarbeiten. Vorher Dichtring mit Lappen abdecken. Das Getriebe braucht hierzu nicht ausgebaut zu werden.

Am Getriebegehäuse müssen die Verstärkungsrippen oben und unten ca. 2 mm abgeschliffen werden. Anschließend Flanschwelle einpassen. Sie muß sich von Hand leicht durchdrehen lassen. Zwischen Flanschwelle und Getriebegehäuse muß mindestens ein Freigang von 1 mm vorhanden sein.

Einbau

- Gelenkschutzhüllen mit Schlauchbindern auf Welle aufschieben.

- Tellerfeder lagerichtig auf Welle schieben. Der große Durchmesser der Tellerfeder stützt sich am Gelenk ab.

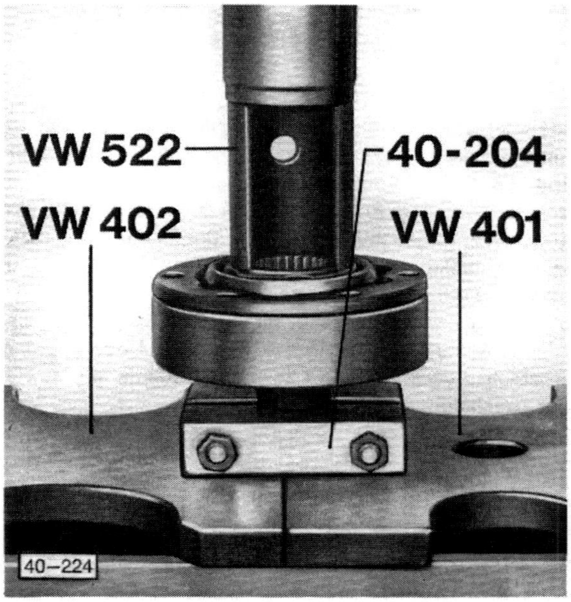

- Inneres Gelenk bis zum Anschlag aufpressen, neuen Sicherungsring mit Zange einfedern.
- Die Fettfüllung für das innere Gleichlaufgelenk beträgt 90 g. Von jeder Seite 45 g G-6-Schmierfett in das Gelenk eindrücken. Bei Erneuerung der Gelenkschutzhülle ggf. Gelenk nachfetten.

- Gelenkschutzabdeckung für Gelenk auftreiben, Schlauchbinder außen und innen spannen.
- Äußere Gelenkschutzhülle mit Schlauchbinder auf Welle schieben.
- In äußeres Gleichlaufgelenk neuen Sicherungsring einlegen. Mit Plastikhammer Gleichlaufgelenk auftreiben bis der eingefederte Sicherungsring von selbst in die Nut einrastet.
- In das äußere Gleichlaufgelenk 90 g G-6-Schmierfett eindrücken. Bei Erneuerung der Gelenkschutzhülle ggf. Gelenk nachfetten.
- Schlauchbinder mit Zange spannen.

Die Hinterachse

Die Hinterachse des Audi 100 besteht aus einem U-Rohr, in dem ein Torsionsrohr verschweißt ist. Das Torsionsrohr wirkt als Stabilisator und verringert in der Kurve die Karosserieneigung. An dem U-Profil ist an jeder Seite ein Längslenker angeschweißt, der die Bremskräfte abstützt. Die Längslenker sind mit Gummimetallagern am Aufbau befestigt. Eine zusätzliche Diagonalstrebe, am Fahrzeugaufbau und am Hinterachskörper befestigt, übernimmt die seitliche Abstützung der Hinterachse. Die Abfederung der Hinterachse geschieht über zwei Schraubenfedern sowie über zwei langhubige Stoßdämpfer.

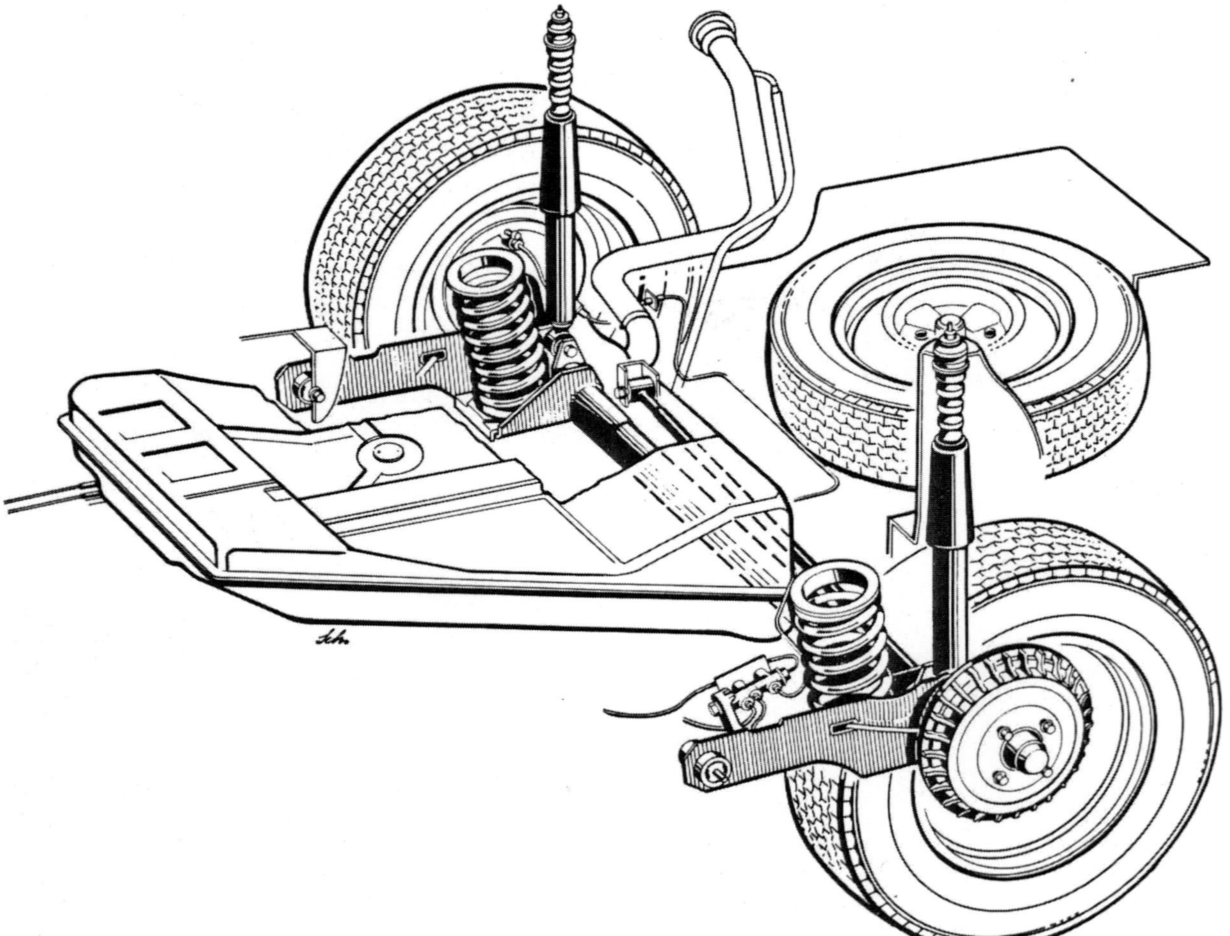

Radaufhängung hinten

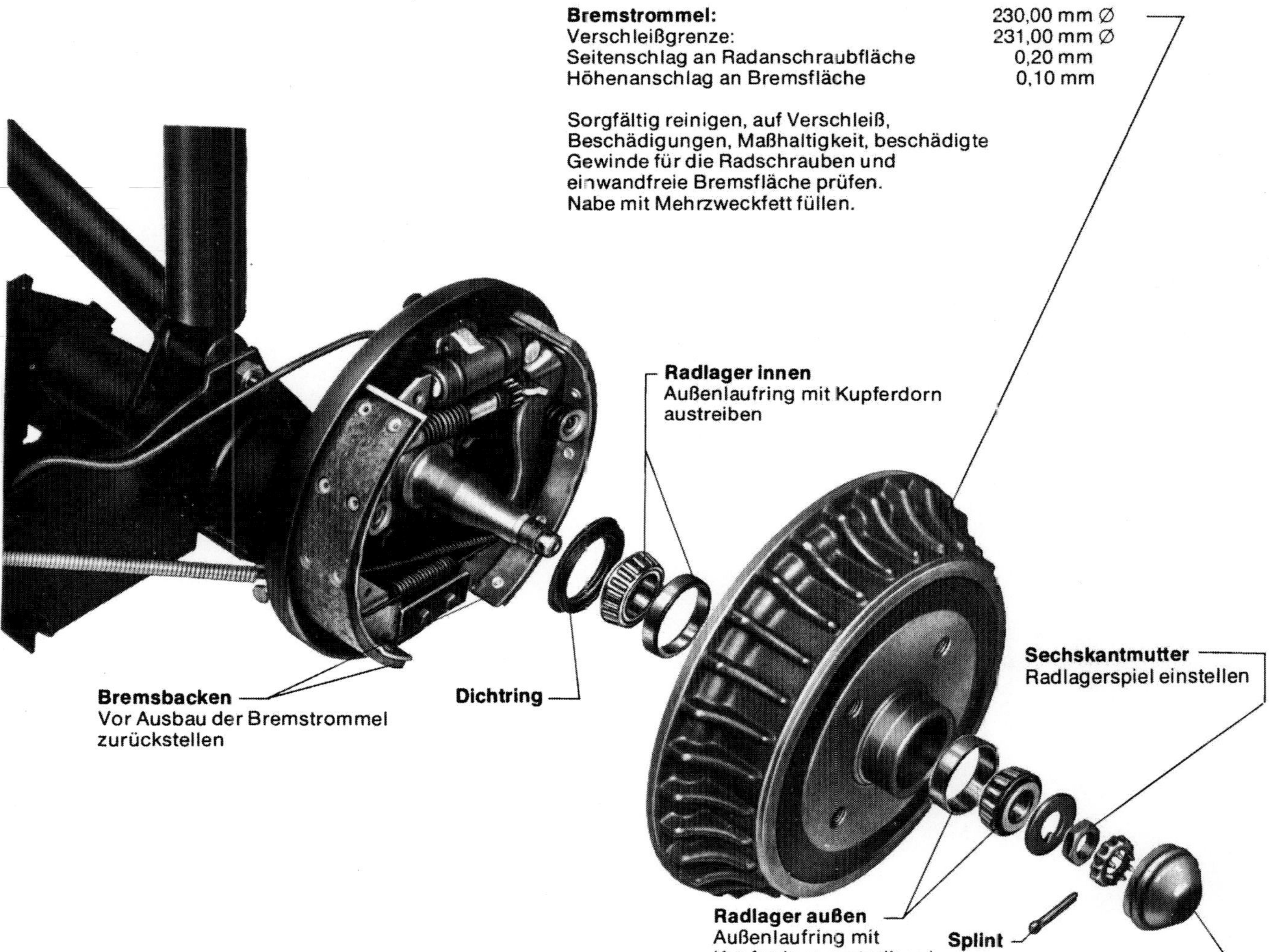

46–182

Bremstrommel aus- und einbauen

Achtung: Radlager, die wieder eingebaut werden, beim Ausbau sorgfältig vor Schmutz schützen. Die Kegelrollenlager dürfen nicht ausgewaschen werden. Eingedrungene Fremdkörper lassen sich durch Waschen des Lagers nicht wieder entfernen.

Ausbau

- Radmuttern lösen, Wagen aufbocken, Rad abnehmen.
- Bremsbacken zurückstellen.

46–152

- Fettkappe abdrücken oder mit Gummihammer abschlagen. **Achtung:** Dabei Fettkappe nicht beschädigen.
- Splint herausziehen, Kronensicherung abnehmen, Mutter abschrauben, Druckscheibe abnehmen.

42-017

- Radlager mit Bremstrommel abnehmen. Falls erforderlich, Bremstrommel mit einem Universalabzieher vom Achszapfen abziehen, vorher Bremsbacken zurückstellen.
- Hinteren Dichtring und Lager innen herausnehmen, falls die Teile nicht mit der Bremstrommel herausgezogen wurden.
- Die Radlager-Außenlaufringe können, wenn nötig, mit einem Kupferdorn ausgetrieben werden.

Einbau

Bremstrommel auf Verschleiß, Beschädigungen, Maßhaltigkeit, Gewinde für die Radschrauben und einwandfreie Bremsfläche prüfen.

46–179

- Laufring des äußeren Lagers mit entsprechend großem Rohr eintreiben. Dabei darauf achten, daß der größere Durchmesser des Außenringes zur Aufnahme des Lagers nach außen zeigt. Außenring bis zum Anschlag mit leichten Hammerschlägen und Zwischenrohr eintreiben.

46-181

- Laufring des inneren Radlagers mit entsprechend großem Rohr oder Dorn und leichten Hammerschlägen bis zum Anschlag eintreiben. Darauf achten, daß der größere Innendurchmesser des Außenringes nach außen zeigt.
- Radlager innen mit Universalfett einstreichen und in Bremstrommel einsetzen.

Achtung: Dichtring grundsätzlich erneuern. Aufgrund von beschädigten oder nicht sorgfältig montieren Dichtringen kann Feuchtigkeit in das Lager eindringen. Das führt in kürzester Zeit zu Lagerschäden.

- Dichtring bündig einschlagen. Falls das Audi/VW-Werkzeug 2005 nicht zur Verfügung steht, entsprechenden, nicht fasernden Holzklotz nehmen.
- Nabe der Bremstrommel mit Mehrzweckfett füllen, Bremstrommel aufschieben.
- Radlager außen mit Mehrzweckfett eintreiben und einsetzen.
- Druckscheibe aufschieben, Sechskantmutter aufschrauben.

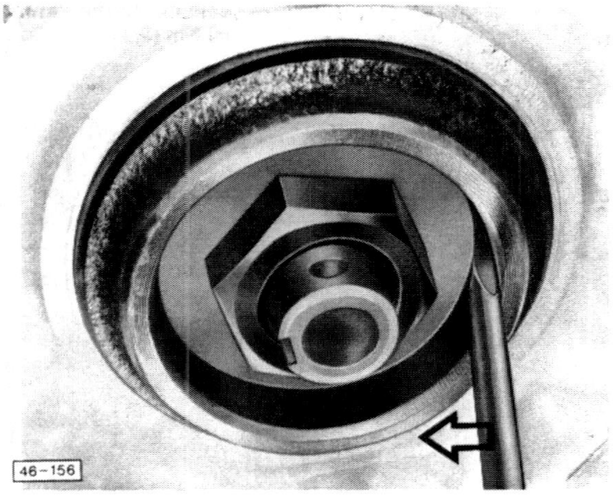

- Rad anschrauben.
- Radlagerspiel einstellen. Das Radlagerspiel ist richtig eingestellt, wenn sich die Druckscheibe mit einem Schraubenzieher durch Fingerdruck (Pfeil) noch verschieben läßt. Dabei darf auf keinen Fall der Schraubenzieher durch Dreh- oder Hebelbewegung abgestützt werden.
- Beim Radlagerspiel einstellen zunächst Sechskantmutter fest anziehen. **Achtung: Rad beim Anziehen der Mutter drehen,** damit sich das Radlager nicht verklemmt.
- Kronensicherung so aufsetzen, daß sich der Splint einstecken läßt.
- Neuen Splint verwenden und umschlagen.
- Fettkappe mit dem VW-Werkzeug 40-21 vorsichtig auftreiben. Steht dieses Werkzeug nicht zur Verfügung, kann auch ein geeignetes Rohr verwendet werden. Der Innendurchmesser des Rohres muß dabei am Wulst der Fettkappe anliegen. **Achtung:** Die Fettkappe darf **nicht** verbeult oder verzogen sein. Durch eine undichte Kappe kann Feuchtigkeit eindringen und das Radlager zerstören. Daher auch eine geringfügig verformte Kappe erneuern.

Federung hinten

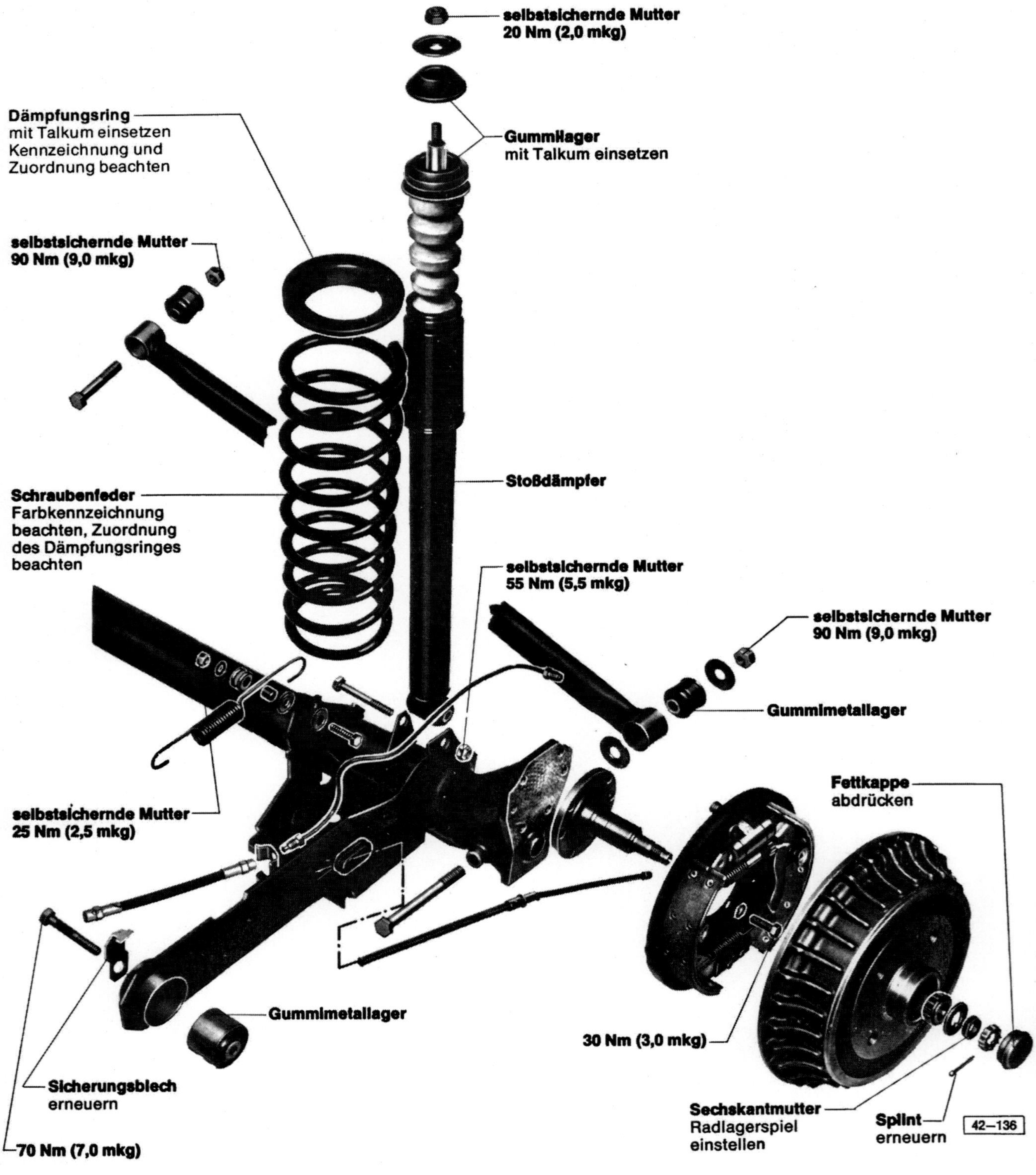

Stoßdämpfer aus- und einbauen

Ausbau

- Fahrzeug auf dem Boden stehen lassen.
- Im Kofferraum Stoßdämpfer-Abdeckkappen abnehmen.

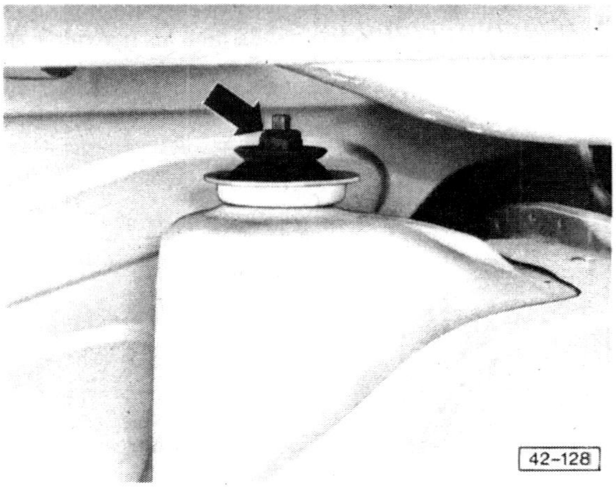
42-128

- Mutter von der Kolbenstange abschrauben. Dabei Kolbenstange mit Maulschlüssel (SW 7 mm) festhalten.

Achtung: Beim Wechsel der Stoßdämpfer auf einer Auffahrrampe oder Grube werden die beiden Federspanner nicht benötigt. Die Federspanner sind auch dann nicht erforderlich, wenn man beim Wechsel der Stoßdämpfer das Fahrzeug auf dem Boden stehen läßt.

42-131

- Falls das Fahrzeug aufgebockt wird, Federspanner – oder geeigneten Bügel – einhängen.

42-132

- Federspanner rechts einhängen.
- Fahrzeug anheben und aufbocken.
- Befestigungsschraube für Dämpfer unten herausschrauben.

Einbau

- Vor dem Einbau Stoßdämpfer prüfen, siehe Seite 120.
- Anschlagpuffer Unterlegscheibe, Gummilager mit Talkum und Führungshülse auf Stoßdämpfer aufsetzen, siehe Seite 118.
- Stoßdämpfer einsetzen, untere Befestigungsschraube mit neuer selbstsichernder Mutter versehen, Mutter mit 55 Nm (5,5 mkg) festziehen.
- Gummilager oben und Unterlegscheibe einsetzen, neue selbstsichernde Mutter mit 20 Nm (2,0 mkg) festziehen. Dabei Kolbenstange mit Maulschlüssel (SW 7 mm) festhalten.
- Fahrzeug abbocken, Federspanner aushängen, Abdeckkappen aufsetzen.

Der Stoßdämpfer

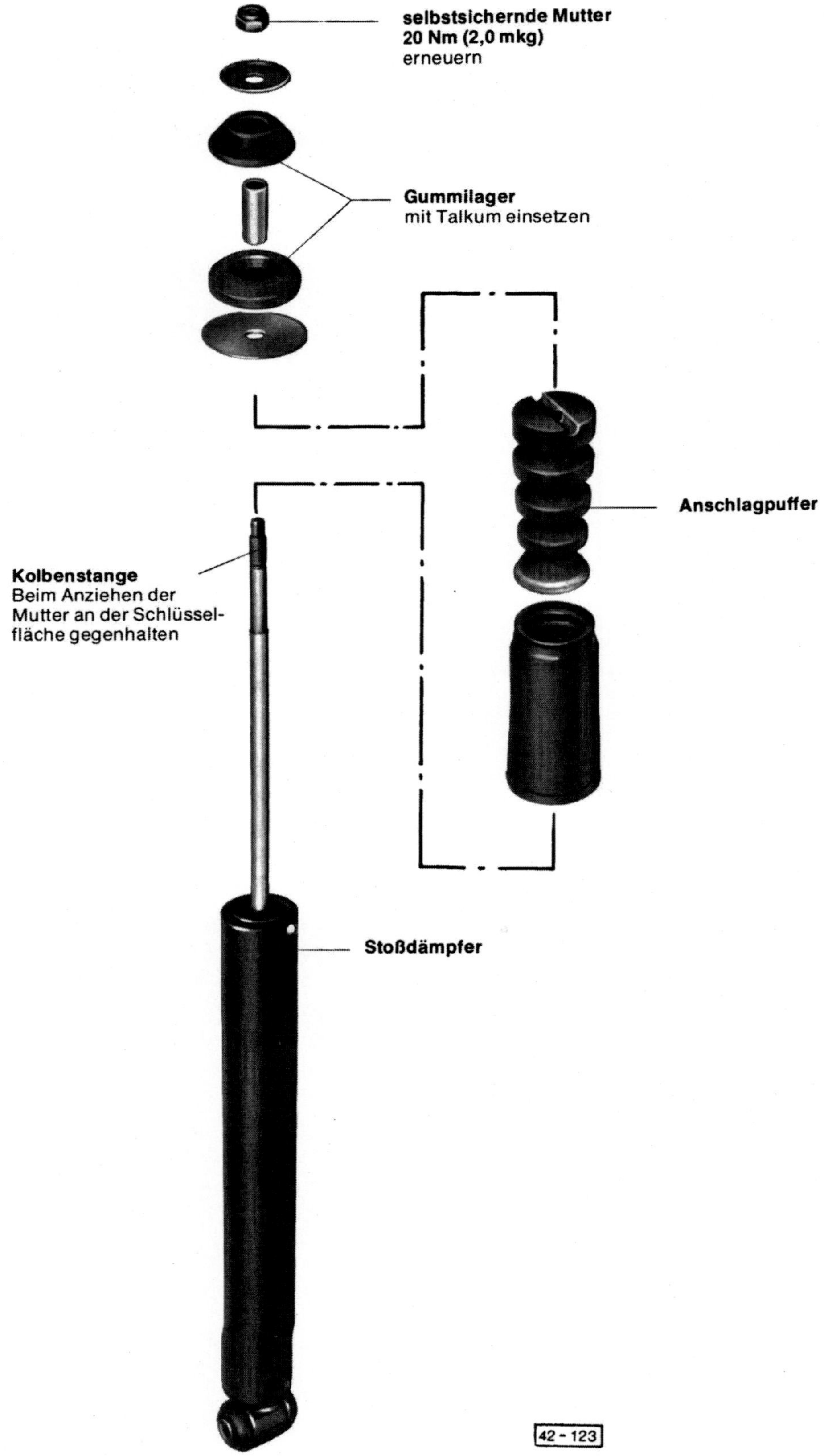

Stoßdämpfer aus- und einbauen
(Audi 100 Avant)

Zum Ausbau der Stoßdämpfer wird das VW/Audi-Spezialwerkzeug 3017 benötigt.

Ausbau

- Fahrzeug auf dem Boden stehen lassen.
- Sitzbank nach vorn klappen.

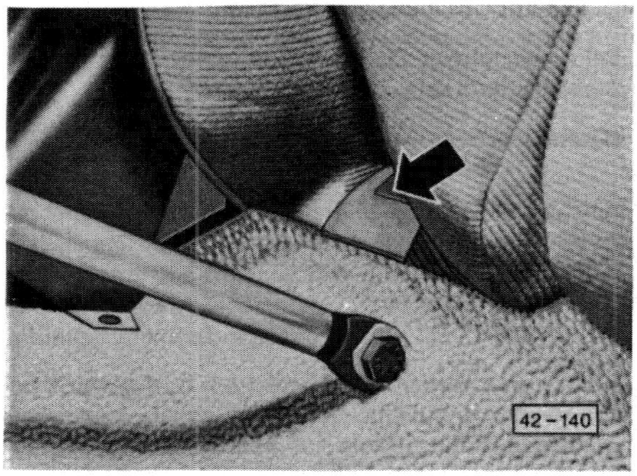

- Blechlasche für Lehnenkissen aufbiegen.
- Lehnenkissen ausbauen.
- Rückenlehne nach vorn klappen.
- Ablage herausnehmen. Selbstklebende Radhausverkleidung abziehen.

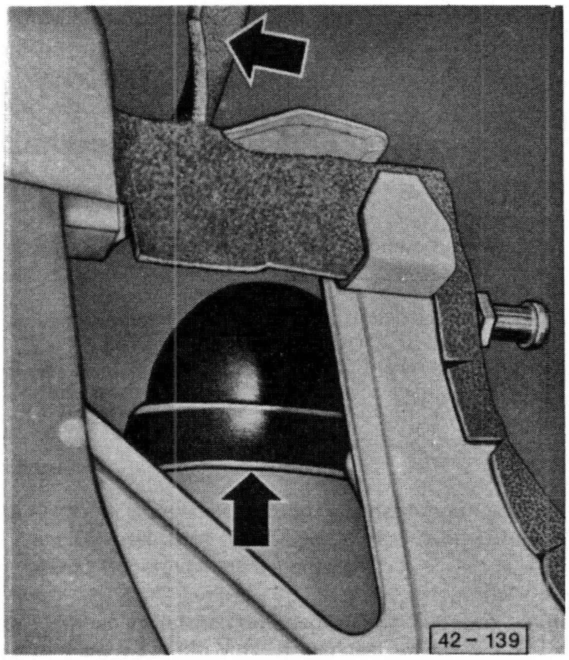

- Abdeckkappe mit Schraubenzieher abdrücken und herausnehmen.

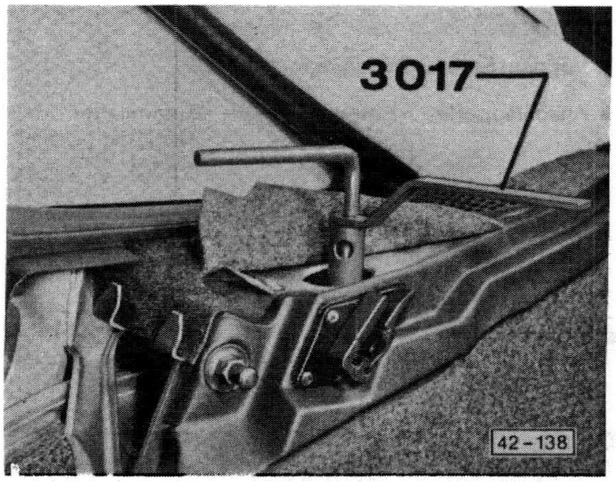

- Mit VW/Audi-Werkzeug 3017 Mutter von der Kolbenstange abschrauben.

Achtung: Werden die Stoßdämpfer auf einer Auffahrbühne oder -grube aus- und eingebaut, so ist ein Fixieren der Hinterachse mit den beiden Federspannern 3004 nicht erforderlich. Das gilt auch, wenn man beim Ausbau der Stoßdämpfer das Fahrzeug auf dem Boden stehen läßt.

- Federspanner links einhängen, siehe Seite 119.

- Federspanner rechts einhängen.
- Fahrzeug gegebenenfalls anheben. Befestigungsschraube für Stoßdämpfer unten ausschrauben.

Einbau

- Vor dem Einbau Stoßdämpfer prüfen.
- Anschlagpuffer, Unterlegscheibe, Gummilager (mit Talkum) und Führungshülse auf Stoßdämpfer aufschieben, siehe Seite 120.
- Stoßdämpfer einsetzen, untere Befestigungsschraube mit neuer selbstsichernder Mutter versehen, Mutter mit 55 Nm (5,5 mkg) festziehen.
- Gummilager und Unterlegscheibe oben auf Stoßdämpfer auflegen, neue selbstsichernde Mutter mit Spezialschlüssel 3017 aufschrauben.
- Gegebenenfalls Wagen ablassen, Federspanner links und rechts aushängen.
- Abdeckplatte aufsetzen, Radhausverkleidung andrükken, Ablage einbauen, Lehnenkissen einbauen, Blechlasche für Lehnenkissen umbiegen.

Stoßdämpfer prüfen

Der Stoßdämpfer kann von Hand geprüft werden.

- Stoßdämpfer ausbauen.
- Stoßdämpfer in Einbaulage halten, Stoßdämpfer auseinanderziehen und zusammendrücken.
- Der Stoßdämpfer muß sich über den gesamten Hub gleichmäßig schwer und ruckfrei bewegen lassen.
- Defekte Dämpfer erkennt man auch während der Fahrt an Poltergeräuschen.
- Bei einwandfreier Funktion sind geringe Spuren von Stoßdämpferöl kein Grund zum Austausch.
- Bei starkem Ölverlust Stoßdämpfer austauschen.

Die Lenkung

Die Lenkung besteht aus zwei Hauptgruppen: Der Sicherheitslenksäule mit dem Lenkrad und dem Lenkgetriebe mit Spurstangen und Lenkungsdämpfer. Die mittig angelenkten Spurstangen verursachen nur sehr geringe Spurveränderungen beim Einfedern der Vorderräder, so daß eine stabile Radführung erreicht wird, die geringen Reifenverschleiß garantiert.

Die Zahnstangenlenkung ist leichtgängig und spielfrei von Anschlag zu Anschlag. Sie ist wartungsfrei, doch ist im Rahmen der Inspektion auf eine einwandfreie Abdichtung der Manschette zu achten. Zum Erneuern der Manschette muß das Lenkgetriebe ausgebaut werden (Werkstattarbeit!).

Die Lenkung ist serienmäßig mit einem Lenkungsdämpfer ausgestattet, der die von der Fahrbahn herrührenden Stöße dämpft und somit für eine ruhige Lenkung sorgt. Ein defekter Lenkungsdämpfer macht sich durch eine unruhige Lenkung bemerkbar.

Auf Wunsch wird die Lenkung mit einem Servo-Lenkgetriebe ausgestattet. Bei dieser Lenkung ist innerhalb der Wartung der Keilriemen für die Hochdruckflügelpumpe zu prüfen und gegebenenfalls zu spannen. Außerdem muß der Ölstand für die Lenkhilfe kontrolliert werden. Ein Auswechseln des Filters für die Servolenkung ist nur bei starker Verunreinigung erforderlich.

Die Lenkung des Audi 100 ist als Sicherheitslenkung ausgebildet. Hierzu befindet sich hinter dem Armaturenbrett eine Deformationskonsole, die sich bei Aufprall des Fahrers auf das Lenkrad verformt. Gleichzeitig klinkt die Sicherheitskupplung aus, die Lenksäule schiebt sich zusammen.

Lenkrad aus- und einbauen

Ausbau

- Räder in Geradeausstellung, Abdeckkappe von Hand abziehen, Schleifkohlen abziehen.
- Sechskantmutter abschrauben, Scheibe abnehmen.
- Lenkung mit den Handballen von Lenksäule abschlagen.

Einbau

- Räder in Geradeausstellung, Auslösezunge für Blinker am Lenkrad zeigt nach links. Darauf achten, daß der Blinkerhebel in Mittelstellung steht.
- Lenkrad aufsetzen, Unterlegscheibe auflegen, Mutter für Lenkrad mit 50 Nm (5,0 mkg) festziehen.
- Schleifkohlen leicht einfetten und in das Lenkrad einsetzen. Abdeckkappe aufdrücken.

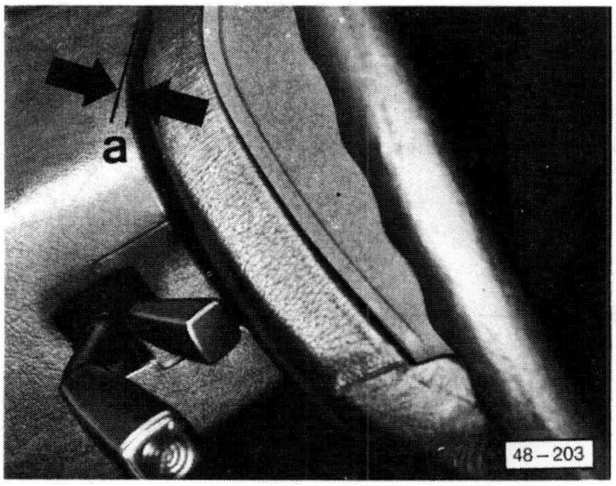

- Abstand Lenkrad/Lenkstockschalter prüfen. Der Abstand –a– soll ca. 3 mm betragen.
- Flanschrohr gegebenenfalls entsprechend auf dem Lenkritzel verschieben. Hierzu Klemmschelle am Flanschrohr lösen, neue selbstsichernde Mutter auf Klemmschellenschraube aufschrauben, nicht festziehen.

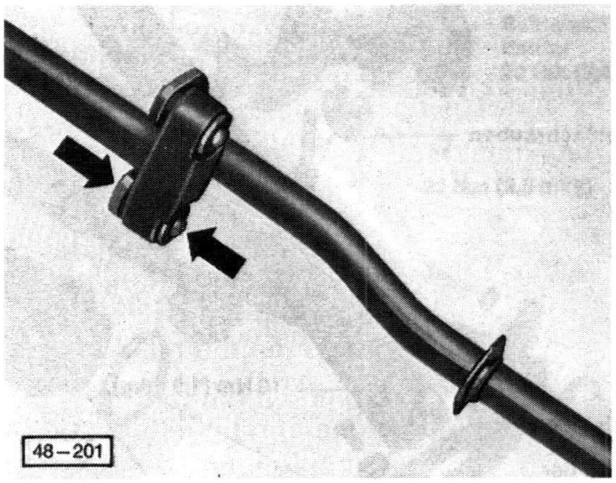

- Lenksäule und Flanschrohr am Gelenk (Pfeile) mit Wasserpumpenzange auf Anschlag halten. Flanschrohr verschieben bis sich der 3 mm-Abstand ergibt.
- Neue selbstsichernde Mutter an Klemmschelle mit 20 Nm (2,0 mkg) festziehen.

Nach Probefahrt Lenkradstellung überprüfen, gegebenenfalls Lenkrad umsetzen.

Lenksäule mit Mantelrohr

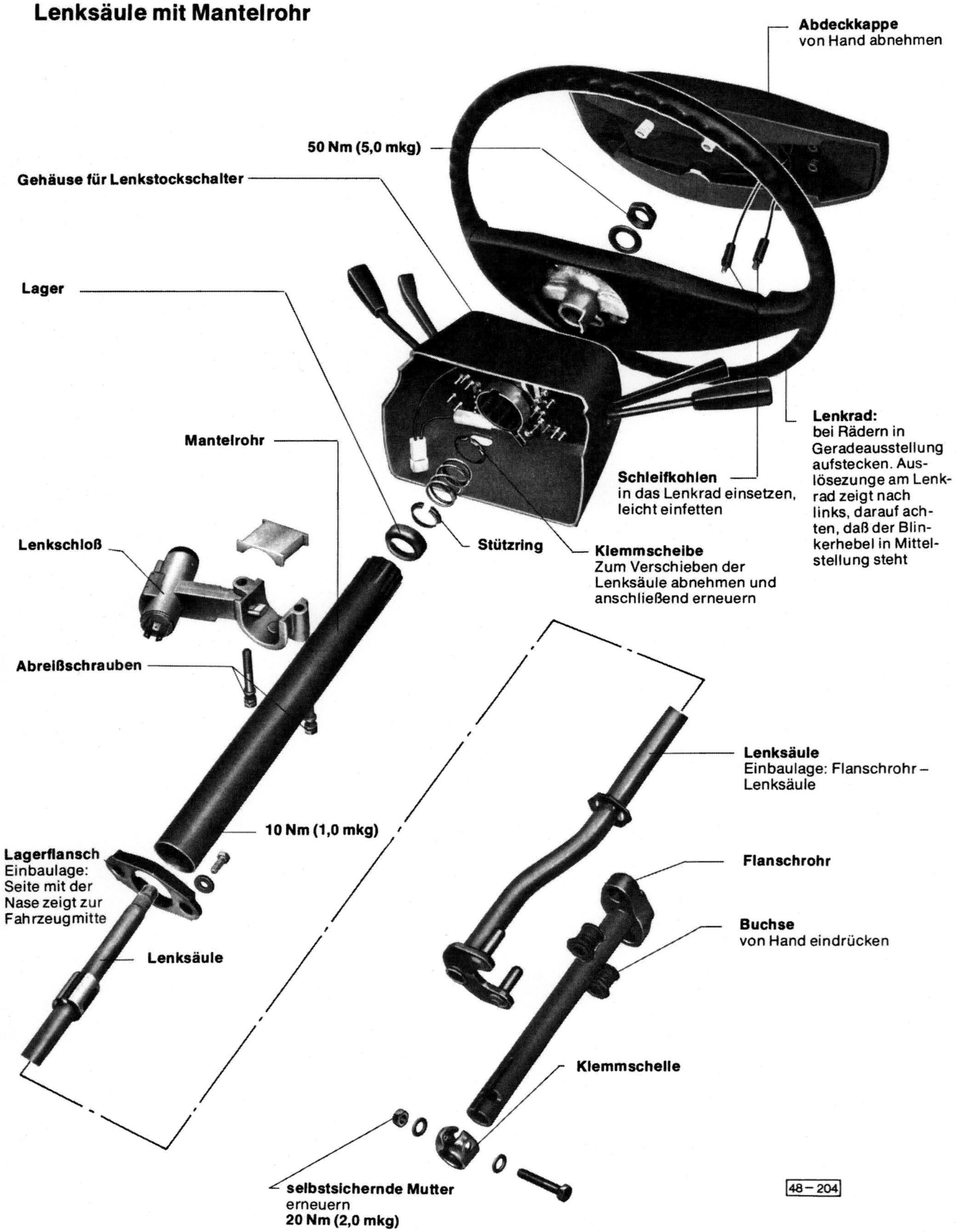

Lenkgetriebe/Lenkungsdämpfer/ Spurstangen

Hinweis: Alle selbstsichernden Muttern erneuern

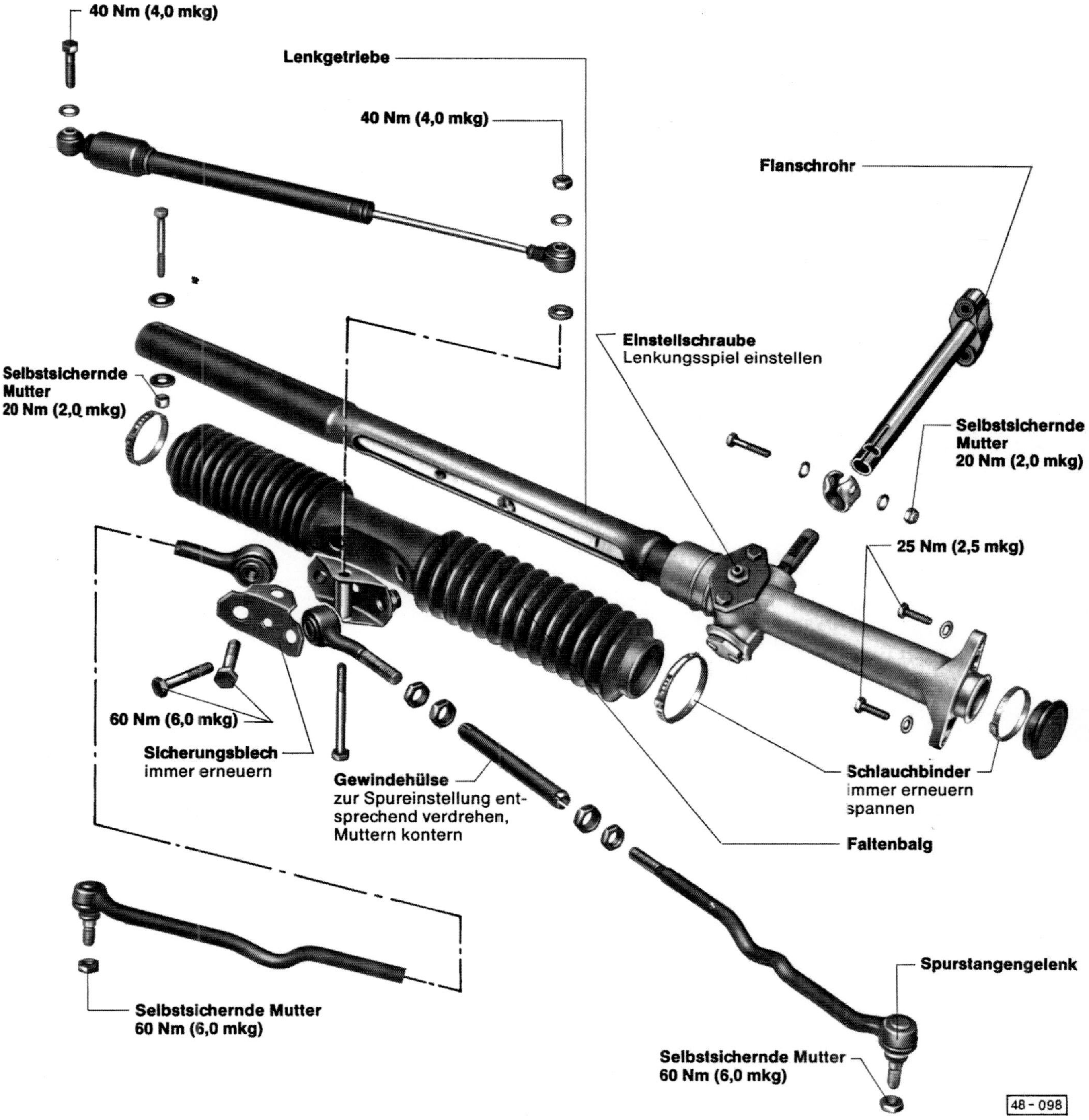

Spurstange erneuern

Ausbau

- Fahrzeug vorn aufbocken.

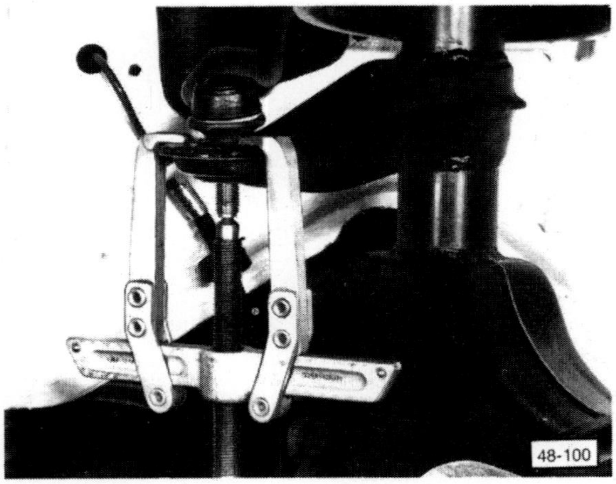

- Mutter am Spurstangenkopf abschrauben, Spurstangengelenk mit Ausdrücker für Spurstangenköpfe ausdrücken.
- Am Lenkgetriebe Sicherungsblech aufbiegen, Schraube herausdrehen, Spurstange herausnehmen.

Einbau

- Spurstange einsetzen. Die neue einstellbare Spurstange vorher auf das Maß der alten einstellbaren Spurstange bringen.
- Neues Sicherungsblech verwenden, Schraube für Spurstange am Lenkgetriebe mit 60 Nm (6,0 mkg) festziehen. Sicherungsblech umschlagen.
- Neue selbstsichernde Mutter für Spurstangenkopf verwenden, Mutter mit 60 Nm (6,0 mkg) festziehen.
- Wagen abbocken, Spur prüfen, siehe Seite 128.

Lenkungsdämpfer aus- und einbauen

Ein defekter Lenkungsdämpfer macht sich auf welliger Fahrbahn durch ein unruhiges, schlagendes Lenkrad bemerkbar.

Ausbau

- Fahrzeug vorn anheben und aufbocken.
- Lenkungsdämpfer am Lenkgetriebe und Aufbau abschrauben.

Einbau

- Vor dem Einbau Lenkungsdämpfer prüfen, verschlissene Gummilager erneuern.
- Lenkungsdämpfer auf Wirksamkeit prüfen. Lenkungsdämpfer waagerecht (in Einbaulage) halten und mehrmals auseinanderziehen und zusammenschieben. Der Dämpfer muß sich über den gesamten Hub gleichmäßig bewegen lassen. Die Zug- und Druckdämpfung muß bis zur Endstellung spürbar sein.
- Dämpfer lagerichtig einbauen, die Kolbenstange wird am Lenkgetriebe befestigt. Schrauben mit 40 Nm (4,0 mkg) festziehen.

Zahnstangenlenkung einstellen

Die Zahnstangenlenkung soll von Anschlag zu Anschlag spielfrei sein.

Einstellen

- Fahrzeug auf dem Boden stehen lassen, Lenkrad langsam nach links und rechts drehen. Dabei muß die Lenkung sofort greifen, sonst Lenkung einstellen.

Achtung: Bei Fahrzeugen mit Servolenkung Lenkungsspiel nur bei laufendem Motor prüfen, hierbei darf am Lenkrad kein spürbares Spiel vorhanden sein.

- Fahrzeug vorn anheben, aufbocken.

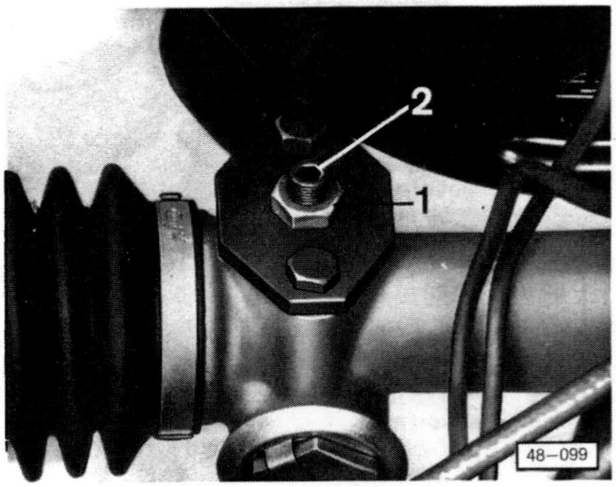

- Kontermutter –1– lösen, Einstellschraube mit Maulschlüssel gegenhalten.
- Einstellschraube –2– vorsichtig so weit einschrauben, bis sie fühlbar an der Druckscheibe zur Anlage kommt.
- Einstellschraube beim Kontern gegenhalten.
- Lenkungsspiel kontrollieren, gegebenenfalls korrigieren.

Keilriemen für Hochdruckflügelpumpe spannen/ersetzen

- Vor dem Ersetzen des Keilriemens, Keilriemen für Generator und gegebenenfalls Keilriemen für den Klima-Kompressor ausbauen, siehe Seite 171.

- Mutter – 1 – lösen. Mutter – 2 – der Spannvorrichtung entsprechend verdrehen. Gegebenenfalls Keilriemen abnehmen oder spannen.
- Der neue Keilriemen ist richtig gespannt, wenn er sich in der Mitte der beiden Keilriemenscheiben mit dem Daumen ca. 2 mm durchdrücken läßt. Ein gelaufener Keilriemen soll sich an gleicher Stelle etwa 5 mm durchdrücken lassen.
- Mutter – 1 – festziehen.

Ölstand für Servolenkung kontrollieren

Der Ölstand für die Lenkhilfe sollte regelmäßig, etwa alle 4 Wochen, geprüft werden.

- Der Ölstand soll möglichst an der oberen Marke „MAX“ des Ölbehälters stehen. Ist der Ölstand zur „MIN“-Marke abgesunken, ATF-Dexron nachfüllen.
- Rote Plastikkappe abschrauben, ATF-Dexron bis zur „MAX“-Marke auffüllen. Deckel aufschrauben.

Die Wagenvermessung

Optimale Fahreigenschaften und geringster Reifenverschleiß sind nur dann zu erzielen, wenn die Stellung der Räder einwandfrei ist. Bei anomaler Reifenabnutzung sowie mangelhafter Straßenlage – bei schlechter Richtungsstabilität in Geradeausfahrt sowie schlechten Lenkeigenschaften in Kurvenfahrt – sollte die Werkstatt aufgesucht werden, um den Wagen optisch vermessen zu lassen.

Wo solch eine Gesamtvermessung nicht möglich ist, werden lediglich Sturz und Vorspur der Vorderräder überprüft.

Mehr als diese Prüfung von Sturz und Vorspur ist auch außerhalb der Werkstätten kaum durchzuführen. Ich beschränke mich daher auf die Beschreibung nur dieser Messungen, wobei zunächst die theoretischen Grundbegriffe erklärt werden sollen.

Die Spur

In der Regel müssen Vorderräder Vorspur haben, weil sie – veranlaßt durch Sturz und Rollwiderstand – in Geradeausfahrt etwas nach außen laufen, da Spiel in den Radlagern, Radaufhängungen und Spurstangengelenken vorhanden ist. Die Vorspur kompensiert das Bestreben der Vorderräder, nach außen zu laufen. Für die Vorspur werden die Räder so eingestellt, daß sie – in Höhe des Radmittelpunktes gemessen – vorn etwas enger zusammenstehen als hinten.

Beim Audi 100 kann, durch Ausnutzen der Toleranzen, sowohl Nach- als auch Vorspur eintreten.

Sturz und Spreizung

Sturz und Spreizung vermindern die Übertragung von Fahrbahnstößen auf die Lenkung und halten bei Kurvenfahrt die Reibung möglichst gering.

Sturz ist der Winkel, um den die Radebene von den Senkrechten abweicht. Die Vorderräder stehen also schräg, und zwar im Radaufstandspunkt mehr zusammen als oben.

Spreizung ist der Winkel zwischen der Schwenkachse des Achsschenkels und der Senkrechten im Reifenaufstandspunkt, in Längsrichtung des Wagens gesehen.

Durch den Sturz- und Spreizungswinkel werden die Berührungspunkte der Räder auf der Fahrbahn näher an die Schwenkachse des Achsschenkels herangebracht. Damit wird der sogenannte Lenkrollhalbmesser klein gehalten. Je kleiner der Lenkrollhalbmesser ist, desto leichtgängiger ist die Lenkung. Auch die Fahrbahnstöße wirken sich wesentlich schwächer auf das Lenkgestänge aus.

Beim Audi 100 ist der Lenkrollradius negativ. Dadurch wird größte Richtungsstabilität erreicht, wenn ungleiche Bremswirkung an den Vorderrädern auftritt.

Nachlauf

Der Nachlauf beeinflußt maßgeblich die Geradeausführung der Vorderräder. Zu geringer Nachlauf begünstigt ein Abweichen aus der Fahrtrichtung auf schlechten Straßen und bei Seitenwind, läßt überdies nach der Kurvenfahrt die Lenkung weit genug zur Mittelstellung zurücklaufen. Der Nachlauf wird konstruktiv durch das Anwinkeln des Achsschenkels erreicht und ist nicht einstellbar, muß jedoch nach einer Reparatur des Vorderwagens oder des Vorderachskörpers kontrolliert werden (Werkstattarbeit).

Das Einstellen

Die Fahrzeugvermessung ist zweckmäßig mit einem optischen Achsmeßgerät, das wagenunabhängig arbeitet, durchzuführen. Falls ein optisches Achsmeßgerät nicht zur Verfügung steht, kann der Sturz auch mit dem Winkelmeßgerät VW 261 und der Spurwinkel mit einem mechanischen Spurmaß geprüft werden. Für jede Vermessung müssen folgende Voraussetzungen erfüllt sein:

- Vorschriftsmäßiger Reifendruck.
- Genau ebene, waagerechte Meßfläche.
- Fahrzeug bei Leergewicht (mit Reserverad und möglichst mit gefülltem Kraftstoffbehälter).
- Richtig eingestellte Lenkung.
- Kein unzulässiges Spiel im Lenkgestänge.
- Fahrzeug richtig durchgefedert.
- Kein unzulässiges Spiel in der Radaufhängung.

Spur prüfen/einstellen

- Wagen aufbocken.
- An der einstellbaren, linken Spurstange Kontermuttern lösen.
- Wagen abbocken.
- Spurmeßgerät vorn an den Felgenhörnern ansetzen und Meßstellen mit Kreide markieren. Meßskala des Gerätes auf Null stellen.
- Wagen um eine halbe Radumdrehung nach vorn rollen und Meßgerät an die jetzt hintenliegenden Kreidemarkierungen anlegen. Meßwert ablesen. Meßwert = Gesamtspur.
- Kontermuttern an der Gewindehülse der Spurstange lösen. Spur durch Verdrehen der Gewindehülse einstellen.
- Wird die Spureinstellung auf einem optischen Achsmeßstand vorgenommen, dann ist zu prüfen, ob das Lenkrad bei geradeausstehenden Rädern in Mittelstellung steht (Lenkradspeiche waagerecht). Gegebenenfalls Lenkrad entsprechend umsetzen.
- Wird die Spur mit einem mechanischen Spurmeßgerät eingestellt, anschließend Probefahrt durchführen. Wird dabei festgestellt, daß das Lenkrad bei Geradeausfahrt nicht in Mittelstellung steht, muß es entsprechend umgesetzt werden.
- Kontermuttern an der Gewindehülse festziehen.

Sturz prüfen und einstellen

Zur Sturzprüfung wird entweder ein optischer Vermessungsprüfstand oder ein Winkelmeßgerät benötigt. Der Sturz wird an jedem Rad einzeln geprüft und eingestellt.

Prüfen

- Wagen auf ebene Fläche fahren, Vorderräder genau in Geradeausstellung bringen.
- Winkelmeßgerät an Felge anlegen und Anlagepunkt mit Kreide markieren.

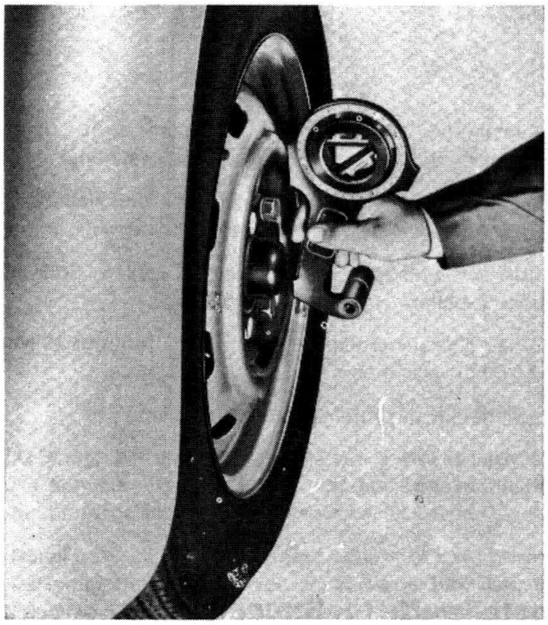

- Libellenträger so einstellen, daß die mit Achskörper/Winkel gekennzeichnete Libelle in Mittelstellung steht.
- Sturzwert ablesen und markieren.
- Wagen um eine halbe Radumdrehung nach vorn rollen.
- Winkelmeßgerät wieder an die mit Kreide markierten Punkte anlegen und Messung wiederholen.
- Der mittlere Sturzwert ergibt sich aus der ersten und zweiten Messung.

Einstellen

Der Sturz ist durch Verschieben des Federbeins in den Langlöchern des Federbeinlagers einzustellen. Das Fahrzeug steht dabei auf dem Boden.

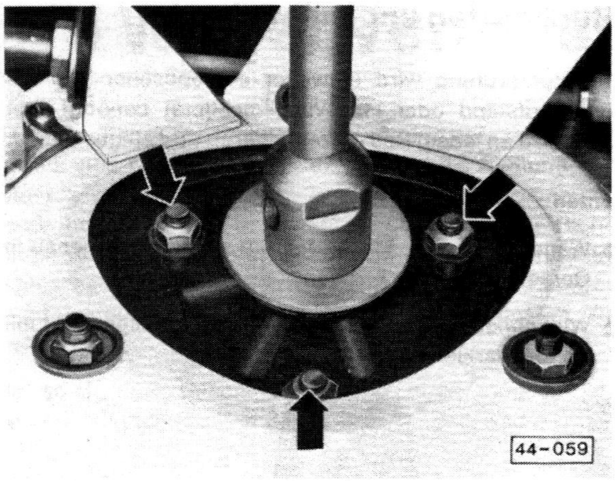

- Befestigungsmuttern (Pfeile) abschrauben, neue selbstsichernde Muttern handfest aufschrauben.
- Geeigneten Steckschlüssel aufstecken und Federbein entsprechend in den Langlöchern verschieben.
- Sturzwert entsprechend Sollwert einstellen, Sollwert siehe Tabelle.
- Neue selbstsichernde Befestigungsmuttern mit 25 Nm (2,5 mkg) festziehen.
- Spur nochmals prüfen, ggf. neu einstellen.

Einstellwerte für Spur und Sturz

10 Winkelminuten entsprechen einem Spurmaß beim 14"-Reifen von 1,1 mm

	Serien-Ausführung	Schlechtwege-Ausführung	Serien-Ausführung	Schechtwege-Ausführung
Vorderachse	Federbeinachse		Werte in mm	
Gesamtspur (ungedrückt)	+ 5′ bis − 10′		+ 0,55 bis − 1,1	
Sturz (in Geradeausstellung)	− 30′ ± 30′	− 10′ ± 30′	− 3,3 ± 3,3	1,1 ± 3,3
Höchstzulässiger Unterschied zwischen beiden Seiten	30′	30′	3,3	3,3
Spurdifferenzwinkel bei 20° Lenkeinschlag nach links und rechts	− 1° 40′ ± 30′		–	
Nachlauf (nicht einstellbar)	− 5′ ± 40′	0° ± 40′	–	
entspricht dem Sturzunterschied beim Lenkeinschlag von 20° links nach 20° rechts	′ ± 25′	0° ± 25′	–	
Höchstzulässiger Unterschied zwischen beiden Seiten	max. 1°	max. 1°	–	
Hinterachse (nicht verstellbar)	Torsionskurbelachse			
Sturz	− 30′ ± 30′		− 3,3 ± 3,3	
Höchstzulässiger Unterschied zwischen beiden Seiten	30′		3,3	
Gesamtspur (bei vorgeschriebenem Radsturz)	+ 10′ bis + 25′		+ 1,1 bis + 2,75	
Höchstzulässige Abweichung von der Laufrichtung	max. 25′		max. 2,75	

Die Bremsanlage

Das hydraulische Fußbremssystem besteht aus dem Hauptbremszylinder, den Scheibenbremsen für die Vorderräder und den Trommelbremsen für die Hinterräder. Das hydraulische Bremssystem ist in zwei Kreise aufgeteilt, die diagonal wirken. Ein Bremskreis arbeitet vorn rechts/hinten links, der zweite vorn links/hinten rechts. Dadurch bremst bei Ausfall eines Bremskreises ein Vorderrad und das entgegengesetzte Hinterrad.

Seit August 1978 stellt sich die Hinterradbremse automatisch nach, es muß also nur noch in den vorgeschriebenen Intervallen die Belagdicke geprüft werden.

Wie auch bei der manuellen Bremsbackennachstellung erfolgt die automatische Nachstellung auch über eine in der Länge veränderliche Druckstange. Doch während bei der manuellen Einstellung ein Ritzel verdreht wird, ist bei dem automatischen System zwischen Primärbacke und Druckstange ein Keil mit einer Zugfeder angeordnet, der die Druckstange verlängert.

Durch die Anordnung der Druckstange ist nach einmaligem Betätigen der Fußbremse ein Lüftspiel zwischen Bremsbacken und Bremstrommel vorgegeben. Ist die Backenbewegung aufgrund von Belagverschleiß größer als das vorgegebene Lüftspiel, wird der Keil durch die Anordnung der Druckstange und der Federn nach unten gezogen. Dadurch verändert sich die Länge der Druckstange, und die Bremsbacken sind automatisch nachgestellt.

Der negative Lenkrollradius sorgt dafür, daß auch bei nur einem funktionsfähigen Bremskreis die Richtungsstabilität des Fahrzeugs gewährleistet ist. Der Druck in beiden Bremskreisen wird im Hauptbremszylinder über das Bremspedal aufgebaut.

Die Bremsflüssigkeit für das ganze System erhält der Hauptbremszylinder aus dem Bremsflüssigkeitsbehälter, der vorn im Motorraum untergebracht ist.

Die Handbremse wirkt über Seilzüge auf die Bremsbacken der Hinterräder.

Das Arbeiten an der Bremsanlage erfordert peinliche Sauberheit und exakte Arbeitsweise. Falls die nötige Arbeitserfahrung fehlt, sollten die Arbeiten an der Bremse von einer Fachwerkstatt durchgeführt werden.

Hinweis: Auf stark regennassen Fahrbahnen sollte während des Fahrens die Bremse von Zeit zu Zeit betätigt werden, um die Bremsscheiben von Rückständen zu befreien.

Durch die Zentrifugalkraft wird zwar das Wasser von den Bremsscheiben geschleudert, doch bleibt teilweise ein dünner Film von Silikonen, Gummiabrieb, Fett und Verschmutzungen zurück, der das Ansprechen der Bremse vermindert.

Scheibenbremsbeläge prüfen

- Mit Taschenlampe durch einen Durchbruch der Radscheibe in den Bremssattel strahlen, eventuell Vorderrad abnehmen.

Audi 100/100 PS/115 PS

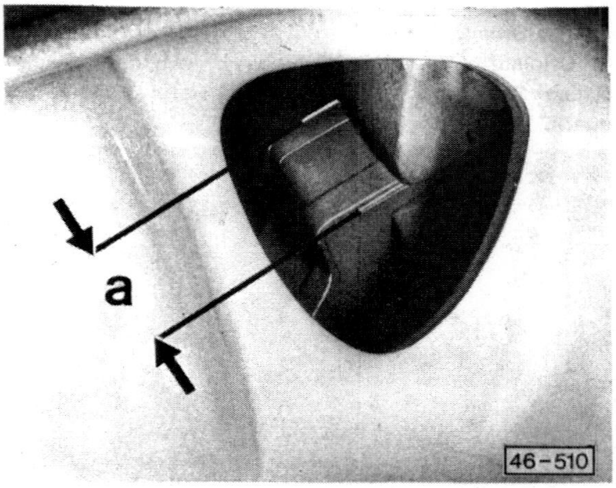

Achtung: Bei einer Belagdicke von **6 mm** (einschließlich Rückenplatte) ist die Verschleißgrenze erreicht, die Scheibenbremsbeläge müssen ausgewechselt werden.

Hinweis: Nach einer Faustregel entspricht 1 mm Bremsbelag einer Fahrleistung von mindestens 1000 km. Diese Faustregel gilt unter ungünstigen Bedingungen. Im Normalfall halten die Beläge sehr viel länger. Bei einer Belagdicke von 9 mm beträgt die Restnutzbarkeit der Bremsbeläge also noch mindestens 3000 km.

Audi 100/136 PS

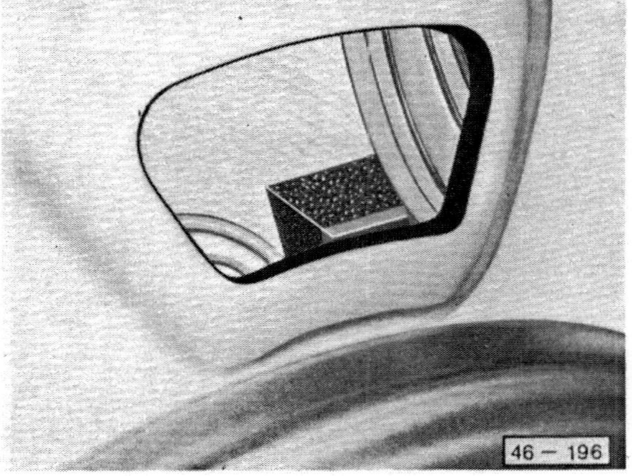

Scheibenbremsbeläge erneuern
(Audi 100/100 PS/115 PS/136 PS)

Ausbau

- Vorderräder lösen, Wagen vorn aufbocken. Räder abnehmen.

Achtung: Sollen die Bremsbeläge wieder verwendet werden, so müssen sie beim Ausbau gekennzeichnet werden. Ein Wechsel der Beläge von der Außen- zur Innenseite und umgekehrt oder auch vom rechten zum linken Rad ist nicht zulässig. Der Wechsel kann zu ungleichmäßiger Bremswirkung führen. Grundsätzlich sollte man nur Original VW/Audi-Bremsbeläge verwenden. **Grundsätzlich Scheibenbremsbeläge an beiden Achsen erneuern.**

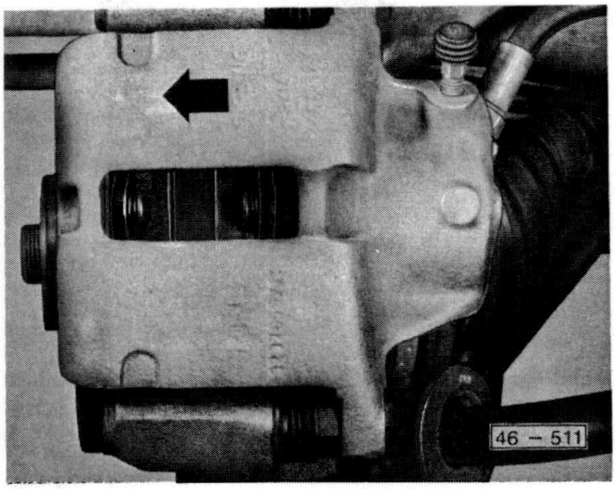

- Zylindergehäuse von Hand in Pfeilrichtung drücken. Damit wird der Kolben zurückgedrückt.

Achtung: Vor dem Zurückdrücken des Kolbens muß etwas Bremsflüssigkeit aus dem Bremsflüssigkeitsbehälter abgesaugt werden. Zum Absaugen Entlüfterflasche oder eine Plastikflasche verwenden, die nur mit Bremsflüssigkeit in Berührung kommt. **Bremsflüssigkeit ist giftig und darf auf keinen Fall über einen Schlauch mit dem Mund abgesaugt werden.**

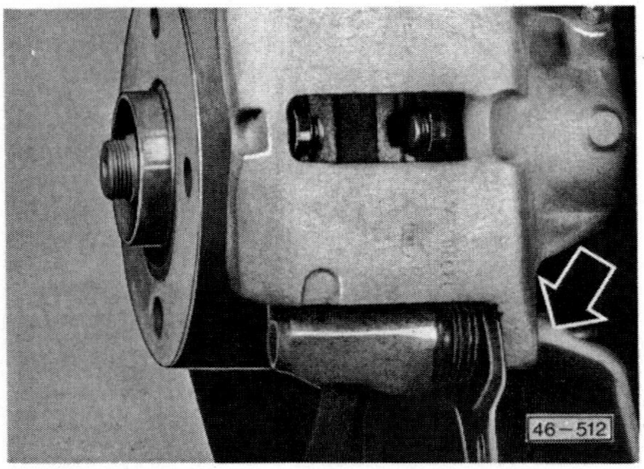

- Untere Befestigungsschraube für Zylindergehäuse herausschrauben. Dabei Führungsbolzen mit einem Maulschlüssel gegenhalten.

- Zylindergehäuse nach oben schwenken und Bremsbeläge herausziehen.

Einbau

Vor Einbau der Scheibenbremsbeläge ist die Bremsscheibe zu prüfen. Die Bremsscheibe wird mit den Fingern abgetastet. Bei spürbaren Riefen muß die Bremsscheibe ausgebaut und abgedreht bzw. erneuert werden (Werkstattarbeit).

Führungsfläche bzw. Sitz im Gehäuseschacht, wenn möglich, mit Preßluft reinigen, sonst mit einem Lappen. Keine mineralölhaltigen Lösungsmittel oder scharfkantige Werkzeuge verwenden. Schutzkappe im Bremssattel auf einwandfreien Sitz kontrollieren. Beschädigte, spröde bzw. hartgewordene Schutzkappen müssen erneuert werden (Werkstattarbeit!).

- Bremsbeläge einsetzen. Zylindergehäuse nach unten schwenken und neue Befestigungsschraube mit 35 Nm (3,5 mkg) festziehen.

Achtung: Im Reparatursatz sind zwei selbstsichernde Sechskantschrauben enthalten, die in jedem Fall einzubauen sind.

- Bremspedal im Stand mehrmals kräftig durchtreten, damit die Bremsbeläge einen dem Betriebszustand entsprechenden Sitz einnehmen können.
- Bremsflüssigkeitsstand im Hauptbremszylinder überprüfen, gegebenenfalls Bremsflüssigkeit nachfüllen.
- Rad anschrauben, Wagen abbocken, Radschrauben mit 110 Nm (11,0 mkg) festziehen.
- Auf Probefahrt Bremsprüfung vornehmen.

Scheibenbremsbeläge erneuern

(Audi 100/100 kW/136 PS, bis August 79)

Die Schwimmsattelbremse ist bis August 79 eingebaut worden. Seit August 79 wird die Faustsattelbremse verwendet, die auch im Audi 100 mit 5-Zylinder-Vergasermotor Verwendung findet. Reparaturhinweise, siehe Seite 132.

Ausbau

- Vorderräder lösen, Wagen vorn aufbocken. Räder abnehmen.

Achtung: Sollen die Bremsbeläge wieder verwendet werden, so müssen sie beim Ausbau gekennzeichnet werden. Ein Wechsel der Beläge von der Außen- zur Innenseite und umgekehrt oder auch vom rechten zum linken Rad ist nicht zulässig. Der Wechsel kann zu ungleichmäßiger Bremswirkung führen. Grundsätzlich sollte man nur Original VW/Audi-Bremsbeläge verwenden. **Grundsätzlich Scheibenbremsbeläge an beiden Achsen erneuern.**

- Sicherungsfeder ausbauen.
- Haltestifte mit geeignetem Durchschlag herausschlagen.

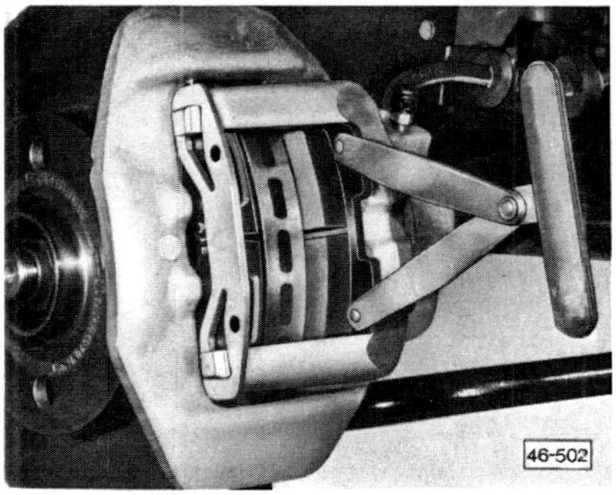

- Inneren Bremsbelag mit Ausziehhaken, Zange oder Schraubenzieher herausziehen.

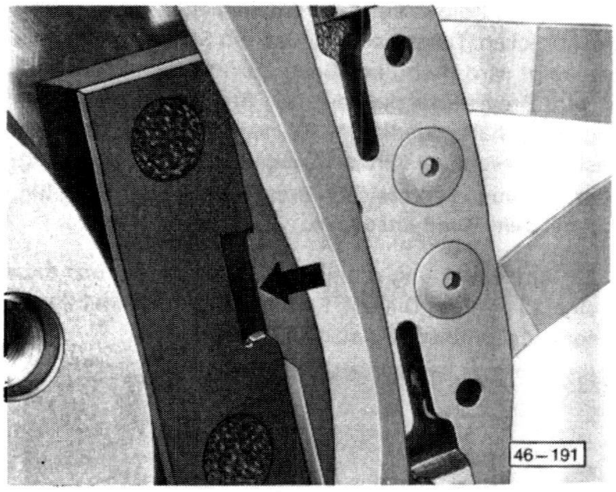

Achtung: Der äußere Bremsbelag ist durch eine Nase des Schwimmrahmens geführt. Zum Ausziehen Schwimmrahmen mit Bremszylinder nach außen drücken.

Einbau

Führungsfläche bzw. Sitz im Gehäuseschacht, wenn möglich, mit Preßluft reinigen, sonst mit einem Lappen. Keine mineralölhaltigen Lösungsmittel oder scharfkantigen Werkzeuge verwenden. Schutzkappe und Klemmring in Bremssattel auf einwandfreien Sitz kontrollieren. Beschädigte, spröde bzw. hartgewordene Schutzkappen müssen erneuert werden (Werkstattarbeit!).

Vor Einbau der Scheibenbremsbeläge ist die Bremsscheibe zu prüfen. Die Bremsscheibe wird mit den Fingern abgetastet. Bei spürbaren Riefen muß die Bremsscheibe ausgebaut und abgedreht bzw. erneuert werden (Werkstattarbeit).

- Kolben in die Bremszylinder zurückdrücken. Die Werkstatt benutzt dazu eine Kolbenrücksetzvorrichtung.

Man kann die Kolben auch mit einem glatten Hartholzstab zurückdrücken. Darauf achten, daß die Schutzkappe nicht beschädigt wird. **Achtung:** Beim Zurückdrücken der Kolben wird Bremsflüssigkeit aus den Bremszylindern in den Ausgleichbehälter gedrückt. Flüssigkeit im Behälter beobachten, eventuell Bremsflüssigkeit mit einem Saugheber absaugen. **Vorsicht! Bremsflüssigkeit ist giftig, nicht mit dem Mund absaugen.**

- 20°-Kolbenstellung prüfen. Die Werkstatt benutzt dazu eine 20°-Lehre. Die 20°-Kolbenstellung ist wichtig, da sonst die Bremsen quietschen können.

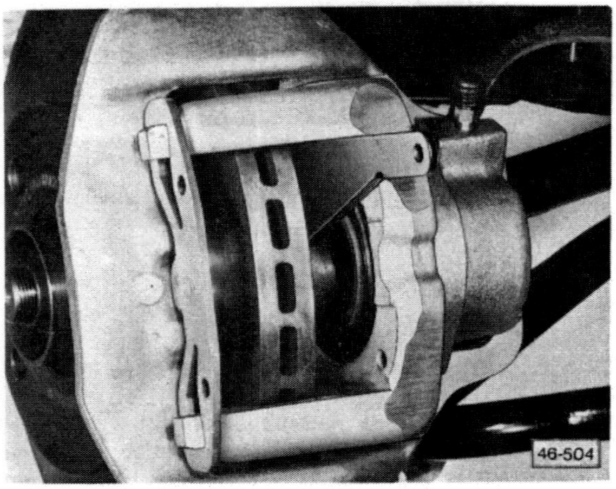

- 20°-Kolbenstellung prüfen.
- Die lange Seite der Lehre muß oben im Bremssattel anliegen. Der Bremskolben hat einen Absatz. Dieser Absatz muß an der schrägen Fläche der Lehre anliegen, sonst Bremskolben verdrehen.

- Kolben ggf. mit Kolbenverdrehzange oder einem Hartholzstab einstellen. **Achtung:** In aller Regel verstellt sich der Kolben beim Wechsel der Beläge nicht, so daß eine Einstellung selten notwendig wird.

- Bremsbeläge einsetzen. Beim äußeren Belag darauf achten, daß die Nase des Schwimmrahmensattels in die Aussparung der Belaghalteplatte einrastet. Neue Kreuzfeder verwenden und Belagstifte eintreiben. Sicherungsfeder für Haltestifte einsetzen.

Achtung: Bremspedal im Stand mehrmals durchtreten, damit die Bremsbeläge einen dem Betriebszustand entsprechenden Sitz einnehmen können. Auf Probefahrt Bremsprüfung vornehmen.

Bremskolbenlehre herstellen

- Lehre nach Zeichnung aus Pappe oder Blech anfertigen.

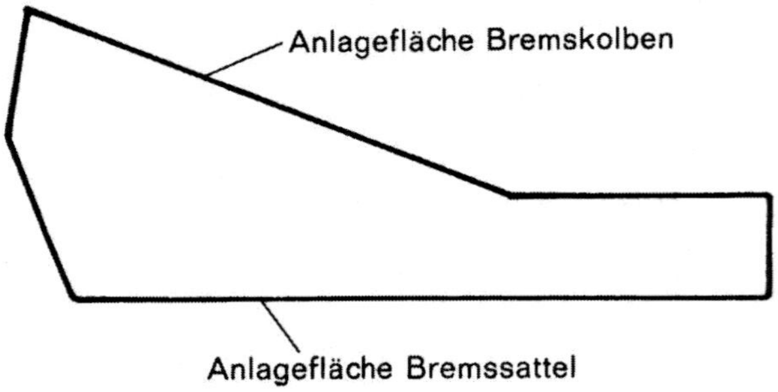

Hinterradbremse

(bis August 1978)

Beläge mit Bremsbacken sind paarweise geschliffen und werden nur als Reparatursatz komplett für eine Achse geliefert. Immer Reparatursatz komplett einbauen. Nur Original VW/Audi-Bremsbeläge verwenden.

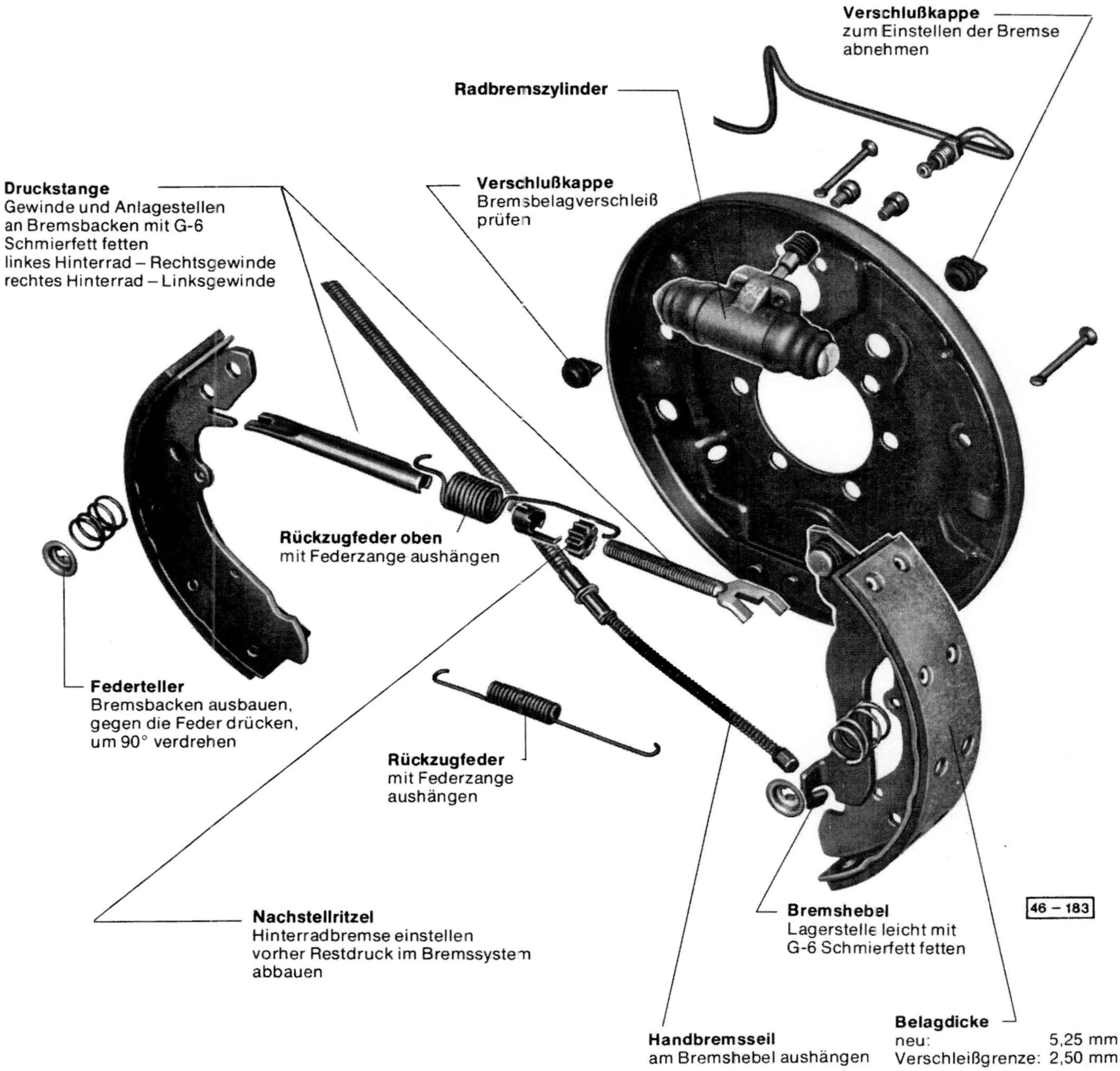

Achtung:

Fahrzeuge mit Bremskraftregler
Bremsbeläge lang
Fahrzeuge ohne Bremskraftregler
Bremsbeläge kurz

Bremsbacken aus- und einbauen
(bis August 1978)

Ausbau

- Wagen hinten aufbocken.
- Bremstrommel ausbauen, siehe Seite 116.
- Obere Rückzugfeder mit Federzange, Wasserpumpenzange oder Schraubenzieher aushängen.
- Untere Rückzugfeder aushängen.
- Federteller mit Zange gegen die Feder drücken und um 90° verdrehen. Gegebenenfalls von hinten an der Ankerplatte Stift für Federteller gegenhalten.
- Druckstange herausnehmen.
- Linke Bremsbacke herausnehmen, an der rechten Bremsbacke Handbremsseil aushängen, Bremsbacke herausnehmen.

Achtung: Falls der Radbremszylinder feucht ist, Radbremszylinder überprüfen, siehe Seite 139.

Einbau

Achtung: Grundsätzlich Bremsbeläge auf beiden Achsseiten zusammen austauschen, auf gleiche Qualität achten.

- Gewinde der Druckstange leicht einfetten, Gewinde leichtgängig machen.

Achtung: Die Nase an dem Radbremszylinderkolben zeigt nach außen.

- Bremsbacke einsetzen, Stift durchschieben, Feder und Federteller aufsetzen, Federteller reindrücken und um 90° verdrehen.
- Bremsbacke für Handbremsseil einsetzen, Handbremsseil in Bremshebel einhängen. Bremshebel leicht einfetten. Stift durchschieben, Feder und Federteller aufsetzen, Federteller runterdrücken und um 90° verdrehen.
- Gewinde der Druckstange leichtgängig machen und Gewinde leicht einfetten.
- Druckstange lagerichtig einsetzen, siehe Abbildung 46–183 auf Seite 135.
- Obere und untere Rückzugfeder lagerichtig einhängen.
- Bremsbacken zurückstellen.
- Bremstrommel einbauen, siehe Seite 116.

Bremsbacken aus- und einbauen
(seit August 1978)

Ausbau

- Radmuttern lösen, Fahrzeug hinten aufbocken.
- Rad abnehmen.
- Hinterradbremse zurückstellen. Hierzu durch eine Gewindebohrung der Radschrauben in der Bremstrommel mit Schraubenzieher den Ziehkeil bis zum Anschlag nach oben drücken.
- Bremstrommel ausbauen, siehe Seite 116.
- Federteller für Druckfeder mit Kombizange zurückdrücken und um 90° drehen. Während des Zurückdrückens von hinten am Bremsträger den Stift für Federteller nach vorn drücken.
- Bremsbacken von Hand aus der unteren Abstützung heben. Untere Rückzugfeder aushängen.
- Handbremsseil am Bremshebel aushängen.
- Zugfeder für Keil und obere Rückzugfeder mit Kombizange aushängen.
- Bremsbacken abnehmen.
- Bremsbacke mit Druckstange in Schraubstock spannen und Anlagefeder aushängen.

Einbau

Achtung: Falls der Radbremszylinder feucht ist, Radbremszylinder überprüfen, siehe Seite 139.

- Grundsätzlich Bremsbeläge auf beiden Achsseiten zusammen austauschen, nur VW/Audi-Bremsbeläge verwenden.
- Lagerstellen des Bremshebels leicht mit G 6 Schmierfett einfetten.

Achtung: Die Nase an den Radbremszylindern zeigt nach außen.

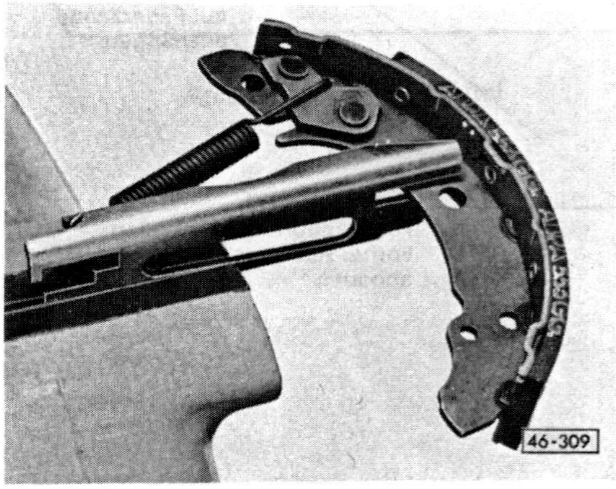

- Anlagefeder einhängen und Bremsbacke auf die Druckstange setzen.

- Keil in die Bremsbacke ohne Bremshebel einsetzen. Der Keil lagert zwischen Bremsbacke und Druckstange, die Nase am Keil zeigt zum Bremsträger.
- Bremsbacke mit Bremshebel in Druckstange einsetzen.
- Obere Rückzugfeder durch die Druckstange führen und in beide Backen einsetzen.
- Handbremsseil am Bremshebel einhängen.
- Bremsbacken auf die Kolben des Radbremszylinders setzen.
- Rückzugfeder unten in beide Bremsbacken einsetzen.
- Zugfeder für Keil einhängen.
- Stifte für Druckfedern durch die Bremsbacken schieben, Druckfedern aufsetzen, Federteller mit Kombizange aufschieben und um 90° verdrehen.
- Bremstrommel einbauen und Radlagerspiel einstellen, siehe Seite 116.
- Fußbremse einmal kräftig durchtreten. Damit ist die Hinterradbremse eingestellt.
- Rad anschrauben, Fahrzeug abbocken. Radschrauben bei auf dem Boden stehenden Fahrzeug mit 110 Nm (11,0 mkg) festziehen.

Hinterradbremse mit automatischer Nachstellung

(seit August 1978)

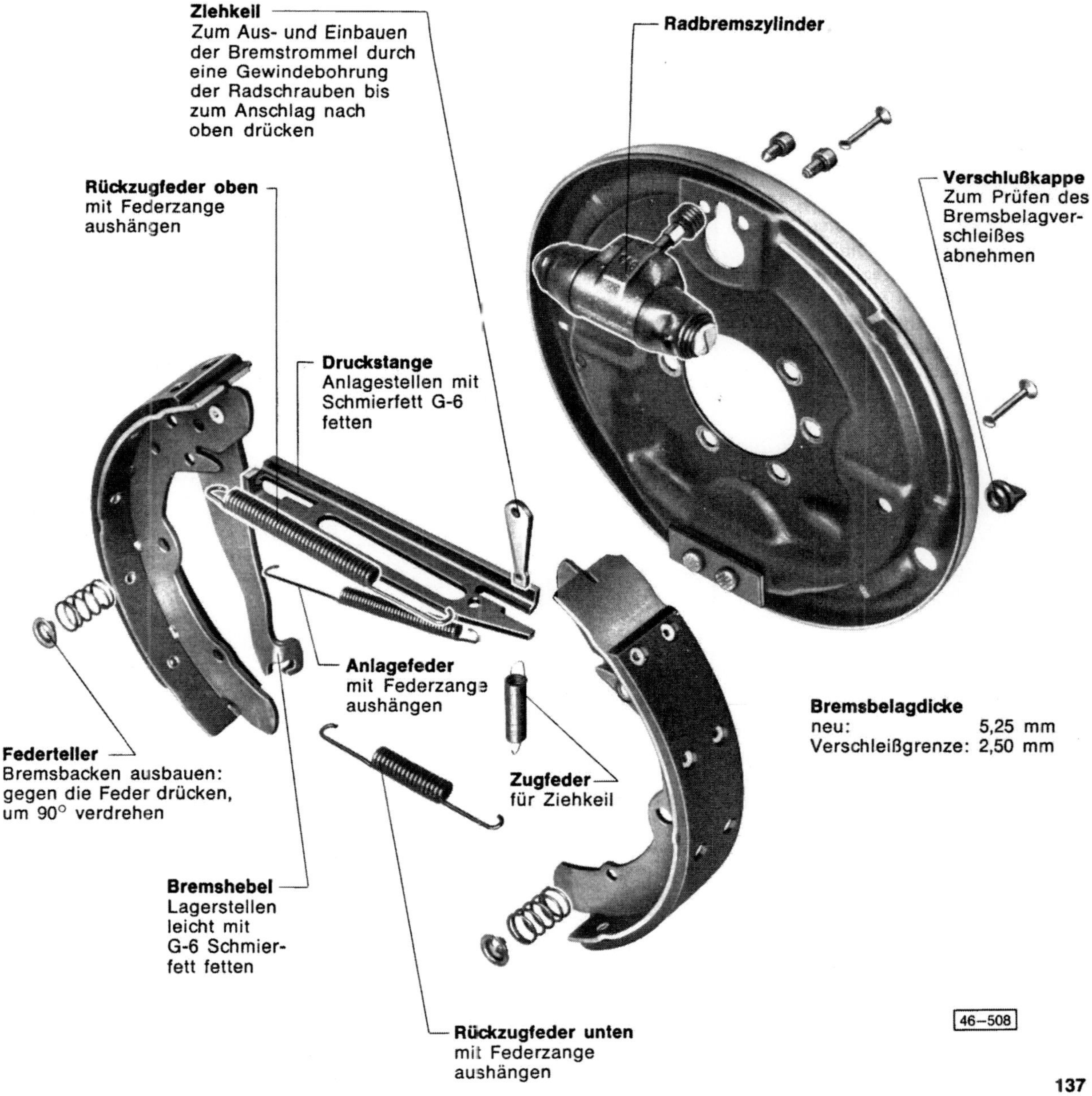

Bremsbelagdicke

neu:	5,25 mm
Verschleißgrenze:	2,50 mm

Hinterradbremse einstellen

Alle 7500 km, beziehungsweise dann, wenn der Leerweg am Bremspedal größer als etwa 3 cm ist oder sich erst nach mehrmaligem Pumpen mit dem Bremspedal verringert, soll die Hinterradbremse eingestellt werden.

Achtung: Seit August 1978 stellt sich die Hinterradbremse automatisch nach.

46-187

Achtung: Bei Audi 100-Fahrzeugen mit lastabhängigem Bremskraftregler läßt sich unter Umständen das rechte Hinterrad trotz zurückgestellter Bremsbacken nur schwer von Hand durchdrehen. Die Bremsbacken liegen, hervorgerufen durch einen Restdruck im Bremskraftregler, leicht in der Bremstrommel an. Vor Reparaturen und dem Einstellen der Hinterradbremse ist darum **in jedem Fall** der Hebel am Bremskraftregler mehrmals kräftig von Hand in Richtung Hinterachse zu drücken, damit der Restdruck im Bremskraftregler abgebaut wird.

46-185

- Wagen aufbocken, Gummistopfen von Nachstellöffnung abziehen.
- Nachstellritzel der Druckstange mit einem Schraubenzieher durch das Loch im Bremsträger drehen, bis die Bremsbeläge an der Bremstrommel anliegen. Beim Einstellen ständig mit einer Hand das Rad drehen.

46-186

- Nachstellritzel 6 bis 8 Zähne zurückdrehen, bis sich das Rad frei von Hand drehen läßt.
- Gummistopfen einsetzen.

Bremsbelagdicke kontrollieren

Die Bremsbacken der Hinterradbremse sollen alle 7500 km geprüft und gegebenenfalls ausgewechselt oder nachgestellt werden.

46-184

- In Schauloch mit Taschenlampe strahlen. Die Belagdicke beträgt 5,25 mm. Die Verschleißgrenze ist erreicht, wenn der Belag 2,50 mm mißt.

Radbremszylinder instandsetzen

Falls der Radbremszylinder nicht erneuert werden soll, kann er auch in eingebautem Zustand zerlegt werden. Dann müssen allerdings vorher die Bremsbacken ausgebaut werden. Radbremszylinder sind spätestens immer dann instandzusetzen, wenn Bremsflüssigkeit durch die Manschetten dringt. Zur Kontrolle Staubkappen von dem Radbremszylinder abhebeln und in den Radbremszylinder schauen. Wenn es hinter den Staubkappen stark feucht oder der gesamte Radbremszylinder mit Bremsflüssigkeit überzogen ist, Radbremszylinder instandsetzen. Überdies ist eine Reparatur notwendig, wenn die Kolben im Radbremszylinder nicht mehr leichtgängig hin- und hergleiten. In einem solchen Fall wird das Rad beim Bremsen entweder nicht abgebremst, oder es bremst ständig.

Achtung: Riefige Radbremszylinder grundsätzlich erneuern.

Ausbau

- Mit Schraubenzieher Schutzkappen abhebeln. Vorsicht, Kappen nicht verletzen.
- Kolben mit Manschette und Feder aus Radbremszylinder herausnehmen.
- Radbremszylinder innen mit staubfreiem Lappen auswischen. Bei Riefen oder Rostnarben in der Lauffläche Radbremszylinder erneuern. Alle Teile nur mit Spiritus oder Bremsflüssigkeit reinigen.

Einbau

Vorher Entlüfterschraube gangbar machen, eventuell erneuern. Bei Instandsetzungsarbeiten **grundsätzlich** kompletten Reparatursatz (Manschetten) verwenden.

- Neue Manschetten auf die Kolben setzen. **Achtung:** Manschetten seitenrichtig aufsetzen.
- Manschetten und Kolben hauchdünn mit Original-VW-Bremszylinderpaste einstreichen.
- Linken Kolben in Radbremszylinder einsetzen, neue Schutzkappe aufsetzen.
- Von rechts Feder einsetzen, Entlüfterschraube öffnen, Kolben einschieben, rechte Schutzkappe aufsetzen. Nach dem Komplettieren Entlüfterschraube schließen. Vorsicht: nicht überdrehen.
- Bremse komplettieren.
- Bremstrommel einbauen, siehe Seite 116.
- Bremsbacken einstellen.
- Bremse entlüften

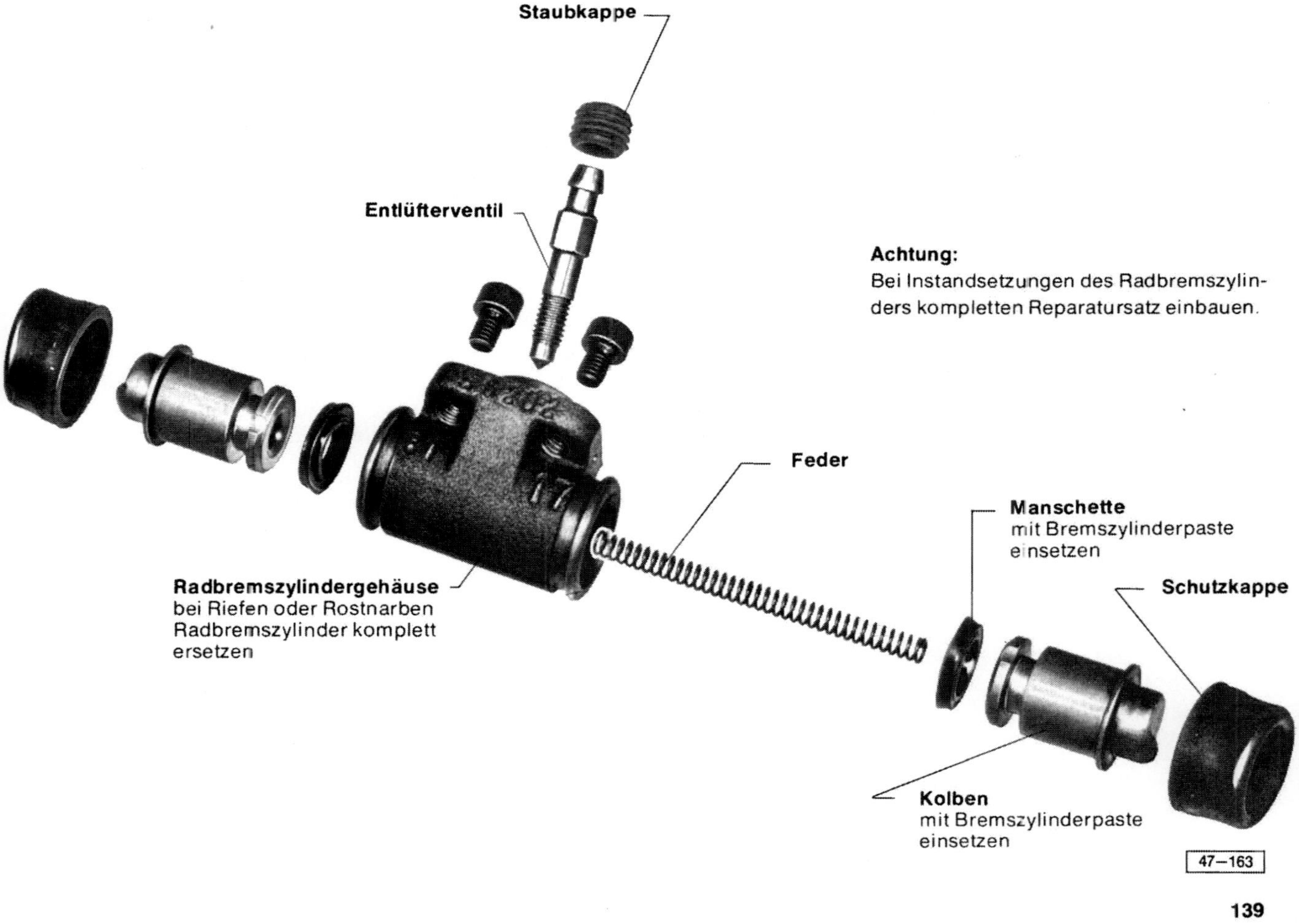

Achtung:
Bei Instandsetzungen des Radbremszylinders kompletten Reparatursatz einbauen.

Radbremszylinder aus- und einbauen

Ausbau

- Bremstrommel ausbauen, siehe Seite 116.
- Bremsleitung am Radbremszylinder lösen.
- Befestigungsschrauben für Radbremszylinder herausdrehen.
- Bremsbacken mit 2 Schraubenziehern etwas nach außen drücken und Radbremszylinder herausnehmen.

Einbau

- Bremsbacken mit Schraubenziehern zurückdrücken, Radbremszylinder einsetzen, Befestigungsschrauben für Radbremszylinder festschrauben.
- Bremsleitung in den Radbremszylinder schrauben.
- Bremstrommel einbauen, siehe Seite 116.
- Bremse einstellen.
- Bremse entlüften.

Bremsanlage entlüften

Nach jeder Reparatur an der Bremse, bei der die Anlage geöffnet wurde, kann Luft in die Druckleitungen eingedrungen sein. Dann ist das Bremssystem zu entlüften. Luft ist auch dann in den Leitungen, wenn beim Treten auf das Bremspedal der Bremsdruck sich schwammig anfühlt. In diesem Fall muß die Undichtigkeit beseitigt und die Bremsanlage entlüftet werden.

Die Bremsanlage wird durch Pumpen mit dem Bremspedal entlüftet, dazu ist eine zweite Person notwendig.

Beim Umgang mit Bremsflüssigkeit ist folgendes zu beachten:

- Bremsflüssigkeit ist giftig und ätzend. Sie darf deshalb nicht mit dem Autolack in Berührung kommen.
- Bremsflüssigkeit unter keinen Umständen mit dem Mund absaugen.
- Bremsflüssigkeit ist hygroskopisch, das heißt, sie nimmt aus der Luft Feuchtigkeit auf. Bremsflüssigkeit deshalb nur in geschlossenen Behältern aufbewahren.
- Bremsflüssigkeit, die schon einmal im Bremssystem verwendet wurde, darf nicht wieder verwendet werden. Auch beim Entlüften der Bremsanlage nur neue Original-VW/Audi-Bremsflüssigkeit verwenden.
- Die Bremsflüssigkeit in der Anlage soll alle zwei Jahre gewechselt werden.

Entlüften

Muß die ganze Anlage entlüftet werden, jeden Radbremszylinder (bzw. Schwimmrahmensattel) einzeln entlüften.

Die Reihenfolge der Entlüftung: 1. Radbremszylinder hinten rechts, 2. Radbremszylinder hinten links, 3. Schwimmrahmensattel vorn rechts, 4. Schwimmrahmensattel vorn links.

- Staubkappe vom Entlüfterventil des Bremszylinders abnehmen, sauberen Schlauch aufstecken, anderes Schlauchende in eine mit Bremsflüssigkeit halbvoll gefüllte Flasche stecken.
- Von einer Hilfsperson Bremspedal so oft niedertreten lassen („pumpen"), bis sich im Bremssystem Druck aufgebaut hat. Zu spüren am wachsenden Widerstand beim Betätigen des Pedals.
- Ist genügend Druck vorhanden, Bremspedal ganz durchtreten. Fuß auf dem Bremspedal halten.
- Entlüfterventil am Bremszylinder etwa eine halbe Umdrehung mit Maulschlüssel öffnen. Ausfließende Bremsflüssigkeit in der Flasche sammeln. Darauf achten, daß sich das Schlauchende in der Flasche ständig unterhalb des Flüssigkeitsspiegels befindet.
- Sobald der Flüssigkeitsdruck nachläßt, sofort Entlüfterventil schließen.
- Pumpvorgang wiederholen, bis sich Druck aufgebaut hat. Bremspedal niedertreten, Fuß auf dem Bremspedal lassen, Entlüfterschraube öffnen, bis der Druck nachläßt, Entlüfterschraube schließen.
- Entlüftungsvorgang an einem Bremszylinder so lange wiederholen, bis sich in der Bremsflüssigkeit, die in die Entlüfterflasche strömt, keine Luftblasen mehr zeigen.
- Nach dem Entlüften Schlauch von Entlüfterschraube abziehen, Staubkappe auf Ventil stecken.
- Die anderen Radbremszylinder auf die gleiche Weise entlüften.

Achtung: Während des Entlüftens ab und zu den Ausgleichbehälter beobachten. Der Flüssigkeitsspiegel darf nicht zu weit absinken, sonst wird über den Ausgleichbehälter Luft angesaugt. Immer nur neue Bremsflüssigkeit nachgießen!

- Nach dem Entlüften ist der Ausgleichbehälter bis zur Markierung „max." aufzufüllen.

Bremsflüssigkeit nachfüllen

Der Vorratsbehälter für die Bremsflüssigkeit befindet sich im Motorraum. Er hat zwei Kammern, je eine für jeden Bremskreis. Der Schraubverschluß hat eine Belüftungsbohrung, die nicht verstopft sein darf.

Der Vorratsbehälter ist durchscheinend, so daß der Bremsflüssigkeitsstand jederzeit von außen überwacht werden kann. Der Flüssigkeitsstand soll immer zwischen der „min"-Markierung und der umlaufenden Kante liegen. Nur neue Original-Audi/VW-Bremsflüssigkeit nachfüllen.

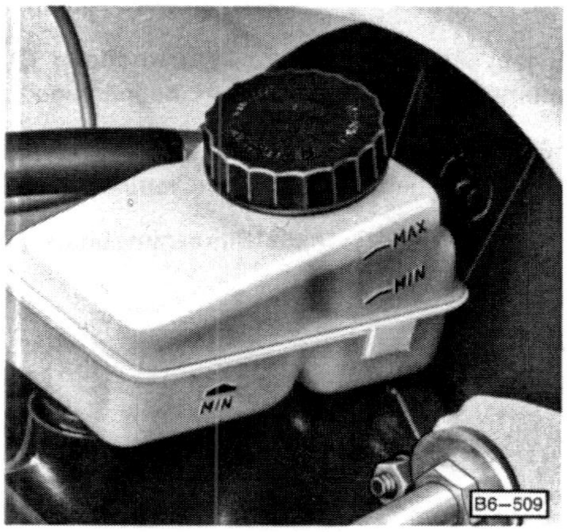

- Durch die Abnutzung der vorderen Scheibenbremsen entsteht ein geringfügiges Absinken der Bremsflüssigkeit. Das ist normal.
- Sinkt die Bremsflüssigkeit jedoch innerhalb kurzer Zeit stark ab, ist das ein Zeichen für Bremsflüssigkeitsverlust.
- Die Leckstelle muß dann sofort ausfindig gemacht werden. In der Regel liegt der Flüssigkeitsverlust an verschlissenen Manschetten in den Radbremszylindern. Sicherheitshalber sollte die Überprüfung der Anlage von einer Fachwerkstatt durchgeführt werden.

Bremsleitungen auswechseln

Die Bremsleitungen sollen etwa alle 7500 km auf einwandfreien Zustand geprüft werden.

Hierbei ist vor allem auf Rostansatz und mechanische Beschädigungen sowie auf Steinschlag zu achten.

- Beschädigte Bremsleitungen vorsorglich ersetzen, da die gefährdete Stelle bei einer Gewaltbremsung platzen kann.
- Bremsleitungen ausbauen und möglichst an gleicher Stelle verlegen.
- Beim Anschließen der Bremsleitung die kegelige Anlagefläche mit einigen Tropfen Bremsflüssigkeit benetzen und mit 15–20 Nm (1,5–2,0 mkg) festziehen.
- Anschließend Bremssystem entlüften.

Bremsleitungen und Bremsschläuche

Für das Bremsleitungssystem, das zusammen mit den druckfesten Bremsschläuchen für die Räder die Verbindung vom Hauptbremszylinder zu den vier Radbremsen herstellt, werden Rohre verwendet.

Die Rohrverbindungen zu den Bremszylindern und Verteilerstücken sind als sogenannte Kegelkupplungen ausgebildet.

Die Rohrenden sind vorn gestaucht und haben dann eine kegelförmige Anlagefläche für die ebenfalls mit einem kegeligen Grund versehenen Gewindeöffnungen in dem Bremszylinder bzw. den Verteilerstücken. Bevor die Rohrenden gestaucht werden, wird eine Rohrmutter auf das Rohr gesteckt, die dann später nach dem Einschrauben die kegelige Anlagefläche des Rohres gegen den kegeligen Grund der Gewindeöffnung drückt und damit zuverlässig abdichtet.

Die Bremsschläuche stellen die flexiblen Verbindungen zwischen den starren und beweglichen Fahrzeugteilen her.

Achtung: Die Bremsleitungen sind zum Schutz gegen Korrosion mit einer Kunststoffschicht überzogen. Wird diese Schutzschicht beschädigt, kann es zur Korrosion der Leitungen kommen. Aus diesem Grund dürfen Bremsleitungen nicht mit Drahtbürste, Schmirgelleinen oder Schraubenzieher gereinigt werden.

Bremsschlauch auswechseln

- Rad abnehmen.
- Rohranschlußmutter lösen und Schlauchhalter am Haltewinkel entfernen.
- Bremsschlauch vom Schwimmrahmensattel lösen.
- Neuen Bremsschlauch so einbauen, daß er ohne Druck durchhängt (Anzugsdrehmoment 15–20 Nm (1,5–2,0 mkg).
- Nach dem Einbau bei entlastetem Rad prüfen (Wagen angehoben), ob der Schlauch allen Radbewegungen folgt, ohne irgendwo anzuscheuern.

Achtung: Bremsschläuche nicht mit Öl oder Petroleum in Berührung bringen, nicht lackieren oder mit Unterbodenschutz besprühen.

- Bremse entlüften.

Die Handbremse

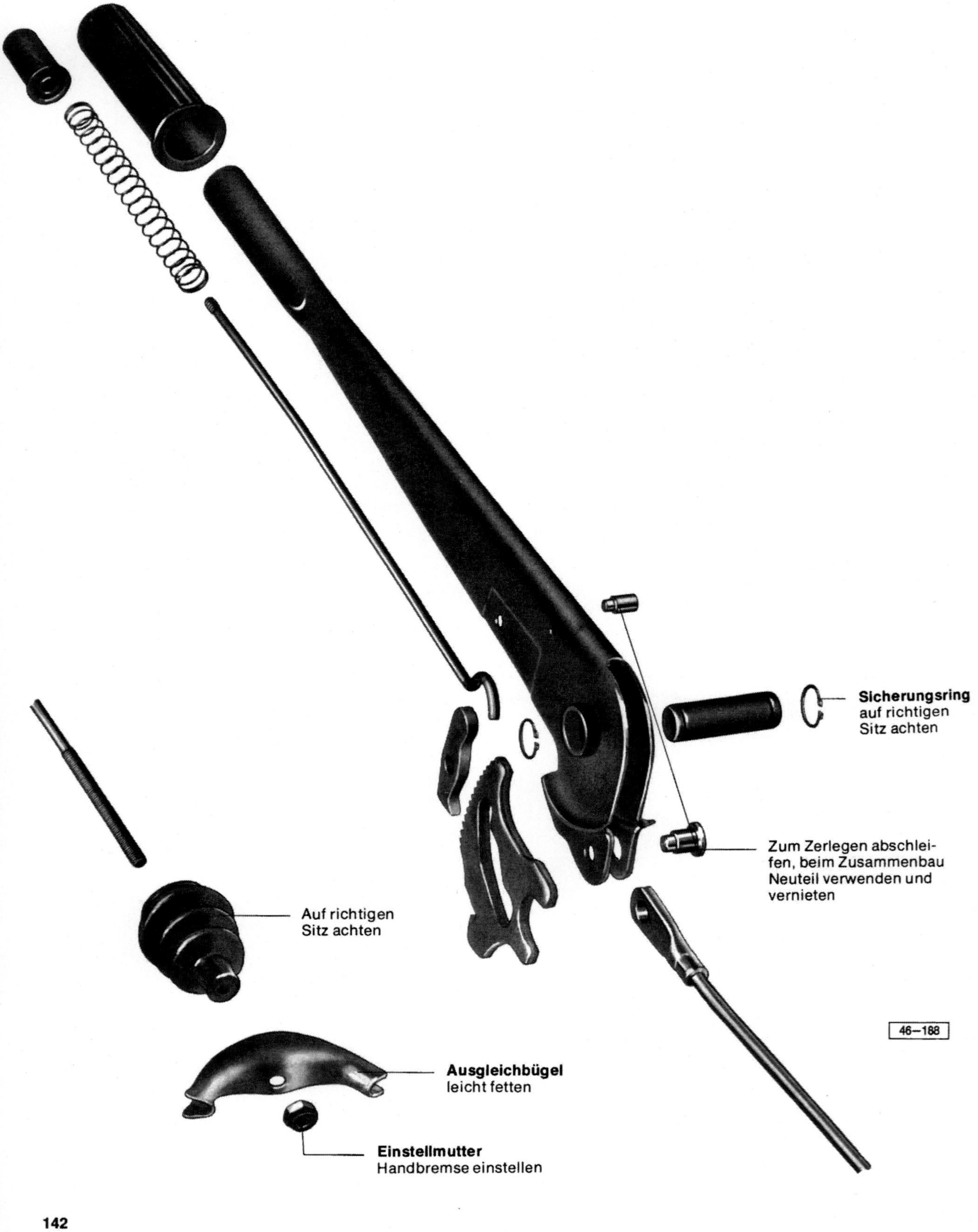

Handbremsseil aus- und einbauen

Ausbau

- Wagen hinten aufbocken.
- Bremsbacken an der Hinterradbremse ausbauen.
- Handbremseinstellmutter am Ausgleichbügel abschrauben, Handbremsseil aushängen und herausnehmen.

Einbau

- Handbremsseil in die Bremshebel der Bremsbacken einhängen, Hinterradbremse komplettieren.
- Handbremsseil in Ausgleichbügel einhängen, Sechskantmutter leicht aufschrauben.
- Handbremse einstellen.

Handbremse einstellen

- Wagen hinten aufbocken.

Achtung: Bei Fahrzeugen mit automatischer Nachstellung der Hinterradbremse muß die Handbremse nur nach dem Auswechseln des Handbremshebels beziehungsweise der Handbremsseile nachgestellt werden.

- Hinterradbremsen einstellen, beziehungsweise bei Bremse mit automatischer Nachstellung Fußbremse einmal kräftig durchtreten.
- Handbremse Modelljahr 1977: Handbremshebel 4 Zähne anziehen.
- Handbremse ab Modelljahr 1978: Handbremshebel **1 Zahn** anziehen, bei Hinterradbremse mit automatischer Nachstellung Handbremshebel **3 Zähne** anziehen.

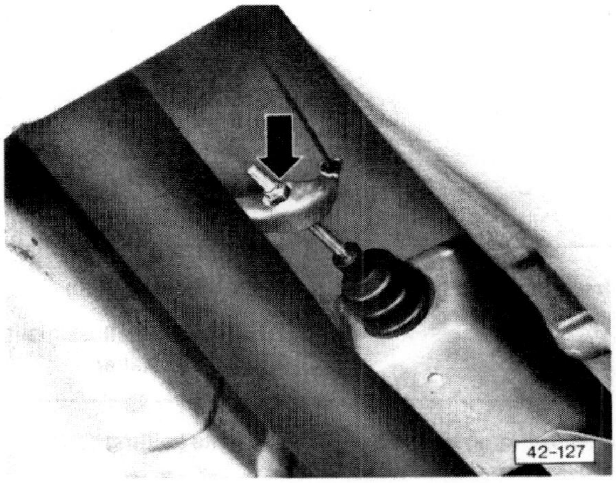
42-127

- Nachstellmutter am Ausgleichbügel so weit anziehen, bis sich beide Räder schwer von Hand durchdrehen lassen.
- Handbremshebel lösen und prüfen, ob beide Räder frei durchdrehen. Falls nicht, Handbremseinstellung etwas lösen.

Achtung: Es darf auf keinen Fall die Handbremse vor dem Einstellen der Hinterradbremse eingestellt werden.

Störungstabelle Bremse

Störung	Ursache	Abhilfe
Leerweg des Bremspedals zu groß	Bremsbacken teilweise oder völlig abgenutzt	■ Bremsbeläge nachstellen oder Beläge erneuern
	Ein Bremskreis ausgefallen	■ Bremskreise auf Flüssigkeitsverlust prüfen
	Speziell bei Scheibenbremse: Lüftspiel der Bremsbeläge zu groß (nur bei neuen Bremssätteln bzw. nach längerem Stillstand des Wagens möglich)	■ Bremsbeläge ausbauen. Etwas dünnere Beläge einsetzen. Am Bremspedal pumpen, hierdurch Kolben herausdrücken. Dann Kolben mit Rücksetzvorrichtung zurückdrücken. Bremsanlage wieder einbauen
Bremspedal läßt sich weit und federnd durchtreten	Luft im Bremssystem	■ Bremse entlüften
	Zu wenig Bremsflüssigkeit im Ausgleichbehälter	■ Neue Original-VW/Audi-Bremsflüssigkeit nachfüllen, Bremse entlüften
Bremswirkung läßt nach, und Bremspedal läßt sich durchtreten	Undichte Leitung	■ Leitungsanschlüsse nachziehen oder Leitung erneuern
	Beschädigte Manschette im Haupt- oder Radbremszylinder	■ Manschette erneuern. Beim Hauptbremszylinder Innenteile ersetzen
	Speziell bei Scheibenbremse: Stationärer Gummidichtring beschädigt	■ Bremssattel überholen
Schlechte Bremswirkung trotz hohen Fußdrucks	Bremsbeläge verölt	■ Bremsbeläge erneuern
	Ungeeigneter Bremsbelag	■ Beläge erneuern. Original-VW/Audi-Beläge verwenden
	Speziell bei Scheibenbremse: Bremsbeläge abgenutzt. Belagplatten stehen an der Spreizfeder an	■ Bremsbeläge erneuern
Bremse zieht einseitig	Unvorschriftsmäßiger Reifendruck, Bereifung ungleichmäßig abgefahren	■ Reifendruck prüfen und berichtigen Abgefahrene Reifen ersetzen
	Bremsbeläge verölt	■ Bremsbeläge erneuern
	Verschiedene Bremsbelagsorten auf einer Achse	■ Beläge erneuern. Original-VW/Audi-Beläge verwenden
	Schlechtes Tragbild der Bremsbeläge	■ Bremsbeläge austauschen

Störung	Ursache	Abhilfe
Bremse zieht einseitig	**Speziell bei Scheibenbremse:**	
	Verschmutzte Bremssattelschächte	■ Sitz- und Führungsflächen der Bremsbeläge im Bremssattel reinigen
	Korrosion in den Bremssattelzylindern	■ Bremssattel erneuern
	Bremsbelag ungleichmäßig verschlissen	■ Bremsbeläge erneuern (beide Räder)
	Speziell bei Trommelbremse:	
	Kolben in den Radbremszylindern schwergängig	■ Radbremszylinder instandsetzen
Bremse zieht von selbst an	Ausgleichsbohrung im Hauptbremszylinder verstopft	■ Hauptbremszylinder reinigen und Innenteile erneuern lassen
	Spiel zwischen Betätigungsstange und Hauptbremszylinderkolben zu gering	■ Spiel prüfen
Bremsen erhitzen sich während der Fahrt	Ausgleichsbohrung im Hauptbremszylinder verstopft	■ Hauptbremszylinder reinigen und Innenteile erneuern lassen
	Spiel zwischen Betätigungsstange und Hauptbremszylinder zu gering	■ Spiel prüfen
	Speziell bei Scheibenbremse:	
	Drosselbohrung im Spezial-Bodenventil verstopft	■ Hauptbremszylinder reinigen, Innenteile ersetzen und Bremsflüssigkeit erneuern
	Speziell bei Trommelbremse:	
	Bremsbacken-Rückzugfedern erlahmt	■ Rückzugfeder erneuern
Bremsen rattern	Ungeeigneter Bremsbelag	■ Beläge erneuern. Original-VW/Audi-Beläge verwenden
	Speziell bei Scheibenbremse:	
	Radlagerspiel zu groß	■ Spiel richtig einstellen
	Bremsscheibe stellenweise korrodiert	■ Scheibe mit Schleifklötzen sorgfältig glätten
	Bremsscheibe hat Seitenschlag	■ Scheibe nacharbeiten oder ersetzen
	Speziell bei Trommelbremse:	
	Bremsbeläge verschlissen, Nieten stehen vor	■ Beläge erneuern. Original-VW/Audi-Beläge verwenden
	Bremstrommel unrund	■ Bremstrommel ausdrehen, gegebenenfalls ersetzen
Bremsbeläge lösen sich nicht von der Bremsscheibe	**Speziell bei Scheibenbremse:**	
	Korrosion in den Bremssattelzylindern	■ Bremssattel überholen, eventuell austauschen
Bremse quietscht	Oft auf atmosphärische Einflüsse (Luftfeuchtigkeit) zurückzuführen	■ Keine Abhilfe erforderlich, und zwar dann wenn Quietschen nach längerem Stillstand des Wagens bei hoher Luftfeuchtigkeit auftrat, aber nach den ersten Bremsungen sich nicht wiederholt

Störung	Ursache	Abhilfe
Bremse quietscht	**Speziell bei Scheibenbremse:**	
	Ungeeigneter Bremsbelag	■ Beläge erneuern. Original-VW/Audi-Beläge verwenden
	Bremsscheibe läuft nicht parallel zum Bremssattel	■ Anlagefläche des Bremssattels prüfen
	Verschmutzte Schächte im Bremssattel	■ Bremssattelschächte reinigen
	Kolbenstellung falsch	■ 20°-Kolbenstellung prüfen
	Spreizfedern ausgeleiert	■ Spreizfedern erneuern
	Speziell bei Trommelbremse:	
	Ungeeigneter Bremsbelag	■ Beläge erneuern
	Lose Belagniete, Belag liegt nicht satt auf	■ Beläge erneuern
	Bremse verschmutzt	■ Radbremsen reinigen
	Rückzugfedern zu schwach	■ Rückzugfedern erneuern
Ungleichmäßiger Belag-Verschleiß	**Speziell bei Scheibenbremse:**	
	Ungeeigneter Bremsbelag	■ Belag erneuern, Original-VW/Audi-Belag verwenden
	Bremssattel verschmutzt	■ Bremssattelschächte reinigen
	Kolben verdreht	■ 20°-Kolbenstellung prüfen
	Kolben nicht leichtgängig	■ Kolbenstellung (Kolbenring) prüfen
	Bremssystem undicht	■ Bremssystem auf Dichtigkeit prüfen
Keilförmiger Bremsbelag-Verschleiß	**Speziell bei Scheibenbremse:**	
	Bremsscheibe läuft nicht parallel zum Bremssattel	■ Anlagefläche des Bremssattels prüfen
	Kolben verdreht	■ 20°-Kolbenstellung prüfen
	Korrosion in den Bremssätteln	■ Verschmutzung beseitigen
	Kolben arbeitet nicht richtig	■ Kolbennachstellung (Kolbenring) prüfen
Bremse pulsiert	**Speziell bei Scheibenbremse:**	
	Radlagerspiel zu groß	■ Radlager auswechseln.
	Seitenschlag oder Dickentoleranz der Bremsscheibe zu groß	■ Schlag und Toleranz prüfen. Scheibe nacharbeiten oder ersetzen
	Bremsscheibe läuft nicht parallel zum Bremssattel	■ Anlagefläche des Bremssattels prüfen
	Speziell bei Trommelbremse:	
	Bremstrommeln durch ungleichmäßiges Anziehen der Radschrauben verzogen	■ Radschrauben mit vorgeschriebenem Drehmoment anziehen
	Anlagefläche des Scheibenrades an der Bremstrommel nicht plan, dadurch Verzug der Bremstrommel	■ Es kann versucht werden, die Scheibenräder untereinander auszutauschen. Besser: Bremstrommel mit angeschraubtem Rad auf einer geeigneten Drehbank ausdrehen

Räder und Reifen

Der Audi 100 ist je nach Modell und Ausstattung mit unterschiedlichen Reifen- und Felgengrößen ausgestattet.

Alle Scheibenräder haben eine Einpreßtiefe von 48 mm. Die Einpreßtiefe ist das Maß von der Felgenmitte bis zur Anlagefläche der Radschüssel an die Bremstrommel bzw. Bremsscheibe.

Alle Scheibenräder sind als sogenannte Hump-Felgen ausgestattet. Der Hump ist ein in die Felgenschulter eingepreßter Wulst, der auch bei extrem scharfer Kurvenfahrt nicht zuläßt, daß der schlauchlose Reifen von der Felge gedrückt wird.

Achtung: Die Radschrauben für die Stahlscheibenräder und Leichtmetallscheibenräder haben eine unterschiedliche Länge. Werden mit den langen Radschrauben für die Leichtmetallfelgen Stahlscheibenräder befestigt, kommt es zu Beschädigungen an der Hinterrad-Bremse. Seit August 1979 werden Leichtmetallräder mit geänderter Kalottenausführung verwendet (ET.-Nr. 431 601 025 K). Aufgrund der geänderten Kalottenausführung darf das neue Scheibenrad nur mit der Radschraube Et.-Nr. 431 601 193 A befestigt werden. Die neue Radschraube auf keinen Fall für die Befestigung von Stahlscheibenrädern sowie Leichtmetallscheibenrädern bisheriger Ausführung verwenden. Das Anzugsmoment beträgt für alle Radschrauben 110 Nm (11,0 mkg).

Reifen-Scheibenrad-Abmessungen

Modell	**Serienausstattung**		**Mehrausstattung**	
	Reifengröße	Scheibenrad	Reifengröße	Scheibenrad
Audi 100 1,6 l / 2,0 l	165 SR 14	5 1/2 J X 14	185/70 HR 14	6 J x 14
Audi 100 2,2 l	185/70 HR 14	5 1/2 J x 14	185/70 HR 14	6 J x 14

Störungstabelle Reifen

Abnutzung	**Ursache**
Stärkerer Reifenverschleiß auf beiden Seiten der Lauffläche	Zu niedriger Luftdruck
Stärkerer Reifenverschleiß in der Mitte der Lauffläche, über den gesamten Umfang	Zu hoher Luftdruck
Auswaschungen der Profilseite	Statische und dynamische Unwucht des Rades. Eventuell zu großer Seitenschlag der Felge, zu großes Spiel im Radlager oder in den Traggelenken
Auswaschungen in der Mitte des Reifenprofils	Statische Unwucht des Rades. Eventuell Folge von zu großem Höhenschlag
Starke Abnutzung an einzelnen Stellen in der Mitte der Lauffläche	Blockierspuren von Vollbremsungen. Eventuell unrunde Bremstrommel, die ein Blockieren bei stets derselben Radstellung begünstigt
Schuppenförmige oder sägezahnähnliche Abnutzung des Profils. In krassen Fällen mit Gewebebrüchen verbunden, die nach einiger Zeit nach außen sichtbar werden	Überbelastung des Wagens. Innenseite der Reifen auf Gewebebrüche untersuchen!
Gummizungen an den seitlichen Profilkanten	Fehlerhafte Radeinstellung. Reifen radiert. Bei Hinterrädern auch Zustand der Stoßdämpfer prüfen!
Gratbildung an einer Profilseite des Vorderrades	Falsche Radeinstellung. Reifen radiert. Häufiges Fahren auf stark gewölbter Fahrbahn. Schnelle Kurvenfahrt
Stoßbrüche im Reifenunterbau. Anfangs nur im Inneren des Reifens sichtbar	Überfahren von kantigen Steinen, Schienenstößen und ähnlichem bei hohen Geschwindigkeiten

Auswuchten der Räder

Die serienmäßigen Räder werden im Werk ausgewuchtet. Das Auswuchten ist notwendig, um unterschiedliche Gewichtsverteilung und Materialungenauigkeiten auszugleichen.

Unwuchterscheinungen können mit der Zeit Achslagerschäden hervorrufen, außerdem kann es zum Aufschwingen der ganzen Karosserie kommen. Das macht sich vor allem durch eine Unruhe am Lenkrad bemerkbar. Die Räder grundsätzlich alle 15000 km und nach jeder Reifenreparatur auswuchten lassen, da sich durch Abnutzung und Reparatur die Gewichts- und Materialverteilung am Reifen ändert.

Reifenverschleiß

Die Reifen ausgewuchteter Räder nutzen sich bei gewissenhaftem Einhalten des vorgeschriebenen Luftdrucks und bei fehlerfreier Radeinstellung und Stoßdämpferfunktion auf der gesamten Lauffläche annähernd gleichmäßig ab. Im übrigen läßt sich keine generelle Aussage über die Lebensdauer bestimmter Reifenfabrikate machen, denn die Lebensdauer hängt von sehr unterschiedlichen Faktoren ab.

- Fahrbahnoberfläche
- Reifenluftdruck
- Fahrweise
- Witterung

Vor allem sportliche Fahrweise, scharfes Anfahren und starkes Bremsen fördern den schnellen Reifenverschleiß.

Achtung: Die Rechtsprechung verlangt, daß Reifen lediglich bis zu einer Profiltiefe von 1 mm abgefahren werden dürfen, und zwar müssen die Profilrillen auf der gesamten Lauffläche noch mindestens 1 mm Tiefe aufweisen.

Ungewöhnlicher Reifenverschleiß

Ungleichmäßiger Reifenverschleiß ist zumeist die Folge zu geringen oder zu hohen Luftdrucks und kann auf Fehler in der Radeinstellung oder Radauswuchtung sowie auf mangelhafte Stoßdämpfer, Felgen oder Bremstrommeln zurückzuführen sein.

In erster Linie ist auf vorschriftsmäßigen Luftdruck zu achten, wobei spätestens alle vier Wochen eine Prüfung vorgenommen werden sollte.

Achtung: Luftdruck nur bei kühlen Reifen prüfen. Der Luftdruck steigt nämlich mit zunehmender Erhitzung bei schneller Fahrt an. Dennoch ist es völlig falsch, aus erhitzten Reifen Luft abzulassen.

Bei zu hohem Luftdruck wird die Laufflächenmitte mehr abgenutzt, da der Reifen an der Lauffläche durch den hohen Innendruck mehr gewölbt ist.

Bei zu niedrigem Luftdruck liegt die Lauffläche an den Reifenschultern stärker auf, und die Laufflächenmitte wölbt sich nach innen durch – dadurch stärkerer Reifenverschleiß der Reifenschultern.

Falsche Radeinstellung und Unwucht ergeben jeweils typische Reifenverschleißbilder, auf die in der Reifenverschleißtabelle hingewiesen wird.

Der richtige Reifen-Luftdruck

Reifen-größe	Motor	bar			
		halbe Zul.		volle Zul.	
		vorn	hinten	vorn	hinten
165 R 14 185/70 R 14	1,8 l-Benzin (4-Zylinder)	1,8 1,7	1,8 1,7	1,9 1,8	2,2 2,1
165 R 14 185/70 R 14	1,9 l-Benzin (5-Zylinder)	2,2 2,1	2,0 1,9	2,4 2,3	2,2 2,1
185/70 R 14	2,2 l-Benzin (5-Zylinder)	2,3	2,0	2,6	2,3
185/70 R 14	2,0 l-Diesel (5-Zylinder)	2,2	1,9	2,4	2,1

Bei Winterreifen ist der Reifenluftdruck um 0,2 bar (atü) zu erhöhen

Austauschen der Räder

Es ist nicht ratsam, Räder ohne zwingenden Grund zu wechseln, da bei häufigem An- und Abschrauben der Räder (in der Praxis zumeist ohne Drehmomentschlüssel und somit ohne Gewähr für gleichmäßig festes Anziehen der Schraubenbolzen) Verspannungen der Bremstrommeln auftreten können. Ich empfehle, den Wagen so lange zu fahren, bis sich die vorderen Räder der Verschleißgrenze nähern. Dann:

- Vorn zwei neue Reifen aufziehen bzw. Ersatzrad montieren und einen neuen Reifen aufziehen;
- hinten die besten alten Reifen montieren (unter Beibehaltung der bisherigen Drehrichtung).

Es ist nicht zweckmäßig, bei einem Austausch der Räder die Drehrichtung der Reifen zu ändern, da sich die Reifen nur unter vorübergehend stärkerem Verschleiß der veränderten Drehrichtung anpassen.

Achtung: Das Anzugsmoment beträgt für alle Schrauben 110 Nm (11,0 mkg).

Schneeketten

Da die Winterreifen mit Spikes verboten wurden und die neuen Haftreifen nicht das bieten können, was die Spikereifen boten, kommt der Schneekette für den Winterbetrieb wieder größere Bedeutung zu. Auf allen Modellen dürfen nur feingliedrige Schneeketten verwendet werden, die auf der Reifenfläche und an der Reifeninnenseite nicht mehr als 15 mm auftragen. Es empfiehlt sich, nur die von VW/Audi empfohlenen Ketten zu verwenden. Diese Ketten sind geprüft und entsprechen den VW/Audi-Forderungen. Mit Schneeketten darf nicht schneller alls 50 km/h gefahren werden. Auf schnee- und eisfreien Straßen sind die Schneeketten abzunehmen, da sie sonst sehr schnell verschleißen.

Die Karosserie

Die Karosserie des Audi 100 ist selbsttragend. Bodengruppe, Seitenteile, Dach und die hinteren Kotflügel sind miteinander verschweißt. Größere Karosserieschäden lassen sich deshalb nur von einer Fachwerkstatt reparieren. Motordeckel, Kofferhaube, Türen und die vorderen Kotflügel sind abschraubbar und lassen sich leicht auswechseln.

Stoßstange vorn aus- und einbauen

Ausbau

- An den Stoßstangenecken Kunststoffstopfen heraushebeln und Kreuzschlitzschrauben herausdrehen. Kunststoffecken abnehmen.
- Von unten vorn im Bereich der Stoßstangenhalter links und rechts je eine Kreuzschlitzschraube herausdrehen.
- Gummiprofil für Stoßfänger abziehen. Hierzu die Klammern von unten innen im Stoßfänger mit Schraubenzieher zusammendrücken.
- 2 Schrauben von vorn aus Stoßfänger herausdrehen, Stoßfänger abnehmen.

Einbau

- Stoßstange ansetzen und mit insgesamt 4 Schrauben befestigen.
- Gummileiste auf Stoßfänger drücken.
- Stoßstangenecken seitlich andrücken und anschrauben. Kunststoffstopfen in Schraubenausbuchtung einsetzen.

Kotflügel vorn aus- und einbauen

Ausbau

- Radschrauben lösen, Wagen vorn aufbocken, Rad abnehmen.
- Stoßstange ausbauen.
- Scheinwerfer ausbauen, siehe Seite 187.
- Falls vorhanden, Antenne abschrauben.
- Von unten – oben im Bereich der Scharniersäule – Plastikabdeckung abschrauben.

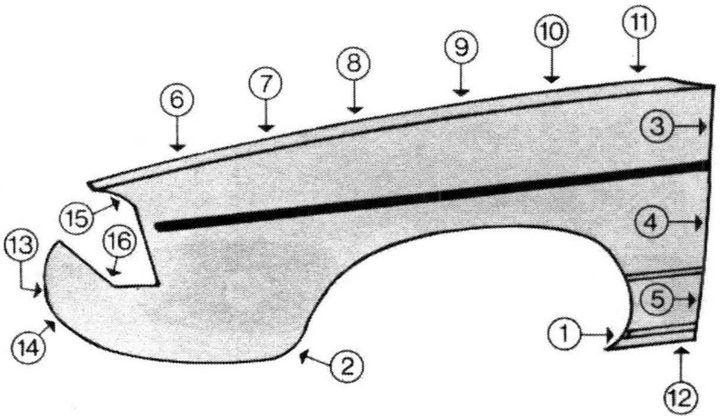

- Mutter (1) für Zierleiste vom Radhaus her abschrauben, Zierleiste vorsichtig mit Schraubenzieher abhebeln und von Hand abziehen.
- 3 Schrauben (3, 4, 5) hinten im Radhaus herausschrauben.
- 1 Schraube (12) von außen, unten im Bereich der Scharniersäule und Schraube (2) vorn im Radhaus, herausdrehen.
- Motorhaube öffnen und 6 Schrauben (6 bis 11) herausdrehen.
- Im Radhaus vorn an der Verbindung zum Frontblech 2 Schrauben (13, 14) herausdrehen.
- Zwei Schrauben (15, 16) im Bereich des Lampenausschnittes herausdrehen.
- Kotflügel beim Herausnehmen durch seitliches Hin- und Herbewegen mit einem Schraubenzieher von der Karosserie lösen.

Einbau

- Kotflügelanlagefläche mit Dichtungsband D 19 belegen.
- Kotflügel ansetzen und Schrauben gemäß Zeichnung einschrauben.
- Nach Einbau Fugen im Radhaus – Karosserie/Kotflügel – mit Unterbodenschutz besprühen.
- Falls vorhanden, Antenne einbauen.
- Plastikabdeckung von unten mit 2 Schrauben befestigen.
- Zierleiste aufdrücken und im Radhaus mit Mutter festschrauben.
- Scheinwerfer einbauen, siehe Seite 187.
- Rad anschrauben, Wagen ablassen.
- Radschrauben mit 110 Nm (11,0 mkg) festziehen.

Türgriff aus- und einbauen

Ausbau

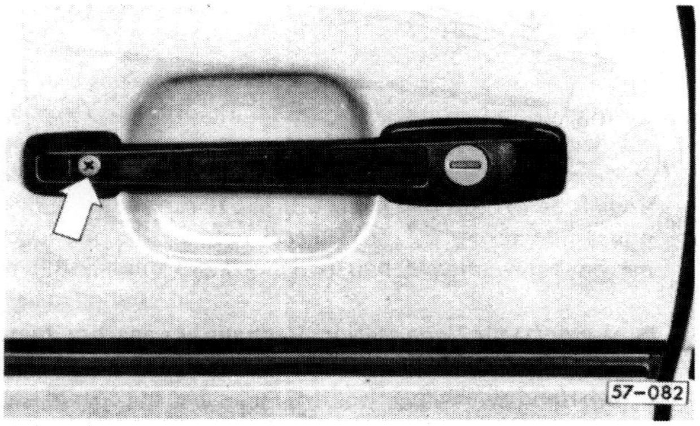

- Abdeckung von Türgriff vorsichtig abhebeln.
- Kreuzschlitzschraube herausdrehen.

- Tür öffnen, Kreuzschlitzschraube (Pfeil) an Türschloßseite herausschrauben.

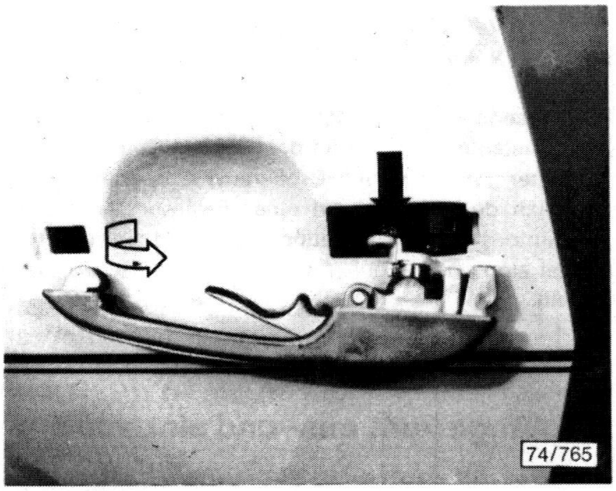

- Türaußengriff nach vorn schieben, eventuell mit Hammerstiel nach vorn stoßen.
- Verbindungsstange am Türgriff (Pfeil) aushängen, Griff herausnehmen.

Einbau

- Verbindungsstange am Türgriff einhängen, Türgriff in Öffnung stecken und nach hinten schieben.
- Kreuzschlitzschraube an Türschloßseite und vorn am Türgriff einschrauben.
- Abdeckung auf Türgriff aufdrücken.

Tür vorn

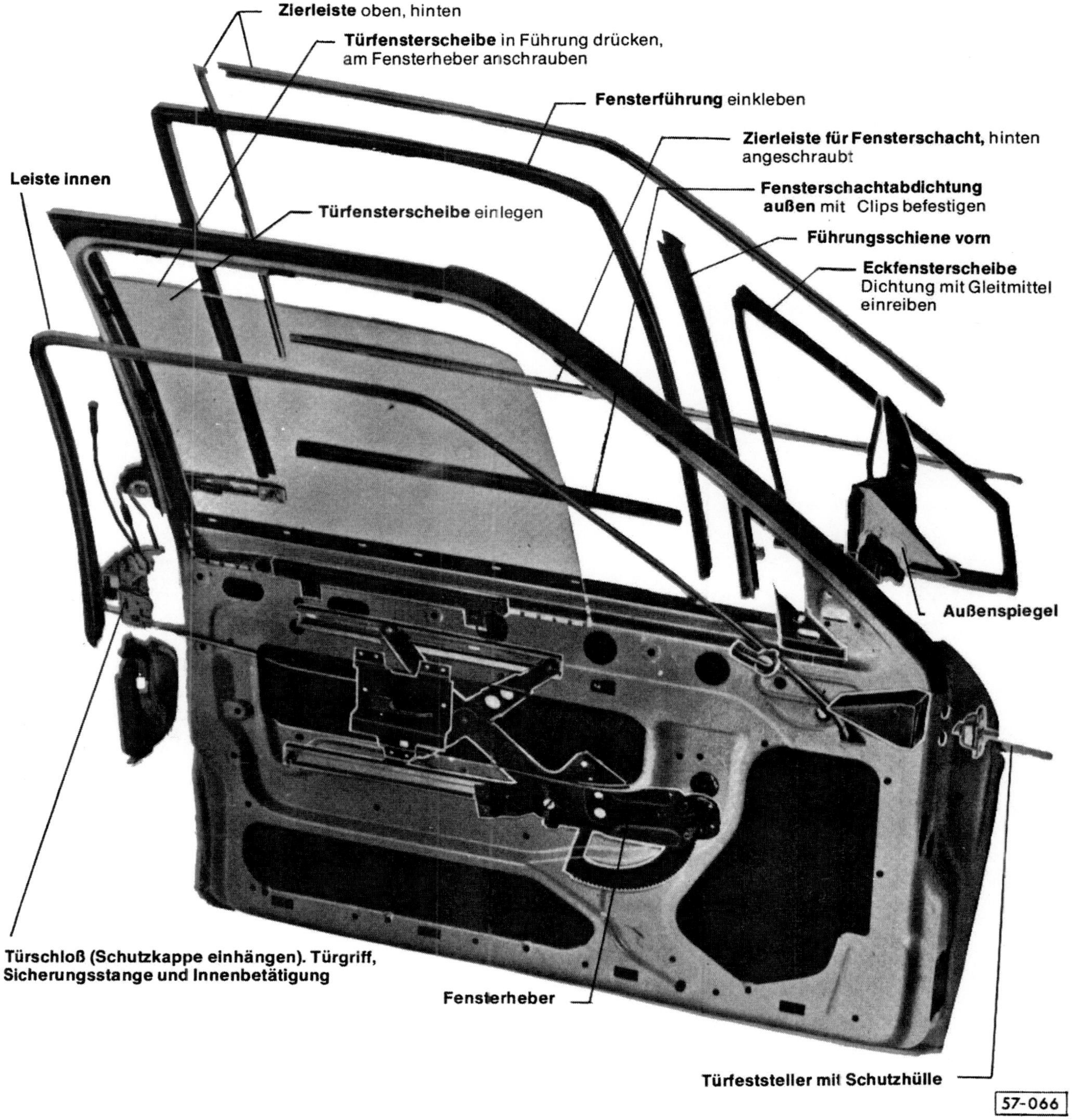

Zierleiste oben, hinten
Türfensterscheibe in Führung drücken, am Fensterheber anschrauben
Fensterführung einkleben
Zierleiste für Fensterschacht, hinten angeschraubt
Leiste innen
Fensterschachtabdichtung außen mit Clips befestigen
Türfensterscheibe einlegen
Führungsschiene vorn
Eckfensterscheibe Dichtung mit Gleitmittel einreiben
Außenspiegel
Türschloß (Schutzkappe einhängen). Türgriff, Sicherungsstange und Innenbetätigung
Fensterheber
Türfeststeller mit Schutzhülle
57-066

Tür hinten

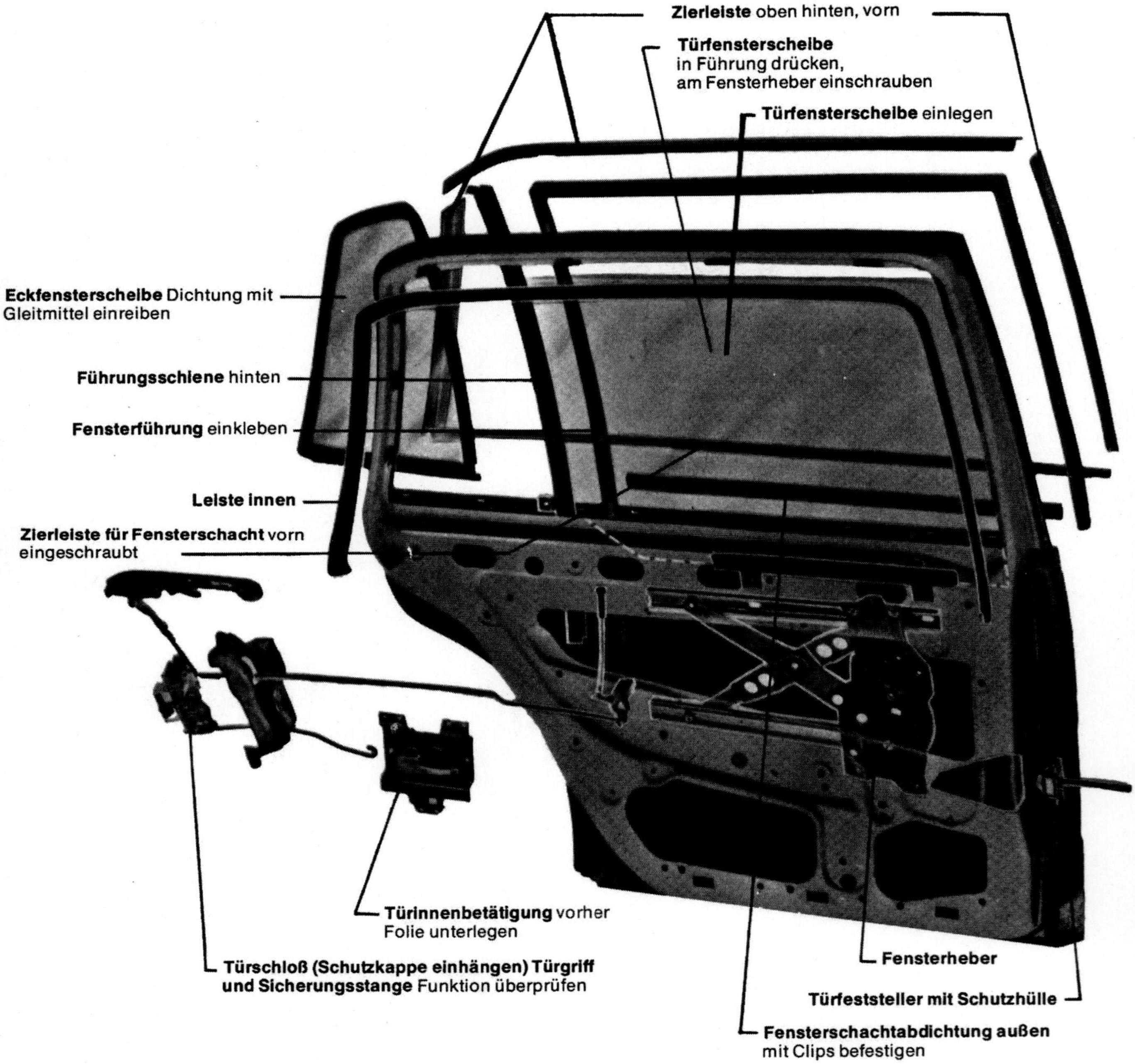
Zierleiste oben hinten, vorn
Türfensterscheibe in Führung drücken, am Fensterheber einschrauben
Türfensterscheibe einlegen
Eckfensterscheibe Dichtung mit Gleitmittel einreiben
Führungsschiene hinten
Fensterführung einkleben
Leiste innen
Zierleiste für Fensterschacht vorn eingeschraubt
Türinnenbetätigung vorher Folie unterlegen
Türschloß (Schutzkappe einhängen) Türgriff und Sicherungsstange Funktion überprüfen
Fensterheber
Türfeststeller mit Schutzhülle
Fensterschachtabdichtung außen mit Clips befestigen
58-019

Türverkleidung aus- und einbauen

(Normalausstattung)

Ausbau

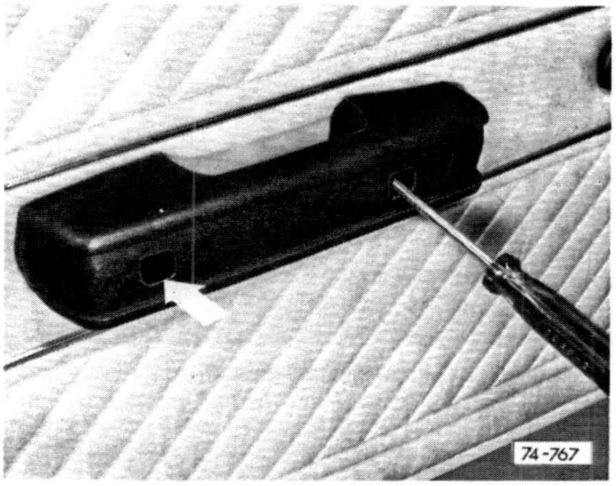

● Armlehne abschrauben.

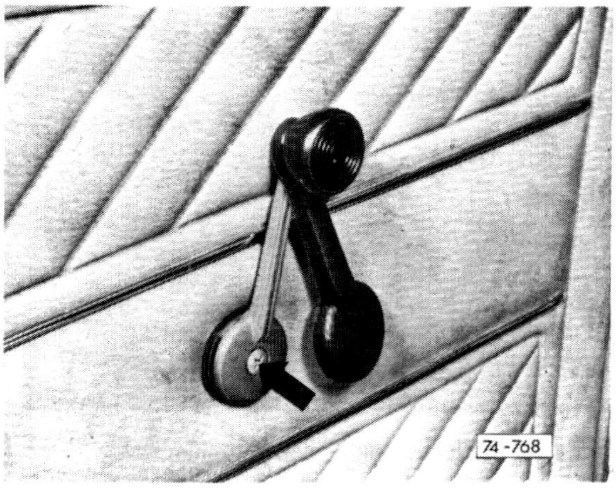

● Von Fensterkurbel Abdeckung mit der Hand abdrücken, Kreuzschlitzschraube (Pfeil) herausdrehen, Kurbel abnehmen.

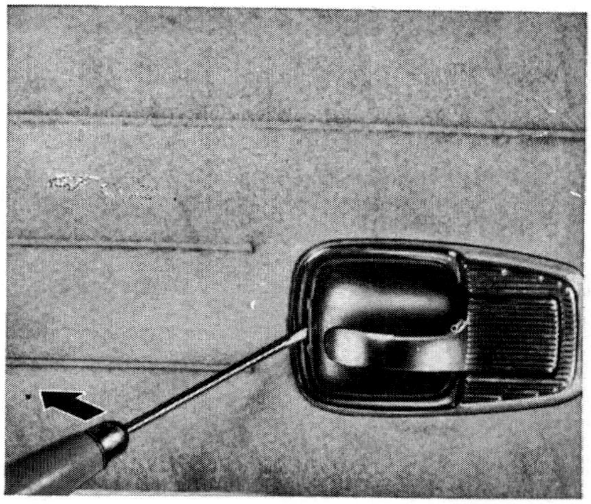

● Griffschale für die Innenbetätigung mit einem Schraubenzieher ausdrücken und darunterliegende Kreuzschlitzschraube für Innenbetätigung herausschrauben.

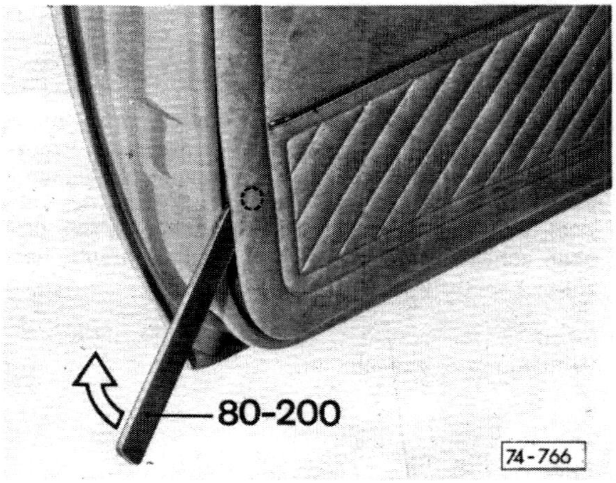

● Türverkleidung mit breitem Schraubenzieher abdrükken und abnehmen.

● PVC-Abdichtung vorsichtig vom Türausschnitt lösen.

Einbau

● PVC-Abdichtung sauber auf Türausschnitt mit doppelseitigem Klebeband ankleben. Vorher Klebeflächen mit Kunstharz-Verdünnung reinigen.

● Türverkleidung ansetzen und mit der Hand die Klammern der Türverkleidung reinschlagen.

● Türschloß-Fernbedienung mit Kreuzschlitzschraube befestigen, Abdeckkappe einsetzen, Armlehnen anschrauben.

● Fensterkurbel aufsetzen und mit Kreuzschlitzschraube befestigen, Abdeckung für Fensterkurbel aufdrücken.

Türverkleidung aus- und einbauen

(L-/GL-Ausstattung)

Ausbau

- Von der Fensterkurbel Abdeckung mit der Hand abziehen, Kreuzschlitzschraube herausdrehen, Kurbel abnehmen.
- Griffschale für die Innenbetätigung mit einem Schraubenzieher ausdrücken und darunterliegende Kreuzschlitzschraube herausdrehen, Abdeckung abnehmen.
- Vom Türgriff (Dreieckpfeile) Abdeckung unten und oben abhebeln und je eine Kreuzschlitzschraube herausdrehen, Griff abnehmen.
- Innere Türverkleidung mit Schraubenzieher abdrücken, Verkleidung herausnehmen.

- Am Spiegelgriff Abdeckung mit Schraubenzieher aufclipsen, Schraube für Griff herausdrehen und Griff abziehen.
- In der Abdeckung für Spiegelgriff runden Verschlußstopfen (oberer Pfeil) mit Schraubenzieher heraushebeln, darunterliegende Schraube herausdrehen, Abdeckung abnehmen.

- Schraube für Seitenteil herausdrehen.

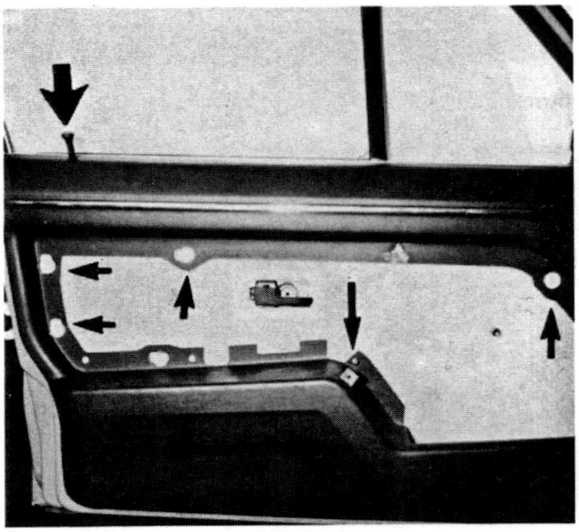

- Knopf für Türverriegelung herausdrehen.
- Befestigungsschraube für Türverkleidung (langer Pfeil) herausdrehen.
- Weiße Kunststoffklammern für Türverkleidung im Innenteil herausziehen.
- Türverkleidung nach oben heraus- und abziehen.

Einbau

Achtung: Vor dem Einbau darauf achten, daß die Schaumgummiunterlagen auf der Türverriegelungsstange und an der Türinnenbetätigung aufliegen. Die Folie muß rundherum sauber auf dem Türausschnitt aufliegen und festkleben, sonst kann es im Wagen ziehen. Unten im Türinnenblech müssen vier Klammern zur Aufnahme der Türverkleidung eingeclipst sein.

- Türverkleidung unten in die U-Klammern einhängen und oben aufschieben.
- Kreuzschlitzschraube oben an der Spiegelverstellung und im Bereich des Türgriffes einschrauben.
- Spiegelabdeckung aufsetzen, mit Schraube befestigen und runden Blindstopfen eindrücken.
- Spiegelverstellgriff aufschieben, mit Schraube befestigen, Abdeckung für Griff einclipsen.
- Knopf für Türverriegelung aufschrauben.

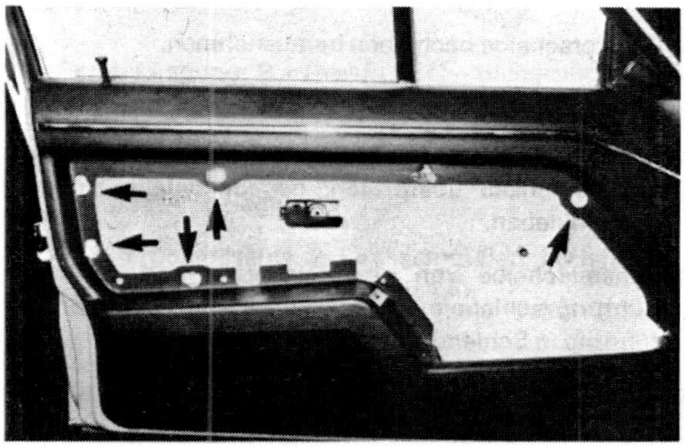

- 5 Kunststoffklammern im inneren Teil der Türverkleidung eindrücken.
- Innere Türverkleidung von links seitlich einschieben und eindrücken.
- Fensterkurbel so aufsetzen, daß bei geschlossener Scheibe die Kurbel nach unten zeigt. Kreuzschlitzschraube für Kurbel reindrehen, Abdeckung auf Kurbel aufdrücken.
- Türgriff anschrauben, Abdeckung auf Türgriff aufdrükken.
- Zierrahmen für Türinnenbetätigung mit Kreuzschlitzschraube anschrauben, Griffschale eindrücken.

Fensterheber aus- und einbauen

Ausbau

- Türverkleidung ausbauen.
- Folie von Türausschnitt abnehmen.

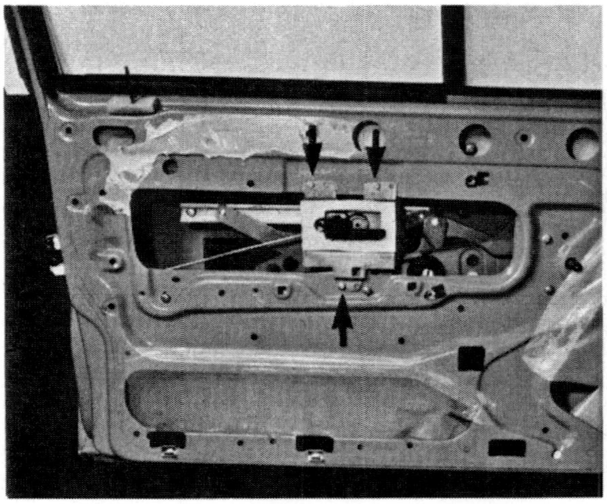

- 3 Schrauben für Türschloßbetätigung herausschrauben, Türschloßbetätigungsstange aushängen.
- Fensterheber hoch- beziehungsweise runterkurbeln, bis die Fensterhebeschiene im Türausschnitt erscheint.

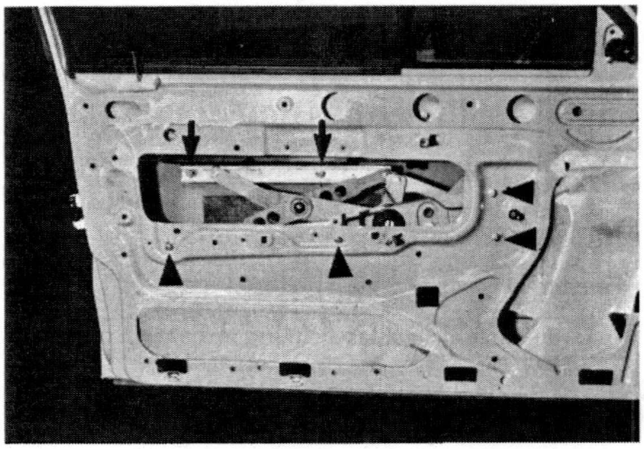

- Mit einer Reißnadel die 2 Schrauben an der Fensterhebeschiene und die 4 Schrauben für den Fensterheber umkreisen (anreißen).
- 2 Schrauben an der Fensterhebeschiene herausdrehen, Fenster nach oben schieben.
- 4 Schrauben (Dreieckpfeile) für Fensterheber herausdrehen, Heber herausnehmen.

Einbau

- Fensterheber einsetzen, 4 Schrauben eindrehen. Fensterheber so ausrichten, daß die Schrauben an den angerissenen Stellen anliegen, Schrauben festziehen.
- 2 Schrauben in Fensterhebeschiene reindrehen, Hebeschiene und Fensterheber so ausrichten, daß die Schrauben die angerissenen Stellen einnehmen.
- Türscheibe mehrmals rauf- und runterkurbeln, eventuell Fensterheber und Fensterhebeschiene neu ausrichten, die Scheibe muß sich leicht in der Führungsschiene bewegen.
- Feder für Fensterheber leicht einfetten.
- Türschloßbetätigungsstange in Schloß einhängen, Betätigung mit 3 Schrauben anschrauben.
- Neue Folie auf Türausschnitt aufkleben. Die Folie muß in jedem Fall aufgeklebt werden, da es sonst im Fahrzeug zieht.
- Türverkleidung einbauen.

Fensterscheibe aus- und einbauen

Ausbau

- Türverkleidung ausbauen.
- Fensterheber abschrauben.
- Innere Fensterschachtabdichtung abziehen.
- Zierleiste für Fensterschacht außen an der Tür abnehmen. Hierzu Tür öffnen und hinten an der Tür von innen Schraube für Zierleiste herausdrehen. Zierleiste vorsichtig mit Schraubenzieher abhebeln und abziehen.
- Die Klammern für Zierleiste mit Schraubenzieher senkrecht stellen und herausnehmen.
- Äußere Fensterschachtabdichtung nach oben abziehen.
- Türscheibe absenken.

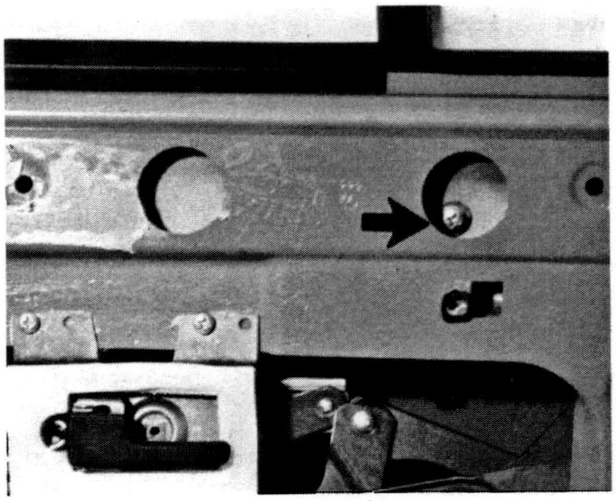

- Schraube (Pfeil) für Fensterführungsschiene herausdrehen. Die 2. Schraube für die Führungsschiene sitzt oben im Türrahmen, Fenstergummi in dem Bereich herausziehen, Schraube herausdrehen, Führungsschiene herausnehmen.
- Fensterscheibe nach oben herausnehmen.

Einbau

- Fensterführungen und Fensterschachtabdichtungen auf Verschleiß überprüfen, gegebenenfalls erneuern und einkleben.
- Fensterscheibe von oben einsetzen und absenken, Führungsschiene mit 2 Schrauben befestigen, Fensterführung in Schiene einkleben.
- Fenster hochschieben und in Führung einführen.
- Innere Schachtabdichtung aufschieben.
- Äußere Fensterschachtabdichtung aufsetzen und mit Klammern für Zierleiste befestigen. Hierzu Klammern senkrecht einsetzen und mit Schraubenzieher waagerecht drehen. Dabei innen vom Fensterschacht mit Holzkeil Fensterschachtabdichtung nach außen drücken.
- Zierleiste aufdrücken und hinten mit Schraube befestigen.
- Fensterheber anschrauben.
- Türverkleidung einbauen.

Türschloß aus- und einbauen

Der Ausbau des Türschlosses ist einfacher, wenn vorher die Seitenverkleidung für die Tür ausgebaut wird.

Ausbau

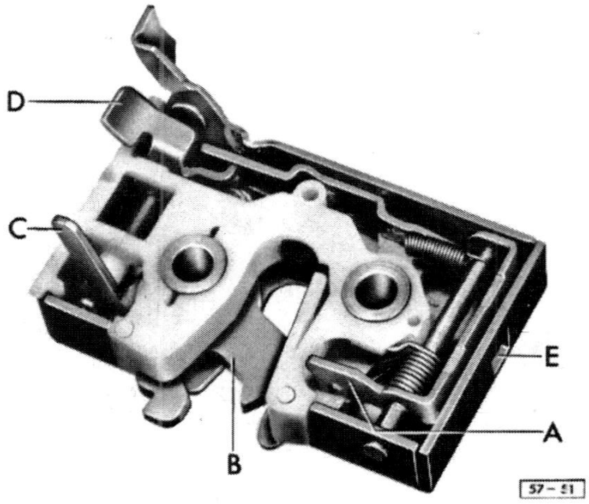

A – Fernbetätigung, B – Drehfalle, C – Sicherungshebel 1, D – Sicherungshebel 2, E – Montageloch

- Schloß mit Verriegelungsknopf – oder bei Fahrertür mit Schlüssel – verriegeln.
- An der Schloßsäule 2 Senkschrauben herausdrehen und Schloß ca. 12 mm herausziehen.

- Bei herausgezogenem Schloß Fernbetätigungshebel – A – mit Schraubendreher durch das Montageloch – E – in herausgezogener Stellung sichern.

- Fernbetätigungshebel – A – aus der Zugstange – G – aushängen. Sicherungshebel 1 – C – aus Sicherungshülse – H – herausziehen. Schloß abnehmen.

Einbau

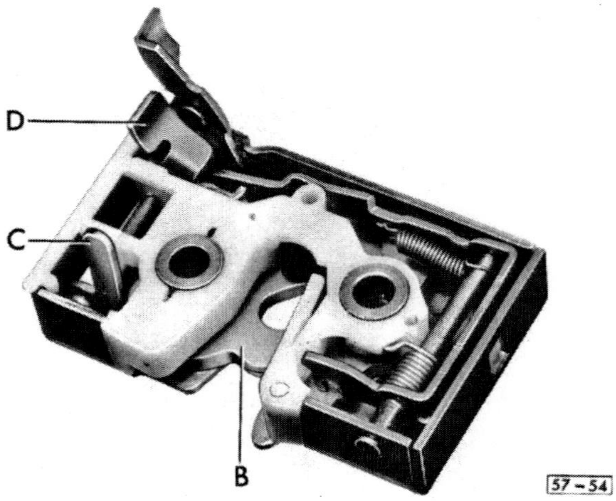

- Drehfalle – B – schließen und mit Sicherungshebel 1 – C – oder mit Sicherungshebel 2 – D verriegeln.

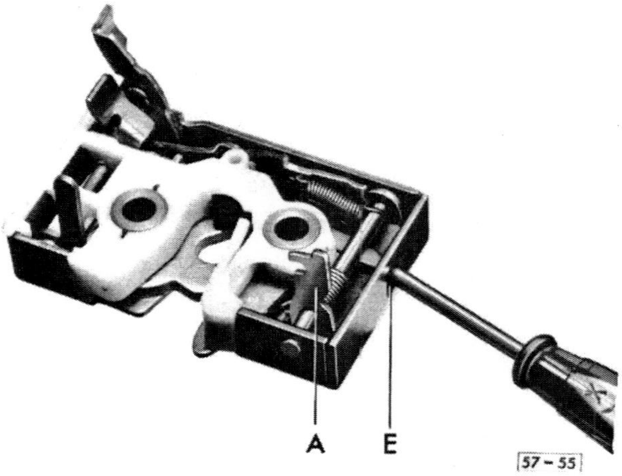

- Fernbetätigungshebel – A – mit Schraubendreher durch das Montageloch – E – in herausgezogener Stellung sichern.

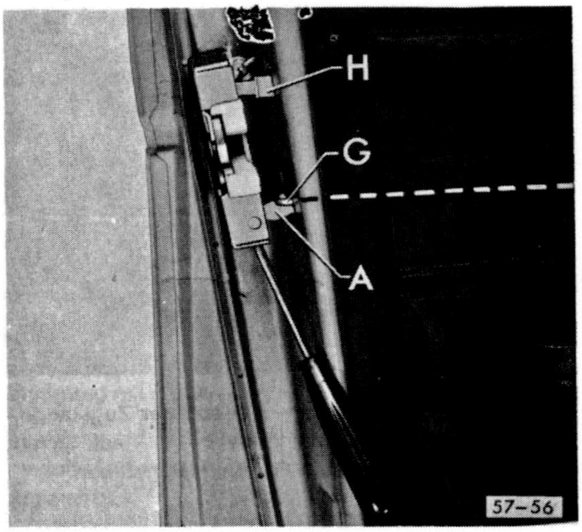

- Sicherungshebel 1 in Sicherungshülse – H – stecken.
- Sicherungshebel 2 und Betätigungshebel durch zugehörende Öffnung in der Tür stecken, Zugstange – G – in Fernbetätigungshebel – A – einhängen.

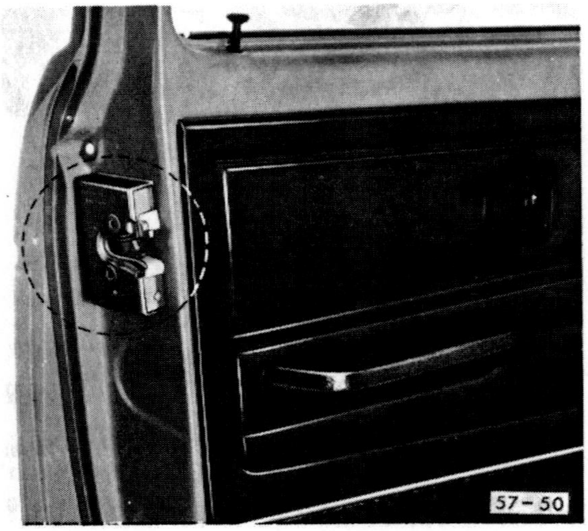

- Schraubendreher durch das Montageloch aus dem Schloßgehäuse herausziehen. Schloß mit 2 Senkschrauben festschrauben. Funktion von Schloß und Verriegelung überprüfen.

Sitz vorn aus- und einbauen

Ausbau

- Sitz zurückschieben, Anschlagfeder mit Schraubenzieher nach unten drücken und den Sitz nach hinten aus den Schienen schieben.

Einbau

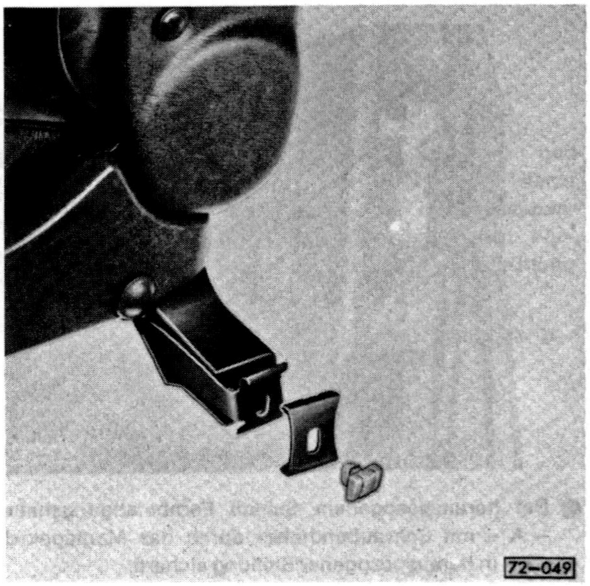

- Auf unbeschädigte Gleitstücke achten.
- Sitz von hinten auf die Schienen schieben und einrasten lassen.

Rückenlehne hinten aus- und einbauen

Ausbau

- An der Hutablage Stifte aus den Halteklammern drükken, Klammern herausziehen.
- Rücksitzbank herausnehmen und unten an der Rückenlehne Blechlasche aufbiegen.
- Lehne herausnehmen.

Einbau

- Lehne einsetzen, Klammern und Stifte einsetzen, Blechlaschen umbiegen.
- Rücksitzbank einsetzen.

Kofferhaube ohne Schlüssel öffnen

Bei verschlossener Kofferhaube läßt sich diese auch ohne Schlüssel öffnen.

- Kennzeichenleuchte ausbauen.
- Mit geeignetem Draht hinter Schloßbügel greifen, Schloßbügel nach links in Richtung „auf" ziehen.

Seilzug für Motorhaube einstellen

- Seilzug für Motorschloß ohne Vorspannung einstellen. Die Verriegelungsschlösser dürfen also noch nicht in Richtung „öffnen" stehen, da sonst keine einwandfreie Verriegelung gegeben ist.
- Nach dem Einstellen des Seilzuges, Seilzugende umbiegen.
- Falls der Seilzug gerissen ist, von der Wagenunterseite mit Draht beide Öffnungshaken zurückziehen.

Konsole aus- und einbauen

Ausbau

- Hinten an der Konsole Abdeckung mit Schraubenzieher abhebeln und Schraube (schwarzer Pfeil) herausdrehen.
- Auf jeder Seite Schrauben (weiße Pfeile) herausdrehen.
- Schalthebelknopf abschrauben, Faltenbalg für Schalthebel abziehen.
- Konsole herausnehmen, gegebenenfalls Anschlüsse zum Radio trennen.

Einbau

- Konsole einsetzen, gegebenenfalls Anschlüsse für Radio anschließen.
- Konsole festschrauben, Abdeckung hinten einsetzen, Faltenbalg aufdrücken, Schalthebelknopf aufschrauben.

Die Heizung

Der Audi 100 hat eine Warmwasserheizung, bei der zur Erwärmung des Innenraumes das Kühlwasser über einen Wärmetauscher geleitet wird, der die Wärme ins Wageninnere abgibt. Zur Verstärkung dient ein elektrisches Radialgebläse. Es ist, wie auch der Wärmetauscher, im Frischluftkasten untergebracht. Der Ausbau der kompletten Heizung ist nur in den allerwenigsten Fällen notwendig, das Frischluftgebläse läßt sich auch bei eingebauter Heizung ausbauen.

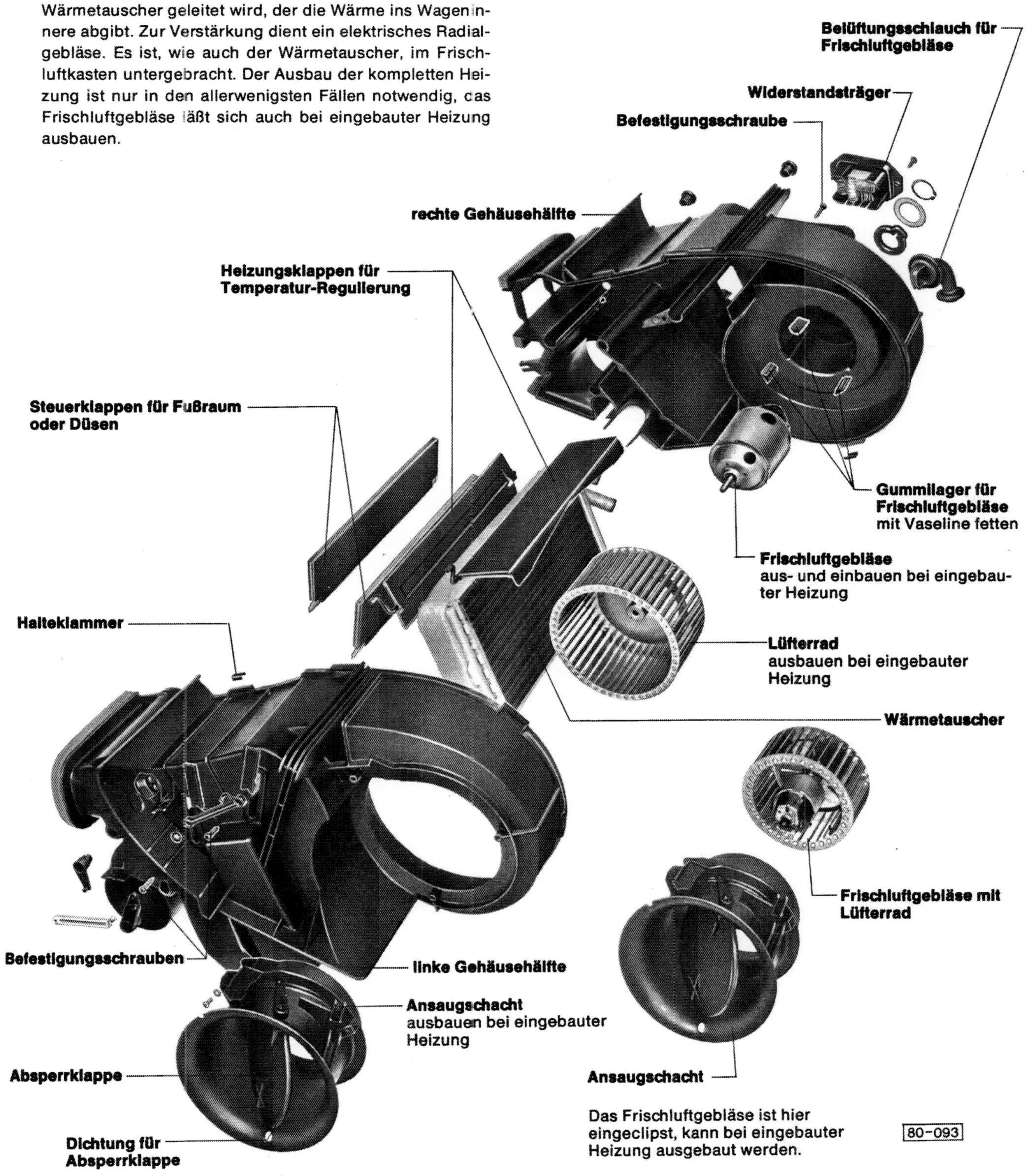

Frischluftgebläse aus- und einbauen

Ausbau

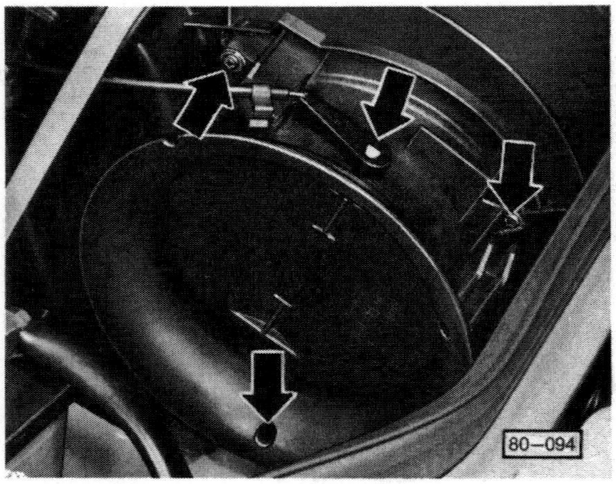

- Zug für Absperrklappe abnehmen.
- Schrauben für Ansaugschacht herausschrauben.

- Steckverbindung vom Frischluftgebläse lösen.
- Sicherungsring (Pfeil) mit Zange oder Schraubenzieher am Gebläse hinten abnehmen.

- Mit Inbusschlüssel Schraube an Lüfterwelle lösen. Motor aus dem Gehäuse herausnehmen.

Einbau

- Gummilager für Frischluftgebläse mit Vaseline einsetzen.
- Motor einsetzen, Abdichtscheiben hinten auf Motor aufschieben und Sicherungsring einrasten.
- Frischluftgebläse mit Inbusschraube befestigen.
- Ansaugschacht anschrauben, Zug für Absperrklappe anschrauben.
- Steckverbindung für Frischluftgebläse aufschieben.

- Kontrolle: Belüftungsschlauch für Frischluftgebläse abnehmen.
- Öffnung am Gehäuse muß mit der Öffnung am Frischluftgebläse fluchten.
- Belüftungsschlauch für Frischluftgebläse aufschieben.

Regulierung für Frischluft und Heizung

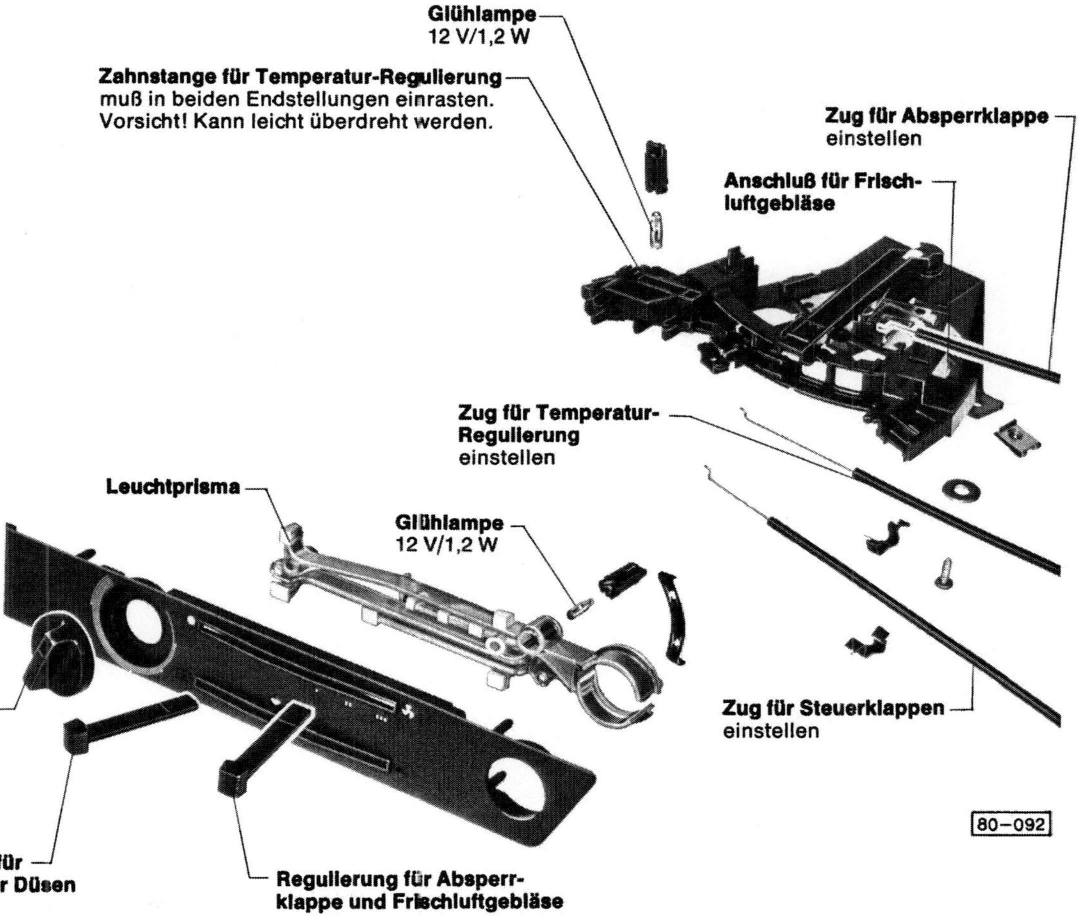

Blende aus- und einbauen

Ausbau

- Regulierungsknöpfe für Temperatur, Düsen und Absperrklappe abziehen.
- Abdeckung unter Armaturenbrett abschrauben oder, falls Konsole vorhanden, Konsole ausbauen, siehe Seite 160.
- Von unten hinten vier Clips von der Blendenhalterung abziehen. Blende herausnehmen.

Einbau

- Blende einsetzen und mit Clips befestigen. Regulierknöpfe aufschieben.
- Konsole bzw. Abdeckung für Armaturenbrett einbauen.

Zug für Absperrklappe einstellen

- Blende am Armaturenbrett ausbauen, siehe Seite 163.

80-103

- Zug am Bedienungshebel einhängen.
- Bowdenzughülle bis zum Anschlag schieben und festclipsen.
- Zug an der Absperrklappe einhängen.
- Absperrklappe schließen und Bowdenzughülle am Heizungsgehäuse festclipsen.
- Am Bedienungshebel muß in der Schließstellung eine Vorspannung von 1–2 mm sein, der Zug muß also auf Druck eingebaut sein.
- Blende einbauen.

Zug für Temperatur-Regulierung einstellen

- Blende am Armaturenbrett ausbauen.

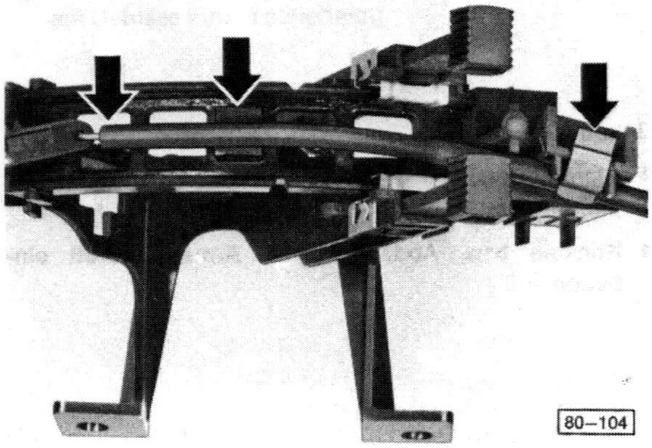
80–104

- Temperatur-Regulierung schließen (Kaltstellung).

Achtung: Darauf achten, daß die Zahnstange in der Endstellung einrastet. Nicht überdrehen!

- Zug an der Zahnstange einhängen.
- Bowdenzughülle bis kurz vor die Zahnstange schieben, in die Halterung eindrücken und festclipsen.
- Heizungsklappen für Temperatur-Regulierung schließen.
- Zug einhängen und am Gehäuse festclipsen.
- Am Drehknopf für Temperatur-Regulierung muß eine Vorspannung von 1–2 mm sein, eventuell Bowdenzughülle entsprechend verschieben.
- Blende am Armaturenbrett einbauen.

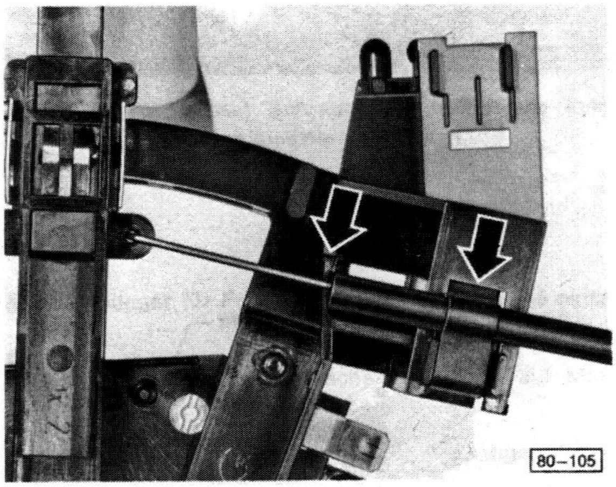
80–105

Zug für Steuerklappen für Fußraum oder Düsen einstellen

- Blende am Armaturenbrett ausbauen, siehe Seite 154.
- Zug am Bedienungshebel einhängen.
- Bowdenzughülle bis zum Anschlag schieben und festclipsen.
- Bedienungshebel auf Fußraumbelüftung stellen.
- Steuerklappe für Fußraum schließen.
- Zug einhängen und am Gehäuse festclipsen.
- Am Bedienungshebel muß nun eine Vorspannung von 1–2 mm sein. Damit ist sichergestellt, daß die Klappen sicher schließen. Um die nötige Vorspannung zu erreichen, Bowdenzughülle entsprechend verschieben oder Bowdenzug muß einen kleinen Bogen machen.
- Blende am Armaturenbrett einbauen.

Die elektrische Anlage

Die elektrische Anlage des Audi 100 ist eine Gleichstromanlage mit einer Betriebsspannung von 12 Volt.

Als Stromerzeuger dient ein Drehstrom-Generator (65 Ampere, Mehrausstattung 75 oder 90 A) mit einer Einrichtung zur Spannungs- und Ladestromregelung. Der Vorteil einer Drehstromlichtmaschine liegt darin, daß sie schon bei Motor-Leerlaufdrehzahl die Batterie (63 Ah) lädt.

Der Generator wird von der Motorkurbelwelle über einen Keilriemen angetrieben. Die nicht von den Verbrauchern benötigte Energie fließt in die Batterie und wird dort gespeichert.

Die wichtigsten Verbraucher der elektrischen Anlage sind:

Anlasser
Zündanlage
Beleuchtungseinrichtung mit Blinkanlage
Scheibenwischer- und Waschanlage
Instrumente
Signalhorn
Innenbeleuchtung
Zubehör: Heckscheibenheizung, Frischluftgebläsemotor, Radio usw.

Zur Beleuchtungs- und Blinkeinrichtung gehören die beiden Scheinwerfer, die vorderen Blinkleuchten, die Blink-, Brems-, Schlußleuchten und die Kennzeichenleuchte.

Die Scheibenwisch- und -waschanlage besteht aus dem Scheibenwischermotor, dem Antriebsgestänge und den beiden Scheibenwischern. Die Scheibenwaschanlage arbeitet elektrisch. Der Scheibenwaschbehälter im Motorraum ist über eine Schlauchleitung mit den beiden Spritzdüsen verbunden.

Zur Instrumentierung gehören das Zentralinstrument mit Geschwindigkeitsmesser, Kraftstoffanzeige, Kilometerzähler und Kontrolleuchten für Öldruck, Ladestrom der Lichtmaschine, Fernlicht, Blinklicht und Temperaturanzeige.

Der Anlasser ist in seiner Bauart ein Schubschraubtriebanlasser mit einer Leistung von 1,1 kW (1,5 PS).

Die Zündanlage besteht im wesentlichen aus der Zündspule, dem Zündverteiler, den Zündkabeln und den Zündkerzen.

Sämtliche Sicherungen und Relais sind in einem Gehäuse zentral unter dem Motorraumdeckel im Wasserkasten zusammengefaßt.

Wartung

Die elektrische Anlage erfordert in gewissen Abständen die Überprüfung verschiedener Aggregate. Die Überprüfungen sollten nicht vernachlässigt werden, denn von der elektrischen Anlage hängt die Betriebssicherheit des Fahrzeugs ab.

Im Rahmen der Diagnose und Wartung werden überprüft und gegebenenfalls eingestellt, erneuert bzw. ergänzt:

- Die Zündkerzen.
- Der Flüssigkeitsstand in der Batterie.
- In größeren Abständen sind die Schleifkohlen der Lichtmaschine und des Anlassers zu prüfen.

Wichtig: Bei allen Arbeiten an der elektrischen Anlage Masse-Kabel von der Batterie abnehmen.

Batterie aus- und einbauen

Ausbau

- Batteriekabel abklemmen, zuerst Masseband.
- Halteplatte abschrauben, Batterie etwas nach vorn ziehen und herausnehmen.

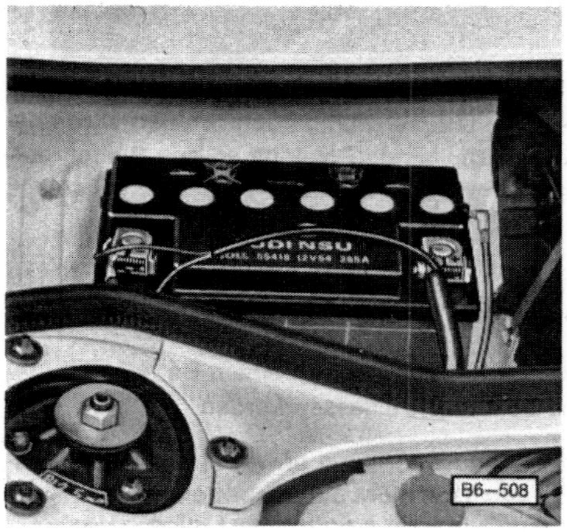

Einbau

- Batterie einsetzen, Halteplatte anschrauben.
- Pluskabel an Pluspol anbringen, dann Masseband an Minuspol.

Batterie prüfen

Säurestand prüfen

- Der Flüssigkeitsspiegel soll 5 mm über den Platten einschließlich der Separatoren stehen. Ist eine Säurestandsmarke vorhanden, dann ist der Säurestand danach einzurichten. Zum Nachfüllen nur destilliertes Wasser nehmen.
- Batterien mit zu hohem Flüssigkeitsstand können bei starker Ladung (längere Fahrten am Tage) überkochen. Zu niedriger Säurestand verkürzt die Lebensdauer der Batterie.

Säuredichte prüfen

- Die Säuredichte gibt in Verbindung mit der Spannungsmessung genauen Aufschluß über den Ladezustand der Batterie. Zur Prüfung dient ein Säureheber, der recht preiswert in Fachgeschäften angeboten wird. Je größer das spezifische Gewicht der angesaugten Batteriesäure ist, desto mehr taucht der Schwimmer auf. An der Skala kann man die Säuredichte in spezifischem Gewicht oder Grad Baumè ablesen. Folgende Werte müssen erreicht werden:

	normale Klimazonen		Tropen	
Ladezustand	Bè.	spez. Gewicht	Bè.	spez. Gewicht
entladen	16	1,12	11	1,08
halb entladen	24	1,20	18	1,14
gut geladen	32	1,28	27	1,23

Achtung: *Eine unbenutzte Batterie entlädt sich von selbst.* Falls die Batterie nicht rechtzeitig überprüft und nachgeladen wird, können bleibende Schäden an den Platten auftreten. Wird also das Auto für mehrere Wochen stillgelegt, Batterie alle vier Wochen ent- und wieder aufladen.

Spannung messen

- Die Gesamtspannung kann mit einem Batterie-Testgerät (siehe Abbildung) gemessen werden.

Bei einem Belastungsstrom von etwa 110 A darf die Mindestspannung von 9,6 V nicht unterschritten werden. Sinkt bei dieser Messung (Dauer 5 bis 10 sec.) die Gesamtspannung unter den angebotenen Wert, so ist die Batterie entweder entladen oder defekt.

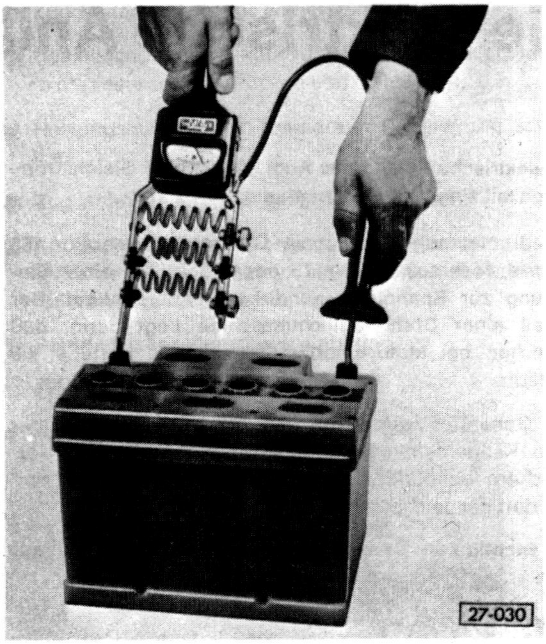

27-030

Batterie-Pole reinigen

Bei der regelmäßigen Durchsicht des Wagens sind auch die Batterie-Pole und Anschlußklammern zu reinigen und mit Säureschutzfett einzureiben.

Batterie laden

- Batterie niemals kurzschließen. Bei Kurzschluß erhitzt sich die Batterie und kann platzen. Nicht mit offener Flamme in Batterie leuchten. Batteriesäure ist ätzend und darf nicht in die Augen, auf die Haut oder die Kleidung gelangen.
- Plus- und Massekabel von Batterie abklemmen.
- Vor dem Laden Säurestand prüfen, gegebenenfalls destilliertes Wasser nachfüllen.
- Stopfen aus der Batterie herausschrauben.
- Batterie mit Heimgerät einen Tag laden.
- Die Batterie darf auch mit einem Schnell-Ladegerät geladen werden.

Achtung: Das Schnelladen einer Batterie sollte nicht zur Gewohnheit werden! Batterien, die lange unbenutzt gestanden haben oder neu sind, dürfen nicht schnellgeladen werden.

- Nach dem Laden Batterie prüfen.

Achtung: Der Motor darf nicht bei abgeklemmter Batterie laufen, da sonst die elektrische Anlage beschädigt wird.

Die Sicherungstabelle

Der Sicherungskasten befindet sich, von einem Plastikdekkel abgedeckt, in Fahrtrichtung gesehen links im Wasserkasten des Motorraums. Für die meisten Verbraucher werden 8- bzw. 16-Ampere-Sicherungen benötigt, die Klemme 1 erfordert eine 25-Ampere-Sicherung.

Nr.		Verbraucher
1	(25 A)	Klimaanlage
2	(8 A)	Nebelscheinwerfer
3	(8 A)	Fernscheinwerfer links
4	(8 A)	Fernscheinwerfer rechts
5	(16 A)	Kraftstoffpumpe bei K-Jetronic
6	(8 A)	Standlicht rechts, Schlußlicht rechts
7	(8 A)	Standlicht links, Schlußlicht links
8	(8 A)	Handschuhkasten-Leuchte, Kennzeichen-Leuchte Instrumentenbeleuchtung
9	(16 A)	Horn, Kombiinstrument, Lüftermotor für Heizung
10	(16 A)	Lüftermotor für Kühlwasser
11	(16 A)	Bremsleuchten links und rechts
12	(16 A)	Zigarrenanzünder, Radio, Uhr, Innenleuchte
13	(8 A)	Abblendlicht rechts
14	(8 A)	Abblendlicht links
15	(16 A)	Rückfahrscheinwerfer
16	(16 A)	Heizbare Heckscheibe
17	(8 A)	Blinkrelais

Sicherungen auswechseln

Um Kurzschluß- und Überlastungsschäden an den Leitungen und Verbrauchern der elektrischen Anlage zu verhindern, sind die einzelnen Stromkreise durch Schmelzsicherungen geschützt.

- Vor dem Auswechseln einer Sicherung immer zuerst den betroffenen Verbraucher ausschalten.
- Deckel des Sicherungskastens abnehmen. Eine durchgebrannte Sicherung erkennt man am durchgeschmolzenen Metallstreifen.
- Durchgebrannte Sicherung vorsichtig aus den Federklemmen herausnehmen.
- Neue Sicherung **gleicher Sicherungsstärke** mit Metallstreifen nach oben zwischen die Federklemmen einsetzen, dabei nicht auf den Metallstreifen drücken und die Federklemmen verbiegen.
- Die Sicherung muß fest zwischen den Klemmen sitzen, eventuell Klemmen nachbiegen.
- Brennt eine neu eingesetzte Sicherung nach kurzer Zeit wieder durch, muß der entsprechende Stromkreis überprüft werden.

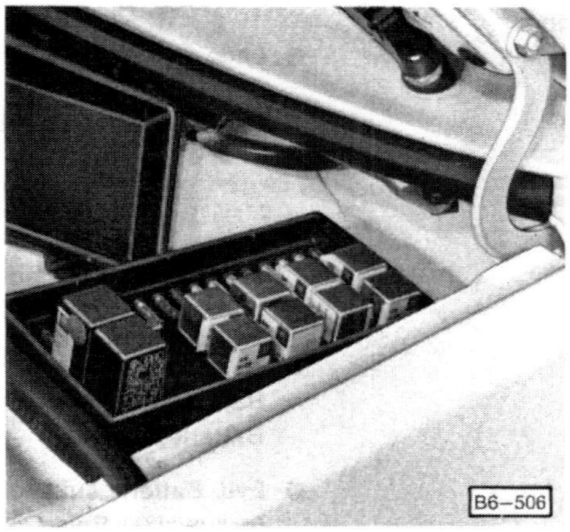

- Auf keinen Fall Sicherung mit Stanniolpapier „reparieren", weil dadurch ernste Schäden an anderer Stelle der elektrischen Anlage auftreten können.
- Es ist empfehlenswert, stets einige Ersatz-Sicherungen im Wagen mitzuführen. Zur Aufnahme der Ersatzsicherungen befinden sich im Sicherungskasten runde Öffnungen.

Störungstabelle Batterie

Störungen	Ursache	Abhilfe
Säurestand zu niedrig	● Überladung, Verdunstung (besonders im Sommer)	Destilliertes Wasser bis zur vorgeschriebenen Höhe nachfüllen (bei geladener Batterie).
Säure tritt aus den Verschlußstopfen aus	● Ladespannung zu hoch	Spannungsregler prüfen, ggf. austauschen
	● Säurestand zu hoch	Überschüssige Säure mit Säureheber absaugen
Säuredichte zu niedrig	● Batterie entladen	Batterie laden
	● Generator nicht in Ordnung	Generator prüfen, ggf. reparieren oder austauschen
	● Kurzschluß im Leitungsnetz	Elektrische Anlage überprüfen
	● Säure infolge Wartungsfehler verwässert	Säureausgleich durchführen
Säuredichte zu hoch	● Säure wurde nachgefüllt	Säureausgleich durchführen
Abgebende Leistung ist zu gering, Spannung fällt stark ab	● Batterie entladen	Batterie nachladen
	● Ladespannung zu niedrig	Spannungsregler prüfen, ggf. austauschen
	● Anschlußklemmen lose oder oxydiert	Anschlußklemme reinigen und besonders Unterseite mit Säureschutzfett leicht einfetten, Befestigungsschrauben anziehen
	● Masseverbindung Batterie – Motor – Karosserie ist schlecht	Masseverbindung überprüfen, ggf. metallische Verbindungen herstellen oder Schraubverbindungen festziehen.
	● Zu große Selbstentladung der Batterie durch Verunreinigung der Batteriesäure	Batterie austauschen
	● Evtl. Batterie sulfatiert (grauweißer Belag auf den Plus- und Minusplatten)	Batterie mit kleinem Strom laden, damit sich der Belag langsam zurückbildet. Falls nach wiederholter Ladung und Entladung abgegebene Leistung immer noch zu gering, Batterie austauschen
	● Batterie verbraucht, aktive Masse der Platten ausgefallen	Batterie austauschen
Nicht ausreichende Ladung der Batterie	● Fehler an Generator, Spannungsregler oder Leitungsanschlüssen	Generator und Spannungsregler überprüfen, instandsetzen bzw. austauschen; Leitungen einwandfrei befestigen
	● Keilriemen locker	Keilriemen spannen oder austauschen
	● Zu viele Verbraucher angeschlossen	Größere Batterie einbauen; evtl. auch größeren Generator verwenden
Dauernde Überladung	● Fehler am Spannungsregler, evtl. auch am Generator	Spannungsregler austauschen bzw. Generator überprüfen

Der Generator

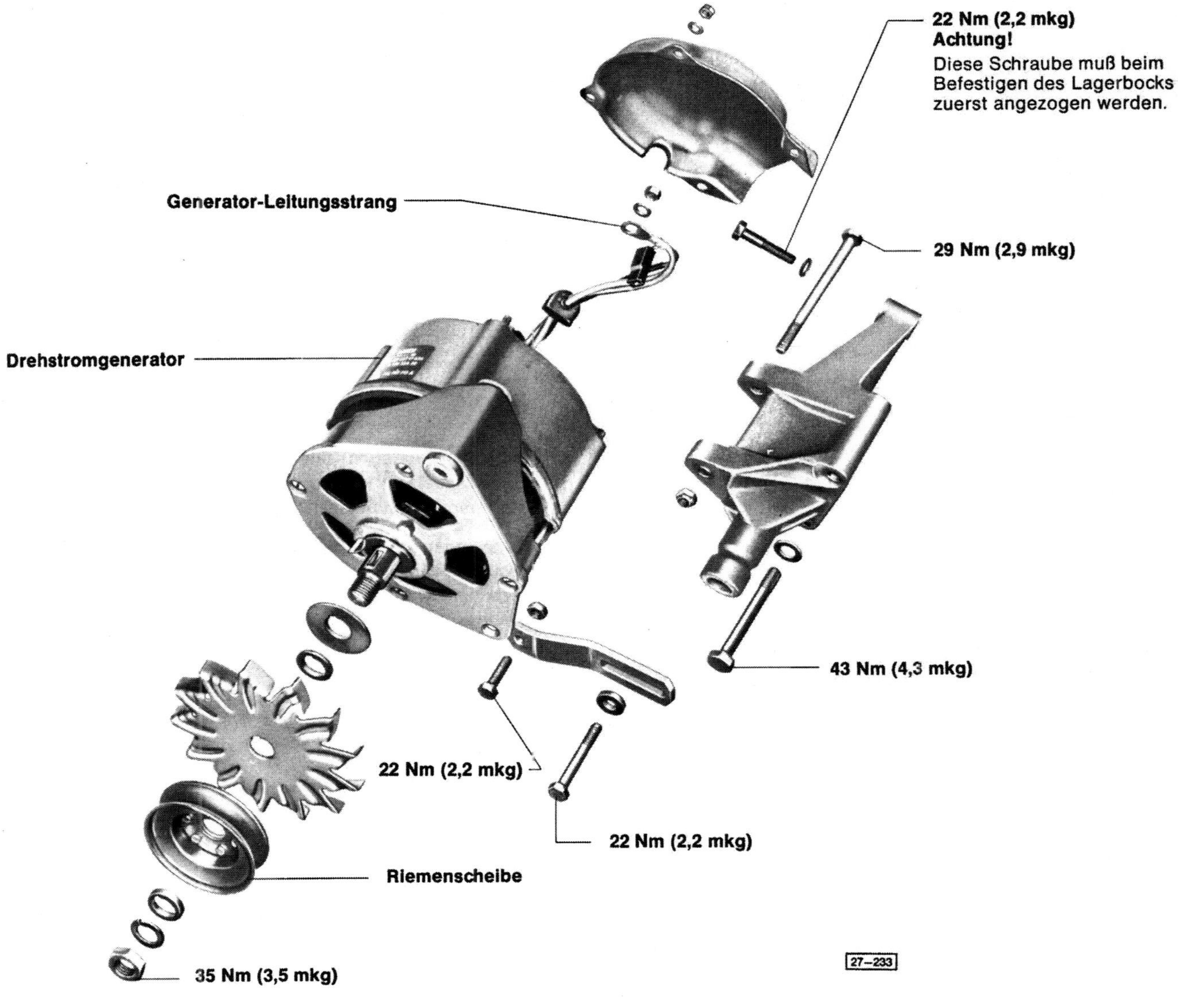

Generator aus- und einbauen

Ausbau

- Batterie-Massekabel abklemmen.
- Hinteren Deckel von Generator abschrauben, elektrische Leitungen abklemmen.
- Spannschraube für Keilriemen von unten herausdrehen, Generator zum Motor hindrücken, Keilriemen abnehmen.
- Schraube am Lagerbock für Generator herausdrehen, Generator herausnehmen.

Einbau

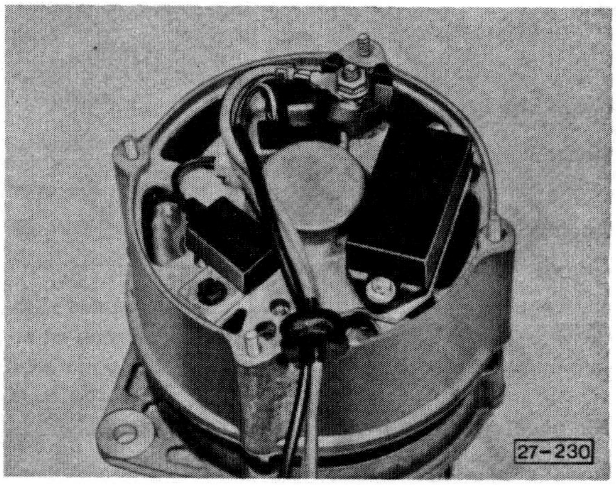

27-230

- Auf richtige Leitungsverlegung am Generator achten. Leitungen unbedingt wie in der Abbildung gezeigt verlegen.
- Generator einsetzen und am Lagerbock anschrauben.
- Spannschraube einsetzen.
- Keilriemen auf Verschleiß prüfen, gegebenenfalls erneuern.
- Keilriemen auflegen und spannen.
- Elektrische Leitungen für Generator anschließen, Deckel anschrauben.
- Batterie-Massekabel anschließen.

Keilriemen spannen/ersetzen

- Stütze für Generator am Haltebock lösen, Generator zum Motor schwenken und Keilriemen abnehmen.
- Keilriemen auf Verschleiß prüfen, gegebenenfalls erneuern.

27-232

- Keilriemen auflegen und mit Generator spannen. Hierzu Generator mit Montierhebel nach außen drükken. Spannschraube anziehen.
- Keilriemenspannung prüfen. Bei kräftigem Daumendruck auf den neuen Keilriemen in Punkt – a – darf sich dieser nur etwa 2 mm durchdrücken. Ein gelaufener Keilriemen soll sich etwa 5 mm durchbiegen.

Keilriemen für Klimaanlage spannen

- 4 Muttern für Kompressorbefestigung am Halter lösen.

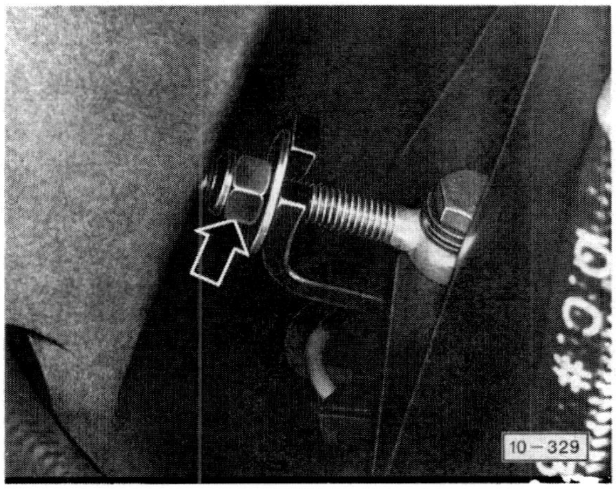

- Mutter der Spannvorrichtung (Pfeil) entsprechend verdrehen.
- Der neue Keilriemen ist richtig gespannt, wenn er sich in der Mitte der beiden Keilriemenscheiben mit dem Daumen ca. 2 mm durchdrücken läßt. Ein gelaufener Keilriemen soll sich an gleicher Stelle ca. 5 mm durchdrücken lassen.
- 4 Muttern für Kompressorbefestigung anziehen.

Schleifkohlen für Generator ersetzen/prüfen

- Batterie-Masseband abklemmen.
- Der Ausbau ist bei eingebautem Generator möglich.
- Schutzkappe für Generator ausbauen.

- Regler komplett mit Schleifkohlenhalter ausbauen.
- Länge der Schleifkohlen neu = 10 mm, Verschleißgrenze = 5 mm.
- Gegebenenfalls Anschlußlitze auslöten (Pfeile) und Schleifkohlen ersetzen.
- Spannungsregler einsetzen und festschrauben.
- Schutzkappe für Generator anschrauben.

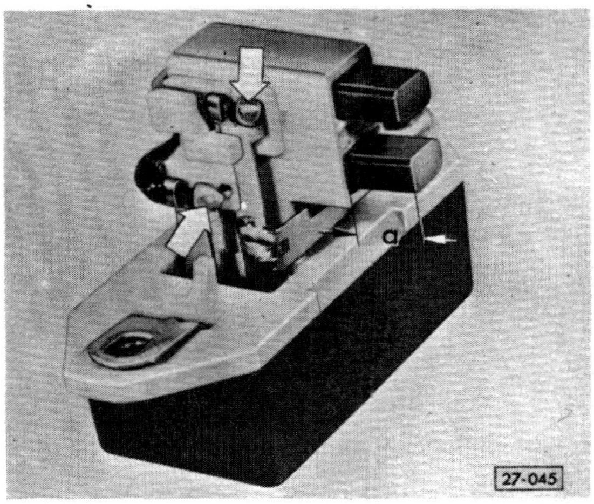

Achtung: Im Gegensatz zum Gleichstromgenerator darf der Drehstromgenerator niemals ohne Batterie betrieben werden. Motor nicht ohne Batterie laufen lassen.

- Batterie-Massekabel anklemmen.

Störungstabelle Drehstromgenerator

Störung: Die Kontrollampe für Drehstromgenerator brennt nicht bei eingeschalteter Zündung

	Kontrollampe brennt:	Kontrollampe brennt nicht:
Steckverbindung der D+ Leitung vom Generator abziehen. Prüfleitung zwischen D+ und Batterie-Masseband anschließen. Zündung einschalten.	● Kohlebürsten verschlissen, Batterie-Masseband abklemmen, Spannungsregler ausbauen, Kohlebürsten überprüfen ● Unterbrechung in Erregerwicklung ● Läufer hat Unterbrechung, Läufer ersetzen ● Plusdioden haben Kurzschluß, Diodenplatte ersetzen	● Lampe für Drehstromgenerator durchgebrannt. Batterie-Masseband abklemmen, Kontrollampe ersetzen, Batterie-Masseband anklemmen, Zündung einschalten ● Unterbrechung in der Leitung vom Generator (D+) zur Kontrollampe (K2) bzw. Mehrfachstecker T 1012 am Schalttafeleinsatz instandsetzen.

Störung: Kontrollampe für Drehstromgenerator erlischt nicht bei Drehzahlsteigerung

	Kontrollampe brennt:	Kontrollampe brennt nicht:
Leitung zwischen Generator (D+) und Kontrollampe hat Masseschluß. Steckverbindung der D+ Leitung am Generator abziehen. Zündung einschalten	● Unterbrechung in der Leitung vom Generator (D+) zur Kontrollampe (K2), Leitung instandsetzen.	● Generator und Spannungsregler überprüfen

Anlasser aus- und einbauen

Ausbau

- Anlasser von der Wagenunterseite (Fahrtrichtung links) her ausbauen.
- Wagen vorn aufbocken.
- Batterie-Masseband abklemmen.

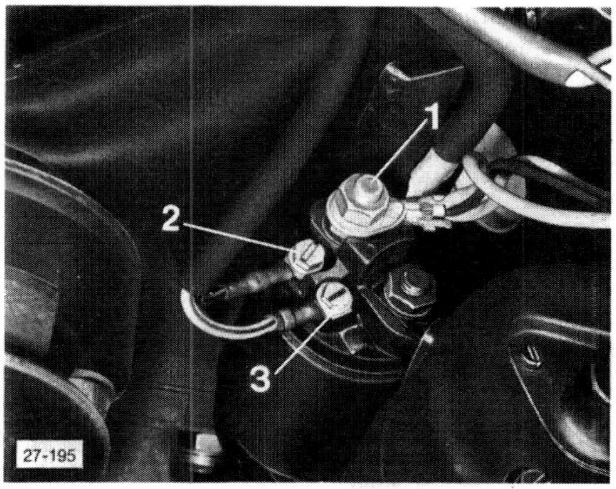

- Leitungen vor Ausbau kennzeichnen. 1 = Klemme 30 (Leitung Batterie–Anlasser und Anlasser–Generator). 2 = Klemme 16 (zur Zündspule Klemme 15). 3 = Klemme 50 (zum Zündanlaßschalter). Leitungen abklemmen.
- Anlasserbefestigungsschrauben am Motor/Getriebe lösen.

Einbau

- Anlasser einsetzen, Befestigungsschrauben Motor/Getriebe einschrauben.
- Befestigungsschraube am Abstützblech anschrauben.
- Elektrische Leitungen entsprechend der Kennzeichnung anklemmen.
- Batterie-Masseband anklemmen.
- Wagen abbocken.

Magnetschalter ersetzen

- Anlasser ausbauen.
- Am Magnetschalter Anschluß für Feldwicklung abschrauben.
- Drei Befestigungsschrauben des Magnetschalters ausschrauben.
- Magnetschalter aushängen.

Einbau

- Magnetkern und Federtopf des Magnetschalters mit MoS_2-Fett schmieren.

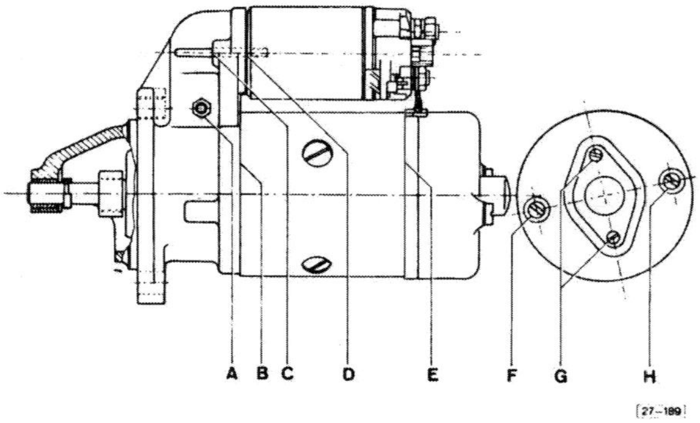

- Trennfugen und Bohrungen gemäß Zeichnung mit D3 abdichten.
- Anschluß für Feldwicklung befestigen.
- Anlasser einbauen.

Störungstabelle Anlasser

Wenn ein Anlasser nicht durchdreht, ist zunächst zu prüfen, ob an der Klemme 50 des Magnetschalters (Steuerleitung) die zum Einziehen benötigte Spannung von mindestens 8 Volt vorhanden ist. Liegt die Spannung unter dem genannten Wert, dann müssen die Leitungen, die zum Anlasserstromkreis gehören, nach dem Stromlaufplan überprüft werden. Ob der Anlasser bei voller Batteriespannung einzieht, kann folgendermaßen geprüft werden:

- Wagen aufbocken, kein Gang einlegen, Zündung eingeschaltet.
- Mit einer Leitung (Querschnitt mindestens 4 mm^2) die Klemmen 30 und 50 am Anlasser überbrücken.

Spurt der Anlasser dabei einwandfrei ein, so liegt der Fehler in der Leitungsführung zum Anlasser. Wenn der Anlasser nicht einspurt, muß er im ausgebauten Zustand überprüft werden.

Störung	Ursache	Abhilfe
Anlasser dreht sich nicht beim Betätigen des Zündanlaßschalters	● Batterie entladen	Batterie laden
	● Klemmen 30 und 50 am Anlasser überbrücken: Anlasser läuft an. Leitung 50 zum Zündanlaßschalter unterbrochen, Anlaßschalter defekt	Unterbrechung beseitigen, defekte Teile ersetzen
	● Kabel oder Masseanschluß ist unterbrochen. Batterie entladen	Batteriekabel und Anschlüsse prüfen. Spannung der Batterie messen, nötigenfalls laden
	● Ungenügender Stromdurchgang infolge lockerer oder oxydierter Anschlüsse	Batteriepole und -klemmen reinigen. Stromsichere Verbindungen zwischen Batterie, Anlasser und Masse herstellen
	● Spannung am Anschluß für Feldwicklung am Magnetschalter messen. Spannung nicht vorhanden	Magnetschalter ersetzen
	● Nur Automatik-Fahrzeuge: Unterbrechung an den Anschlüssen oder im Anlaßsperrschalter	Unterbrechung beseitigen, defekte Teile ersetzen
Anlasser dreht sich zu langsam und zieht den Motor nicht durch	● Batterie entladen	Batterie laden
	● Kein Winteröl im Motor	Winteröl einfüllen
	● Ungenügender Stromdurchgang infolge lockerer oder oxydierter Anschlüsse	Batteriepole und -klemmen und Anschlüsse am Anlasser reinigen, Anschlüsse festziehen
	● Ungenügender Abstand zwischen Kohlebürsten und Kollektor	Kohlebürsten ersetzen und Führungen für Kohlebürsten reinigen
	● Kollektor riefig oder verbrannt und verschmutzt	Kollektor abdrehen oder Anker ersetzen
	● Spannung an Klemme 50 fehlt (mind. 8 Volt)	Zündanlaßschalter oder Magnetschalter überprüfen
Anlasser spurt ein und zieht an, Motor dreht sich nicht oder nur ruckweise	● Ritzelgetriebe defekt	Ritzelgetriebe ersetzen
	● Zahnkranz am Schwungrad defekt	Zahnkranz nacharbeiten, falls erforderlich, Schwungrad erneuern
Ritzelgetriebe spurt nicht aus	● Ritzelgetriebe oder Steilgewinde verschmutzt bzw. beschädigt	Ritzelgetriebe reinigen ggf. ersetzen
	● Magnetschalter defekt	Magnetschalter ersetzen

Die Zündanlage

Wartung der Zündanlage

Der Audi 100 mit Fünfzylindermotor ist serienmäßig mit einer Transistorzündanlage (TSZ) ausgestattet, seit August 1980 ist der Audi 100 mit einer Transistorzündanlage ausgestattet, die von einem Hallgeber angesteuert wird (TSZ-H). Beide Transistorzündanlagen arbeiten wartungsfrei. Alle 15000 km ist lediglich der Filz in der Zündverteilerwelle mit einem Tropfen Öl zu versehen. **Bei Arbeiten an der Zündanlage sind bestimmte Punkte zu beachten, um Verletzungen von Personen oder die Zerstörung der TSZ-Anlage zu vermeiden.**

Die Zündkerzen sollen etwa alle 7500 km herausgeschraubt, äußerlich gereinigt und an den Elektroden nachgestellt werden. Alle 15000 km sind die Zündkerzen zu erneuern.

Der Verteilerkopf, der Hochspannungsanschluß an der Zündspule und die Zündkabel sollen trocken gehalten werden, um Kriechströme zu vermeiden.

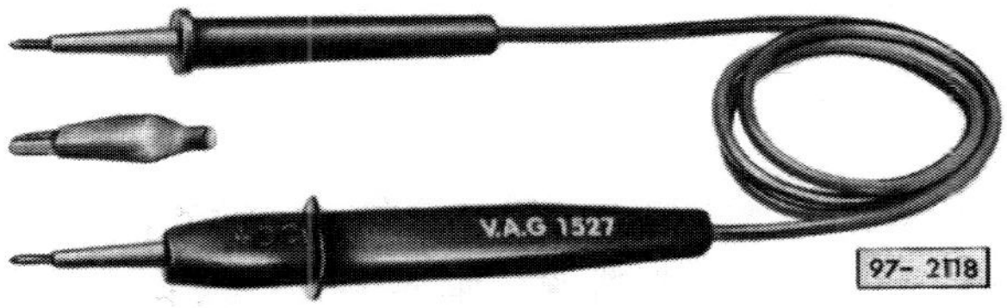

97- 2118

Achtung: Zur Spannungsprüfung an elektronischen Bauteilen nur einen hochohmigen Spannungsprüfer oder ein entsprechendes Meßgerät verwenden. Die herkömmliche Prüflampe kann aufgrund ihres geringen Widerstandes Schäden an der Elektronik verursachen.

Sicherheitsmaßnahmen zur TSZ-H-Anlage

Um Verletzungen von Personen und/oder die Zerstörung der TSZ-Anlage zu vermeiden, ist bei Arbeiten an Fahrzeugen mit TSZ-Anlage folgendes zu beachten:

- Zündkabel nicht bei laufendem Motor bzw. bei Anlaßdrehzahl mit der Hand berühren bzw. abziehen.
- Leitungen der Zündanlage nur bei ausgeschalteter Zündung abklemmen.
- Das An- und Abklemmen von Meßgeräteleitungen (Drehzahl-Zündungstester) nur bei ausgeschalteter Zündung vornehmen.
- An Klemme 1 (–) darf kein Entstörkondensator und keine Prüflampe angeschlossen werden.
- Meßgeräte und Zündlichtlampen mit Spannungsversorgung 12 Volt bei laufendem Motor nicht an Klemme 15 der Zündspule anklemmen.
- Hochspannungskabel (Klemme 4) nach dem Abziehen aus dem Zündverteiler immer direkt an Masse legen, dazu Hilfskabel mit ausreichendem Querschnitt verwenden, andernfalls darf der Motor nicht in Anlaßdrehzahl betrieben werden (z. B. Kompressionsdruckprüfung, TSZ-Schaltgerät-Prüfung).
- Starthilfe mit Schnellader ist nur bis zu 1 Minute und nur bis max. 16,5 Volt zulässig.
- Die Zündspule darf nicht durch eine übliche Zündspule ersetzt werden.
- Bei Elektro- und Punktschweißen ist die Batterie komplett abzuklemmen.
- Bei Erhitzung auf mehr als 80 °C (z. B. Lackieren, Dampfstrahlen) darf der Motor nicht unmittelbar nach der Aufheizphase gestartet werden.
- Die Motorwäsche ist nur bei Motorstillstand durchzuführen.
- Fahrzeuge, bei denen ein Defekt an der Zündanlage besteht oder vermutet wird, dürfen nur mit abgezogenem Stecker am TSZ-H-Schaltgerät abgeschleppt werden. An Klemme 1 (-) keinen Kondensator anschließen.
- Zündverteilerläufer 1 kΩ (Kennzeichnung: R 1) nicht gegen einen anderen tauschen, auch nicht bei Radioentstörung.
- Bei Entstörung sind an den Hochspannungsleitungen nur Widerstände mit 1 kΩ und Zündkerzenstecker von 1 bis 5 kΩ zu verwenden.

Funktion der TSZ-H-Anlage

Die Transistorzündanlage mit Hallgeber ist ein kontaktloses Zündsystem. Anstelle des Unterbrecherkontaktes ist der Zündverteiler mit einem wartungsfreien Hallgeber ausgestattet. Ein Zündkondensator ist nicht erforderlich. Der Hallgeber besteht aus einer berührungslos arbeitenden Magnetschranke und einer an der Zündverteilerwelle befestigten Blende.

Der Hallgeber steuert das TSZ-H-Schaltgerät an und bestimmt somit den Aus- und Einschaltpunkt des Zündspulenstromes. Dadurch bestimmt der Hallgeber auch den Zündzeitpunkt.

Wird die Blende in den Luftspalt der Magnetschranke gedreht, so lenkt sie das Magnetfeld an der integrierten Halbleiterschaltung (Hall-IC) vorbei. Der Hallgeber schaltet den Zündspulenstrom ein. Wird die Blende aus dem Luftspalt der Magnetschranke gedreht, wird der Zündspulenstrom abgeschaltet, und es erfolgt die Zündung.

Das TSZ-H-Schaltgerät regelt den Schließwinkel dadurch, daß die Zündspule nur für die Zeit, die zum Laden der Primärwicklung notwendig ist, mit Spannung versorgt wird. Dadurch wird die Verlustleistung im Schaltgerät und in der Zündspule gering gehalten.

Um das Schaltgerät und die Zündspule vor hoher Erwärmung zu schützen, schaltet das Schaltgerät bei eingeschalteter Zündung und stehendem Motor die Spannungsversorgung der Zündspule nach ca. 1 Sekunde ab.

Aus Sicherheitsgründen hat die Zündspule eine 5,5 mm-Öffnung mit Verschlußstopfen. Sie dient dazu, die Vergußmasse der Zündspule im Falle eines Schaltdefektes im TSZ-Hall-Schaltgerät gezielt austreten zu lassen.

Zündspule prüfen

Sekundärwiderstand prüfen

- Alle Anschlüsse an der Zündspule abklemmen.

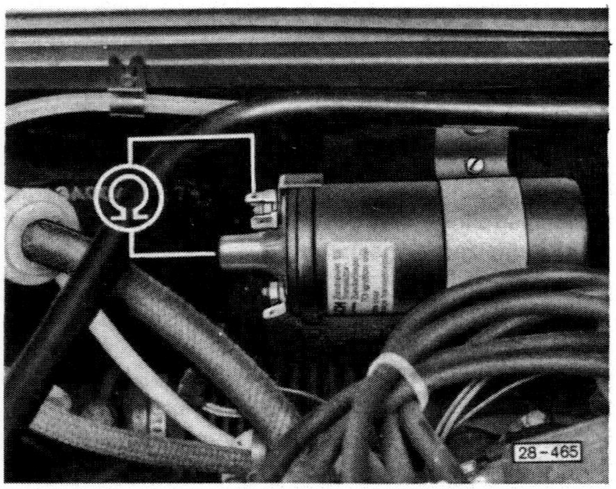

- Ohmmeter zwischen Klemme 1 (–) und Klemme 4 der Zündspule anschließen.
- Widerstand messen. Sollwert: 5,5 – 8 kΩ. Seit August 80: 2,4 – 3,5 kΩ. Falls der Sollwert nicht erreicht wird, Zündspule erneuern.

Primärwiderstand prüfen

- Alle Anschlüsse an der Zündspule abklemmen.

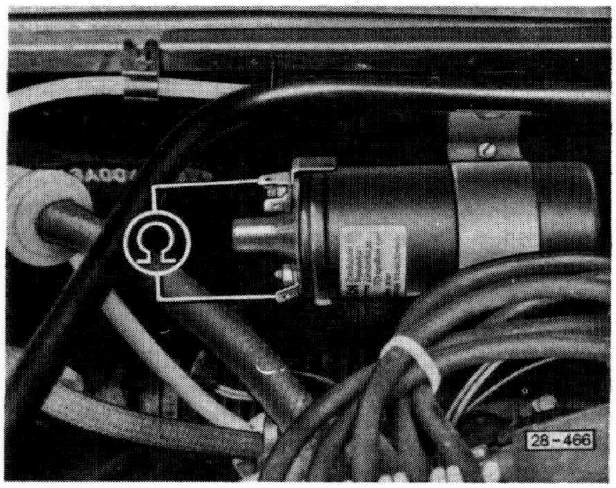

- Ohmmeter zwischen Klemme 1 und Klemme 15 der Zündspule anklemmen.
- Widerstand messen. Sollwert: 0,95 – 1,4 Ω. Seit August 80: 0,52 – 0,76 Ω. Andernfalls Zündspule erneuern.

Zündverteiler aus- und einbauen

Ein kompletter Ausbau des Zündverteilers ist nur bei größeren Reparaturen erforderlich. Rotor und Stator können auch ohne Ausbau des Zündverteilers herausgenommen werden.

Ausbau

- Batterie-Massekabel abklemmen.
- Unterdruckschlauch von Unterdruckdose abziehen.
- Elektrische Zuleitung zum TSZ-Schaltgerät am Zündverteiler herausziehen.
- Zündverteilerkappe abnehmen oder Zündkabel herausziehen.
- Mutter für Zündverteilerbefestigung herausdrehen, Zündverteiler herausziehen.

Einbau

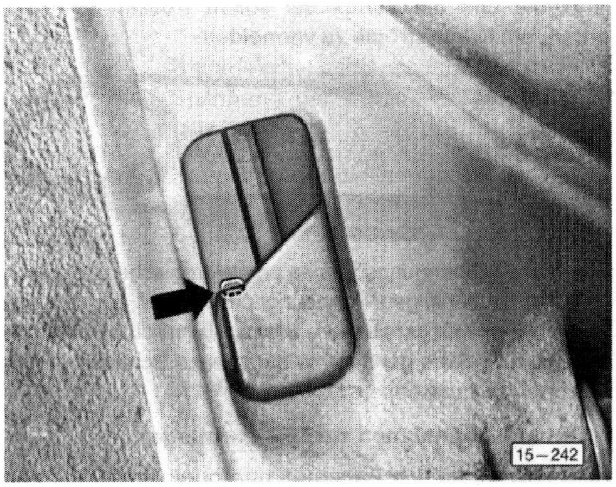

- Schwungrad bzw. Mitnehmerscheibe durch Verdrehen der Kurbelwelle auf OT stellen. Das Sichtfenster befindet sich rechts seitlich oben in der Getriebeglocke.

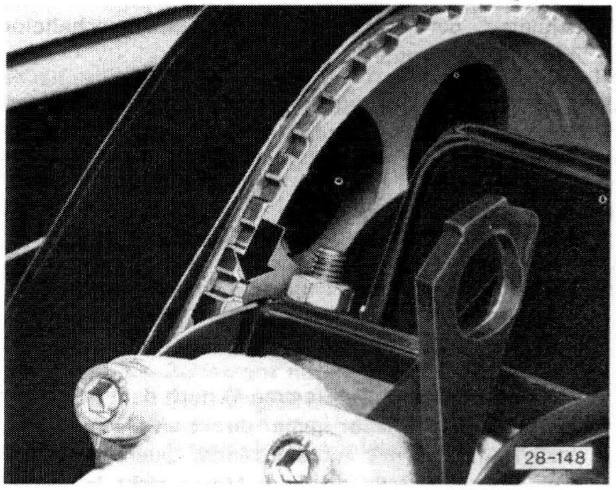

- Markierung am Nockenwellenrad mit Oberkante des Abdeckbleches hinten bzw. mit Oberkante Dichtung auf Übereinstimmung bringen.

28-149

- Zündverteilerläufer auf Zündverteilerwelle aufschieben. Der Läufer muß in die Welle einrasten. Zündverteilerläufer entsprechend der Markierung auf der Abbildung in Richtung bringen.

28-150

- Zündverteiler in dieser Stellung einsetzen. Bei eingesetztem Zündverteiler muß der Verteilerläufer auf die Zylinder 1-Markierung am Zündverteilergehäuse zeigen. Gegebenenfalls Zündverteiler auf Markierung drehen und mit Klemmschraube befestigen.
- Zündverteilerkappe vor dem Aufsetzen reinigen, auf Risse, Spuren von Kriechströmen (schwarze Kanäle) achten, gegebenenfalls ersetzen.
- Stecker für TSZ-Schaltgerät in Zündverteiler schieben.
- Unterdruckschlauch auf Unterdruckdose aufschieben.
- Hochspannungskabel von Zündspule in die Mitte der Verteilerkappe aufschieben.
- Zündkerzenkabel in Verteilerkappe aufschieben. Dabei Reihenfolge = Zündfolge beachten. Die Zündfolge ist 1—2—4—5—3. Das Kabel für Zylinder 1 muß über der Zündverteiler-1-Markierung auf dem Zündverteilergehäuse in die Zündverteilerkappe eingeschoben werden. Es folgen im Uhrzeigersinn die Kabel für Zylinder 2—4—5—3. Zylinder 1 liegt wiederum gegenüber dem Schwungrad bzw. der Mitnehmerscheibe.
- Batterie-Massekabel anklemmen.
- Zündung einstellen.

Induktivgeber für Zündverteiler prüfen

(Bis August 1980)

- Motor kalt, Umgebungstemperatur max. 40 °C.
- Zündverteilerkappe abnehmen, Verteilerläufer abziehen.

28-156

- Zündverteiler auf richtigen Anschluß prüfen. A = grünes Kabel, B = braunes Kabel.

28-157

- Zündverteilerkappe abnehmen und Klammer gegen Reinfallen in den Zündverteiler unbedingt mit Styropor sichern.

● Mindestluftspalt zwischen Rotor und Stator an allen Kontaktzähnen mit Fühlerblattlehre messen. Der Sollwert beträgt 0,25 mm. Gegebenenfalls Abstand durch vorsichtiges Verbiegen der Stator- und Rotorzähne einstellen.

● Stecker für TSZ-Schaltgerät am Zündverteiler abziehen.

● Mit Ohmmeter Widerstand des Induktivgebers messen. Sollwert: 890-1285 Ω, andernfalls Verteiler erneuern.

● Steckverbindung am TSZ-Schaltgerät abziehen.

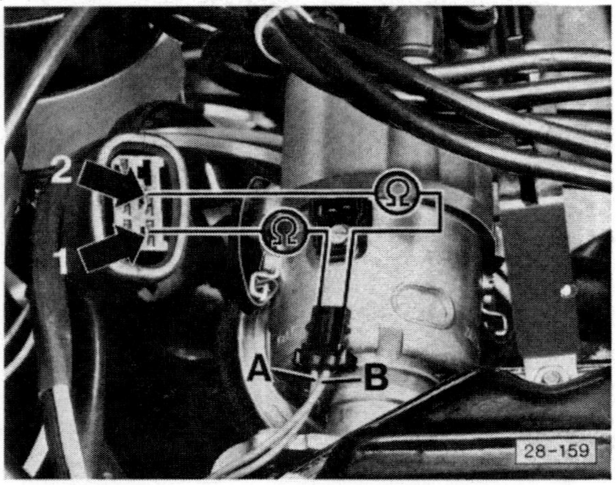

● Verbindung zwischen Anschluß – 1 – am Schaltgerät und Steckkontakt – A – am Zündverteiler sowie Anschluß – 2 – am TSZ-Schaltgerät und Steckkontakt – B – am Zündverteiler mittels Ohmgerät auf Durchgang prüfen. Sollwert: 0 Ω, andernfalls Zündverteiler erneuern.

● Steckverbindung am Zündverteiler aufschieben.

● Verteilerläufer auf Welle aufschieben, der Verteilerläufer muß in die Welle einrasten.

● Schleifkontakt mit Feder in Zündverteilerkappe auf Verschleiß und Freigängigkeit prüfen, gegebenenfalls erneuern.

● Verteilerkappe aufsetzen und mit Halteklammern befestigen.

Schaltgerät für Leerlaufstabilisierung abschalten/prüfen

(Audi 100 mit 1,9 l-Motor)

Die digitale Leerlaufstabilisierung (DLS) hält auch dann die Leerlaufdrehzahl konstant, wenn der Motor zusätzlich belastet wird, zum Beispiel durch zusätzliche Verbraucher, wie die Klimaanlage. Die Stabilisierung wird dadurch erreicht, daß die DLS den Zündpunkt in Richtung – früh – verschiebt. Die DLS arbeitet nur im Drehzahlbereich zwischen 600 und 800/min. Bei allen anderen Drehzahlen ist sie wirkungslos. Die DLS kann mit einem Zündeinstellgerät geprüft werden, welches die Zündverstellung anzeigt. **Bei einem Defekt der DLS springt der Motor nicht an. In diesem Fall kann die DLS ausgeschaltet werden.** Dazu werden die Stecker von der DLS abgezogen und zusammengesteckt. **Auch bei der Zündzeitpunkteinstellung müssen die Stecker vom Schaltgerät der DLS abgezogen und miteinander verbunden werden.**

Prüfen

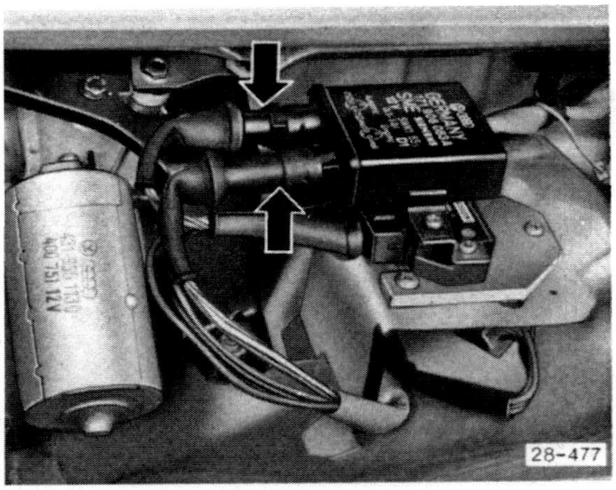

● Die DLS sitzt vorn unter der Haube im Wasserkasten.

● Zündblitzpistole mit Zündverstellablesemöglichkeit nach Bedienungsanleitung anschließen.

● Motor starten und im Leerlauf belassen.

● Zündzeitpunkt ablesen und merken.

● Alle elektrischen Verbraucher (z. B. heizbare Heckscheibe, Fernlicht usw.) einschalten.

● Zündzeitpunkt muß sich in Richtung – früh – verstellen. Andernfalls DLS-Gerät ersetzen.

TSZ-H-Schaltgerät prüfen

Prüf-Voraussetzung: Zündspule und DLS in Ordnung.

- Stecker vom TSZ-H-Schaltgerät abziehen.
- Mit Voltmeter Spannung zwischen den Kontakten 4 und 2 am Stecker prüfen.
- Zündung einschalten.
  Sollwert: ca. Batteriespannung (12 V), andernfalls Unterbrechung nach Stromlaufplan ermitteln und beseitigen.
- Zündung ausschalten.
- Stecker an TSZ-H-Schaltgerät wieder aufstecken.
- Stecker am Hallgeber (Zündverteiler) abziehen.

- Voltmeter zwischen Klemme -1- (–) und Klemme 15 (+) der Zündspule anschließen.
- Zündung einschalten. Sollwert: mind. 5 Volt. Der Wert muß nach ca. 1 – 2 Sekunden auf 0 abfallen. Andernfalls TSZ-H-Schaltgerät und Zündspule ersetzen.
- Zündung ausschalten.

- Voltmeter an den äußeren Kontakten des Steckers vom Hall-Geber (Zündverteiler) anschließen.
- Zündung einschalten. Sollwert: mind. 5 Volt. Andernfalls Leitungsunterbrechung zwischen Stecker des Hall-Gebers und Schaltgerätes ermitteln und beseitigen.

Hallgeber prüfen

Prüfvoraussetzung: TSZ-Hall-Schaltgerät i. O., Zündspule i. O. Leitung zwischen TSZ-Hall-Schaltgerät und Zündverteiler i. O.

- Hochspannungsleitung Klemme 4 aus Zündverteiler ziehen und an Masse legen. Dazu Hilfskabel verwenden.
- Gummitülle am Anschlußstecker TSZ-Hall-Schaltgerät abziehen. Anschlußstecker bleibt aufgesteckt.

Achtung: Die angegebenen Sollwerte sind für eine Umgebungstemperatur von 0° bis + 40° C gültig.

- Voltmeter zwischen Kontakt 5 und 3 anklemmen.
- Zündung einschalten. Sollwert: mind. 8,5 Volt.
- Andernfalls Batterie prüfen bzw. Leitungsunterbrechung zwischen TSZ-Hall-Schaltgerät, Zündverteiler und Zentralelektrik nach Stromlaufplan ermitteln und beseitigen.
- Zündung ausschalten.

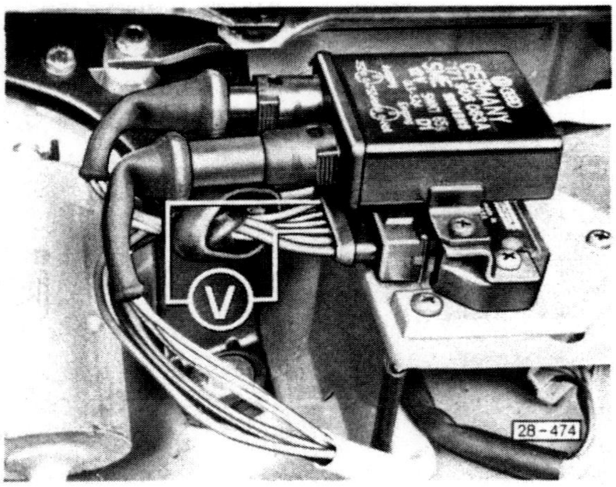

- Voltmeter zwischen Kontakt 6 und 3 anschließen.
- Zündung einschalten.
- Motor von Hand langsam in Drehrichtung durchdrehen und dabei Anzeige des Meßgerätes beachten.

Achtung: Durch das Durchdrehen des Motors wird die Stellung der Blende zum Hall-Geber im Zündverteiler verändert. Sollwert: 0 bis 0,7 Volt bei Blende außerhalb des Hall-Gebers. 1,8 Volt bis Batteriespannung bei Blende innerhalb des Hall-Gebers.
Andernfalls Hall-Geber defekt, Zündverteiler ersetzen.

- Das Foto zeigt die Blende -1- außerhalb des Hallgebers -2-.

Zündzeitpunkt einstellen/prüfen

Zum Einstellen des Zündzeitpunktes werden ein Drehzahlmesser und eine Zündblitzpistole benötigt.

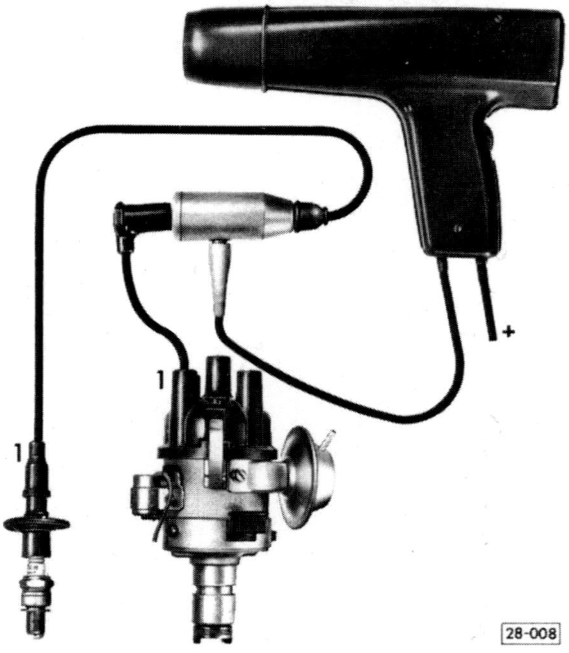

- Zündblitzpistole nach Bedienungsanleitung anschließen.
- Drehzahlmesser nach Bedienungsanleitung anschließen. Motordrehzahl einregulieren. Motor-Leerlaufdrehzahl siehe Seite 171.
- Zur Einstellung des Zündzeitpunktes soll die Motor-Öltemperatur mindestens 30 °C betragen.

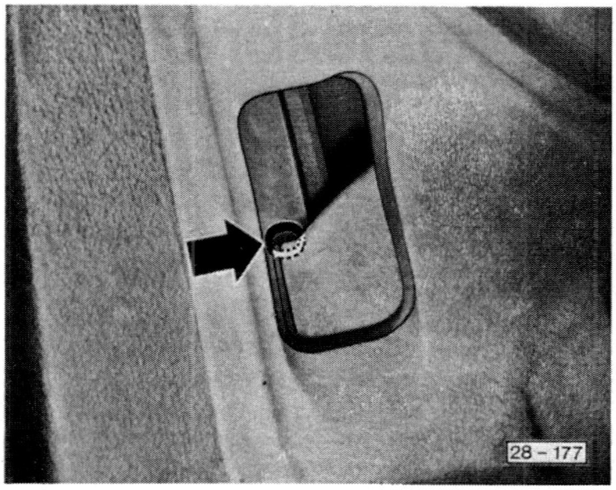

- Motor starten, mit Leerlaufdrehzahl laufen lassen, Zündzeitpunktmarke mit Zündblitzpistole anblitzen. Die Zündzeitpunktmarke befindet sich auf der Schwungbeziehungsweise Mitnehmerscheibe und ist durch einen Durchbruch in der Getriebeglocke links oben am Motor sichtbar.

Achtung: Je nach Modell gibt es unterschiedliche Zündzeitpunktmarken! Außerdem ist darauf zu achten, ob der Unterdruckschlauch von der Unterdruckdose des Zündverteilers abzuziehen ist oder nicht. **Beim 1,9 l-Motor müssen die Stecker von der DLS abgezogen und miteinander gekoppelt werden, siehe Seite 169.**

- Beim Anblitzen muß die Zündzeitpunkt-Kerbe mit der Bezugskante der Kupplungsglocke übereinstimmen. Falls nicht, Zündverteiler lösen und entsprechend verdrehen.
- Zündverteiler festziehen, Unterdruckschlauch, falls abgenommen, auf Unterdruckdose aufschieben.

Der richtige Zündzeitpunkt

Motor/Merkmal	Motor-Kennbuchstabe	Zündzeitpunkt	Markierung Schwungrad/Mitnehmerblech	Drehzahl 1/min	Bemerkung
1,9 l Schaltgetriebe 100 PS	WH	O. T.	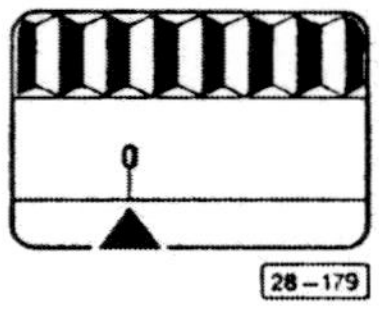	800 ± 50	Unterdruckschläuche **aufgesteckt** **Achtung:** Vor Zündeinstellung DLS abklemmen und koppeln.
2,2 l Schaltgetriebe 115 PS bis 8. 80	WB bis Fg.-Nr. 439 ...	9° vor o. T. bei Zündverteiler mit Doppeldose: 0 ± 1°	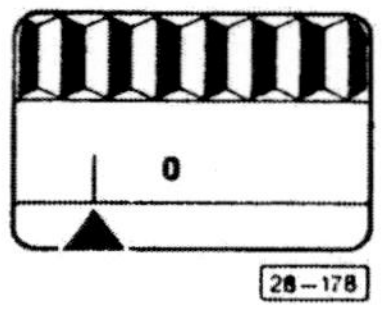	900 ± 50	Unterdruckschlauch **abgezogen** bei Zündverteiler mit Doppeldose: **aufgesteckt**
2,2 l Autom. Getriebe 115 PS Schaltgetriebe	WB WB ab Fg.-Nr. 43 A ...	o.T.	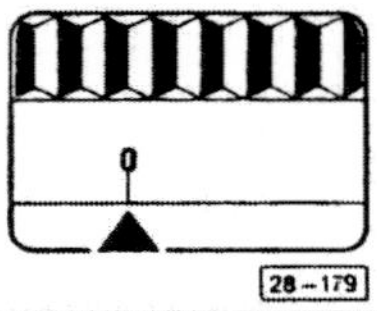	900 ± 50 ab 8/80 800 ± 50	Unterdruckschläuche **aufgesteckt**
2,2 l 136 PS	WC bis Fg.-Nr. 439 ... WC ab Fg.-Nr. 43 A ...	5° vor o.T. 6° vor o.T.*	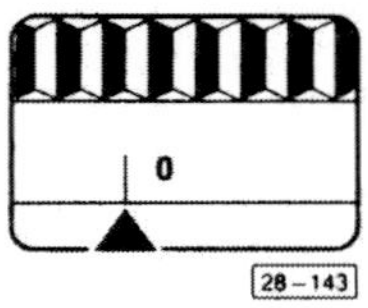	900 ± 50 ab 8/80 800 ± 50	Unterdruckschläuche **aufgesteckt**

*) **Achtung:** Bei Betrieb mit unverbleitem Kraftstoff ist der Zündzeitpunkt auf **10° – 2° vor OT** einzustellen. Während der Prüfung oder Einstellung des Zündzeitpunktes, Unterdruckschlauch zwischen Zündverteiler-Unterdruckdose und Verteilerstück abziehen. Anschluß am Verteilerstück mit Stopfen verschließen.

Zündverteilerläufer / Zündleitung / Zündkerzenstecker prüfen

Für einen einwandfreien Zündfunken darf der Widerstand (in Ohm gemessen) nicht zu hoch sein.

Zündverteilerläufer prüfen

- Zündverteilerläufer ausbauen.

28-471

- Ohmmeter an Zündverteilerläufer anschließen. Der Sollwert soll ca. 5 kΩ betragen. Bei TSZ-H-Anlage, Kennzeichnung R 1, seit August 80: ca. 1 kΩ.

Zündleitung prüfen

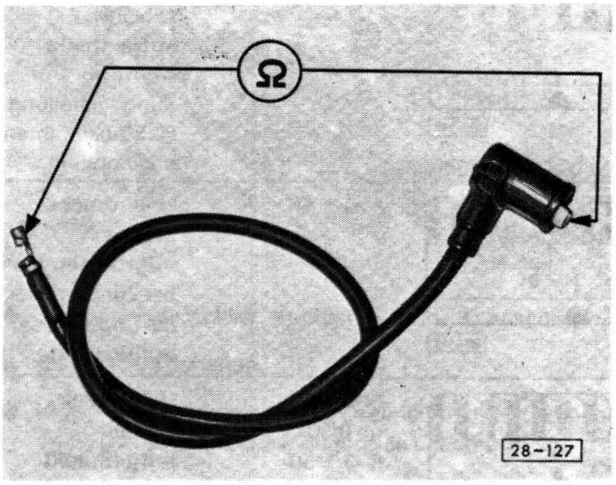

28-127

- Zündleitung ausbauen, Ohmmeter anschließen. Der Sollwert soll 1 k Ω ± 0,2 Ω betragen. Bei Serienfahrzeugen ohne Radio 0 Ω.

Zündkerzenstecker prüfen

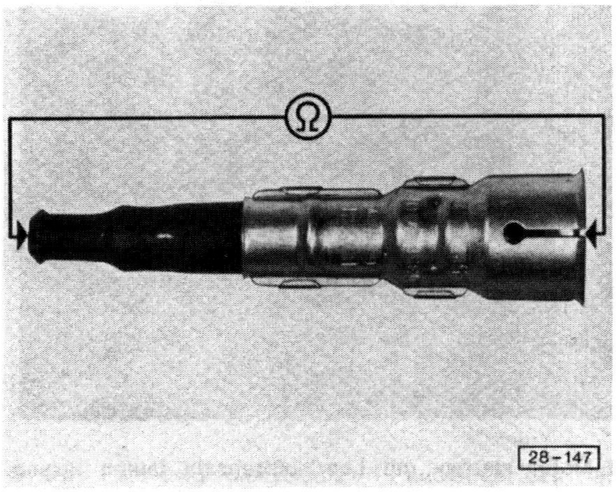

28-147

- Zündkerzenstecker ausbauen, Ohmmeter anschließen. Der Sollwert soll bei entstörtem Zündkerzenstecker (für Radioempfang) 5 k Ω ± 1 k Ω und bei einem nicht entstörten Zündkerzenstecker 1 k Ω± 0,2 k Ω betragen. Bei TSZ-H-Anlage, seit August 80: Entstörter Zündkerzenstecker von 1 kΩ bis 5 kΩ.

Die Zündkerzen

Die Zündkerze besteht aus der Mittel-Elektrode, dem Isolator mit Gehäuse und der Masse-Elektrode. Die Masse-Elektrode ist gasdicht im Isolator befestigt, der Isolator ist fest mit dem Gehäuse verbunden. Zwischen Mittel- und Masse-Elektrode springt der Zündfunke über, der das Kraftstoffluftgemisch entzünden soll. Von der Zündkerze hängen Startbereitschaft, Leerlaufverhalten, Beschleunigung und Höchstgeschwindigkeit ab. Man sollte deshalb nicht ohne Grund von dem vom Werk vorgeschriebenen Zündkerzentyp abweichen, der durch die Wärmewert-Kennzahl bestimmt wird. Die Wärmewert-Kennzahl gibt den Grad der Wärmebelastbarkeit einer Zündkerze im Motor unter bestimmten Betriebsbedingungen an. Die Zündkerzen für den Motor sind so ausgewählt, daß sie möglichst unter allen Fahrbedingungen die Selbstreinigungstemperatur erreichen. Je niedriger die Wärmewert-Kennzahl einer Zündkerze ist, desto höher ist ihr Widerstand gegen Glühzündungen und desto kleiner ist ihr Widerstand gegen Verschmutzung. Je höher die Wärmewert-Kennzahl der Zündkerze ist, desto kleiner ist ihr Widerstand gegen Glühzündungen und desto höher ist ihr Widerstand gegen Verschmutzung.

Die Wärmewert-Kennzahl ist im Zündkerzencode enthalten. Der Code schlüsselt sich wie folgt auf:

Bosch-Zündkerze

Beispiel W R 7 D C
① ② ③ ④ ⑤

① W = Gewinde M 14 × 1,25 mit Flachdichtsitz, SW 21; F = Gewinde M 14 × 1,25 mit Flachdichtsitz, SW 16; M = Gewinde M 18 × 1,5 mit Flachdichtsitz, SW 25; H = Gewinde M 14 × 1,25 mit Kegeldichtsitz, SW 16; D = Gewinde M 18 × 1,5 mit Kegeldichtsitz SW 21; SW = Schlüsselweite.
② R = Mit Widerstand, zur Entstörung. Die Funktion der Zündanlage wird dadurch nicht beeinflußt.
③ Wärmewert-Kennzahl. Die Wärmewertskala wird von 06 („kalt") bis 13 („warm") angegeben. Dabei entspricht die Kennzahl 7 dem alten Wärmewert 175 (frühere Bezeichnung), 6 = 200, 5 = 225 usw.
④ A = Gewindelänge 12,7 mm, normale Funkenlage; B = Gewindelänge 12,7 mm, vorgezogene Funkenlage; C = Gewindelänge 19 mm, normale Funkenlage; D = Gewindelänge 19 mm, vorgezogene Funkenlage.
⑤ = Elektrodenwerkstoff der Mittelelektrode: Cr-Ni-Legierung, C = Ni-Cu-Verbund-Mittelelektrode, S = Silber-Mittelelektrode, P = Platin-Mittelelektrode, O = Standard-Zündkerze mit verstärkter Mittelelektrode.

Durch den Kupferkern (Cu) in der Mittelelektrode und noch mehr durch die Silber-Mittelelektrode wird die Wärmeleitfähigkeit und damit die Wärmebelastbarkeit erhöht. Der Vorteil der Zündkerze mit Platin-Mittelelektrode liegt in hoher Zündwilligkeit sowie geringem Verschleiß und größerem Wärmewertbereich.

Beru-Zündkerze

Beispiel 18 K 7 B U
① ② ③ ④ ⑤

① Gewindedurchmesser in mm, hier M 18.
② Konstruktionsmerkmal, z. B. K für Konussitz, R für Entstörwiderstand.
③ Wärmewert-Kennzahl (wie bei Bosch).
④ Gewindelänge (wie bei Bosch).
⑤ Elektrodenwerkstoff, z. B. U für Kupferkern.

Von dem vom Werk empfohlenen Wärmewert sollte nur abgegangen werden, wenn die Betriebsbedingungen erheblich von den normalen Bedingungen abweichen und Betriebsstörungen auftreten. Sind die Kerzen ständig verrußt, erreichen sie also nicht die Selbstreinigungstemperatur (nur Kurzstreckenverkehr), ist eine Zündkerze mit der nächsthöheren Wärmewert-Kennzahl empfehlenswert. Wenn der Motor ausschließlich Vollgas gefahren wird, kann eine Zündkerze mit nächstniedriger Wärmewert-Kennzahl erforderlich werden.

Wartung der Zündkerzen

- Zündkerzen alle 7500 km herausschrauben und Aussehen sowie Elektrodenabstand prüfen.
- Elektrodenabstand mit einer Fühlerblattlehre prüfen. Er soll **0,6–0,8 mm** betragen; Ausnahmen, siehe Zündkerzentabelle. Während des Betriebs vergrößert sich der Elektrodenabstand durch Abbrand. Falls erforderlich Masse-Elektrode nachbiegen, dazu seitlich gegen die Masse-Elektrode klopfen. Beim Aufbiegen kleinen Schraubendreher am Gewinderand abstützen, keinesfalls jedoch an der Mittel-Elektrode, da diese sonst beschädigt wird.
- Verschmutzte Zündkerzen (behelfsmäßig) mit einer Messingdrahtbürste oder (besser!) mit einem Sandstrahlgerät reinigen.
- Zündkerzen von Hand einschrauben. **Achtung:** Dabei Kerzen nicht verkanten, sonst kann das Gewinde im Zylinderkopf zerstört werden. Anschließend Zündkerzen mit **20 Nm** festziehen.
- Zünkerzen alle 15000 km ersetzen. Bei Platin-Zündkerzen ist die Verschleißgrenze erreicht, wenn die Mittel-Elektrode im Isolatorfuß nicht mehr erkennbar ist. In diesem Fall Zündkerzen austauschen. **Achtung:** Keine dreipoligen Zündkerzen verwenden.

Die richtige Zündkerze für den AUDI 100

Motor	Kennbuchstabe	Zündkerzenbezeichnung		
		BOSCH	BERU	CHAMPION
1,9 l/100 PS (S)	WH	W7D W7DC	14-6D 14-6DU	N7YC
2,2 l/115 PS (S)	WB	W6D W6DC	14-6D 14-6DU	N7YC
2,2 l/115 PS (N)	WB	W7D W7DC	14-7D 14-7DU	N7YC
2,2 l/136 PS (S)	WC	W6D W6DC W6DO*	14-6D 14-6DU	N79Y*

(S = Super-Benzin, N = Normal-Benzin)
*) Elektrodenabstand 0,8 bis 0,9 mm

Die Beleuchtungsanlage

Zur Beleuchtungsanlage zählen: Hauptscheinwerfer, Nebellampen, Heckleuchten, Bremsleuchten, Rückfahrscheinwerfer, Kennzeichenleuchte, Blinkleuchten, Innenleuchte und Instrumentenbeleuchtung.

Scheinwerferlampe auswechseln

Normale Glühlampen unterliegen dem Verschleiß. Etwa alle 2 Jahre sollten sie ausgewechselt werden, auch wenn sie noch intakt sind. Eine Glühlampe mit verminderter Leuchtkraft erkennt man auch an schwarzen Ablagerungen auf dem Glaskolben.

Vor dem Auswechseln der Glühlampe Schalter des betreffenden Verbrauchers ausschalten. **Achtung:** Glaskolben nicht mit bloßen Fingern anfassen. Der Fingerabdruck würde verdunsten und sich – aufgrund der Wärme – auf dem Reflektor niederschlagen und diesen erblinden lassen.

- Motorraumdeckel öffnen.
- Abdeckkappe linksherum drehen und abnehmen.
- Dreifachstecker abziehen.
- Verschlußring gegen den Reflektor drücken, nach links drehen und abnehmen.
- Defekte Lampe gegen neue Lampe gleicher Ausführung auswechseln, dabei muß der Lampenteller sicher in die Reflektorfassung einrasten.
- Verschlußring gegen den Reflektor drücken und bis zum Anschlag nach rechts drehen.
- Dreifachstecker aufstecken.
- Abdeckkappe ansetzen und rechtsherum aufschrauben. Darauf achten, daß die Aufschrift „Oben“ nach Aufschrauben der Abdeckkappe oben steht.

Heckleuchten auswechseln

- Kofferraumdeckel öffnen.
- Klemmzungen auf beiden Seiten eindrücken und Lampenträger herausnehmen.
- Defekte Lampe gegen neue Lampe gleicher Ausführung auswechseln, dabei Lampe leicht in den Lampenträger hineindrücken und drehen.
- Lampenträger wieder in das Lampengehäuse einrasten.

Standlichtlampe auswechseln

- Motorraumdeckel öffnen.
- Abdeckkappe linksherum drehen und abnehmen.
- Dreifachstecker und Kabel für Standlichtlampe abziehen.
- Verschlußring gegen den Reflektor drücken, nach links drehen und abnehmen.
- Defekte Lampe nach links aus der Fassung drehen und durch Lampe gleicher Ausführung ersetzen, dabei neue Lampe hineindrücken und nach rechts drehen.
- Verschlußring gegen den Reflektor drücken und bis zum Anschlag nach rechts drehen.
- Dreifachstecker und Kabel für Standlichtlampe aufstecken.
- Abdeckkappe ansetzen und rechtsherum aufschrauben. Darauf achten, daß die Aufschrift „Oben“ nach Aufschrauben der Abdeckkappe oben steht.

Innenleuchte auswechseln

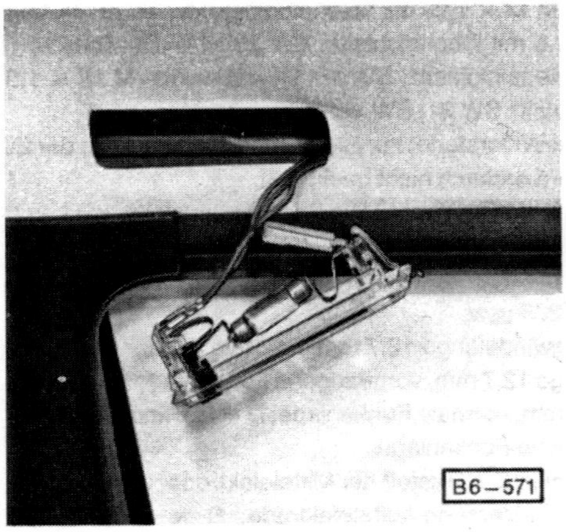

- Schraubendreher vorsichtig zwischen Gehäuserand und Kunststoffbespannung des Daches einsetzen und Leuchte herausheben.
- Defekte Lampe (Soffitte) zwischen den beiden Kontaktfedern herausnehmen.
- Neue Lampe gleicher Ausführung einsetzen.
- Gehäuse zuerst an der Schalterseite einsetzen, dann gegenüberliegende Seite hineindrücken, bis der Federschnapper einrastet.

Vordere Blinkleuchten auswechseln

- Motorraumdeckel öffnen.
- Tülle an Zuleitung zurückschieben.

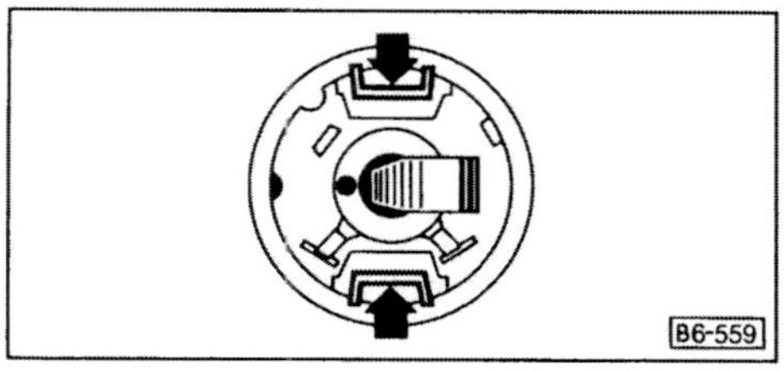

- Klammern (Pfeile) eindrücken und Fassung herausziehen.
- Lampe in die Fassung drücken, nach links drehen und herausnehmen.
- Defekte Lampe gegen Lampe gleicher Ausführung auswechseln, dabei neue Lampe hereindrücken und nach rechts drehen.
- Fassung in die Halterung eindrücken.
- Tülle sorgfältig auf Leuchtengehäuse stecken.

Kennzeichenleuchten auswechseln

- Beide Kreuzschlitzschrauben der betreffenden Streuscheibe herausschrauben und Streuscheibe abnehmen.
- Defekte Lampe gegen neue Lampe gleicher Ausführung auswechseln, dabei Lampe leicht in den Lampenträger hineindrücken und drehen.
- Abschließend Streuscheibe nicht zu fest anschrauben.

Scheinwerfer einstellen

Für die Verkehrssicherheit ist die richtige Einstellung der Scheinwerfer von großer Bedeutung. Die exakte Einstellung der Scheinwerfer ist nur mit einem Spezialeinstellgerät möglich. Es wird deshalb nur gezeigt, wo der Scheinwerfer eingestellt werden kann und welche Bedingungen zum richtigen Einstellen der Scheinwerfer erfüllt sein müssen.

- Reifen müssen den vorgeschriebenen Reifenluftdruck haben.
- Das unbeladene Fahrzeug muß mit 70 kg (eine Person) in der Mitte der hinteren Sitzbank belastet werden.
- Die Scheinwerfer dürfen nur bei Abblendlicht eingestellt werden. Das Neigungsmaß beträgt 10 cm auf 10 m Entfernung.
- Bei Fahrzeugen mit Leuchtweitenverstellung muß während des Einstellens der Hebel zur Leuchtweiteneinstellung nach unten gedrückt werden.

A = Höhenverstellung, B = Seitenverstellung.

- Da zum Einstellen der Scheinwerfer ein Spezialgerät erforderlich ist, sollte diese Arbeit von einer Fachwerkstatt durchgeführt werden.

Der Scheinwerfer

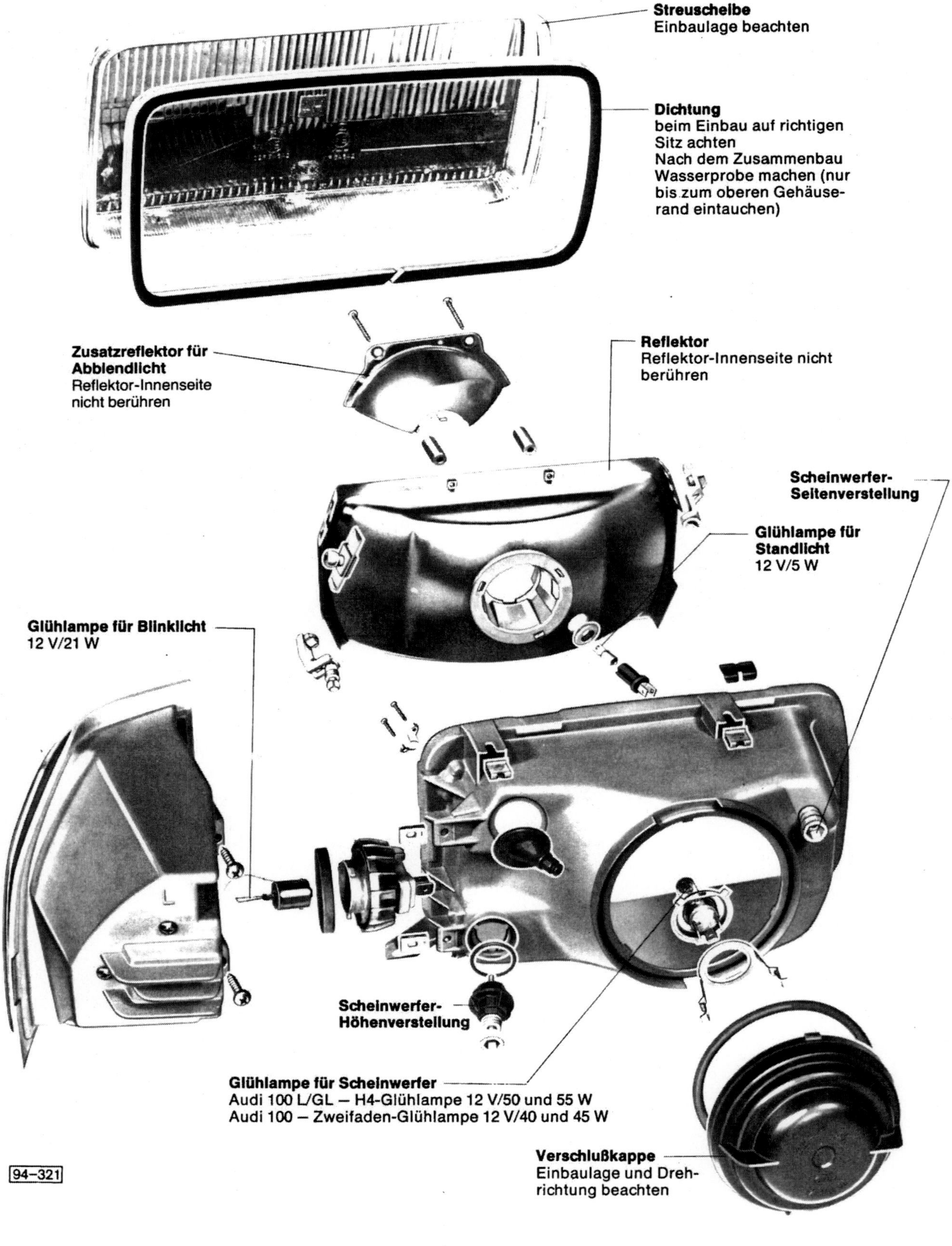

Scheinwerfer aus- und einbauen

Ausbau

- Befestigungsklammern (Pfeile) von Scheinwerferblende lösen. Unten am Zierrahmen Schraube aus Klammer herausdrehen.
- Elektrische Leitungen von Scheinwerfer und Blinklicht abnehmen.

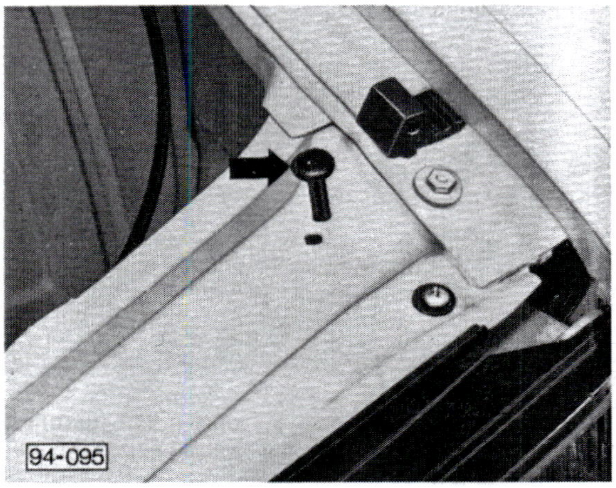

- Bei Fahrzeugen mit H4-Glühlampen Bedienungsknopf für Leuchtweitenverstellung abschrauben.

- 4 Scheinwerfer-Befestigungsschrauben lösen, Scheinwerfer herausnehmen.

Einbau

- Scheinwerfer einsetzen, 4 Befestigungsschrauben eindrehen.
- Blende für Scheinwerfer ansetzen und mit Clips und Schraube befestigen.
- Elektrische Leitungen an Scheinwerfer und Blinklicht anschließen.
- Bei H4-Scheinwerfer Bedienungsknopf für Leuchtweitenverstellung aufschrauben.
- Scheinwerfer einstellen.

Die Heckleuchte

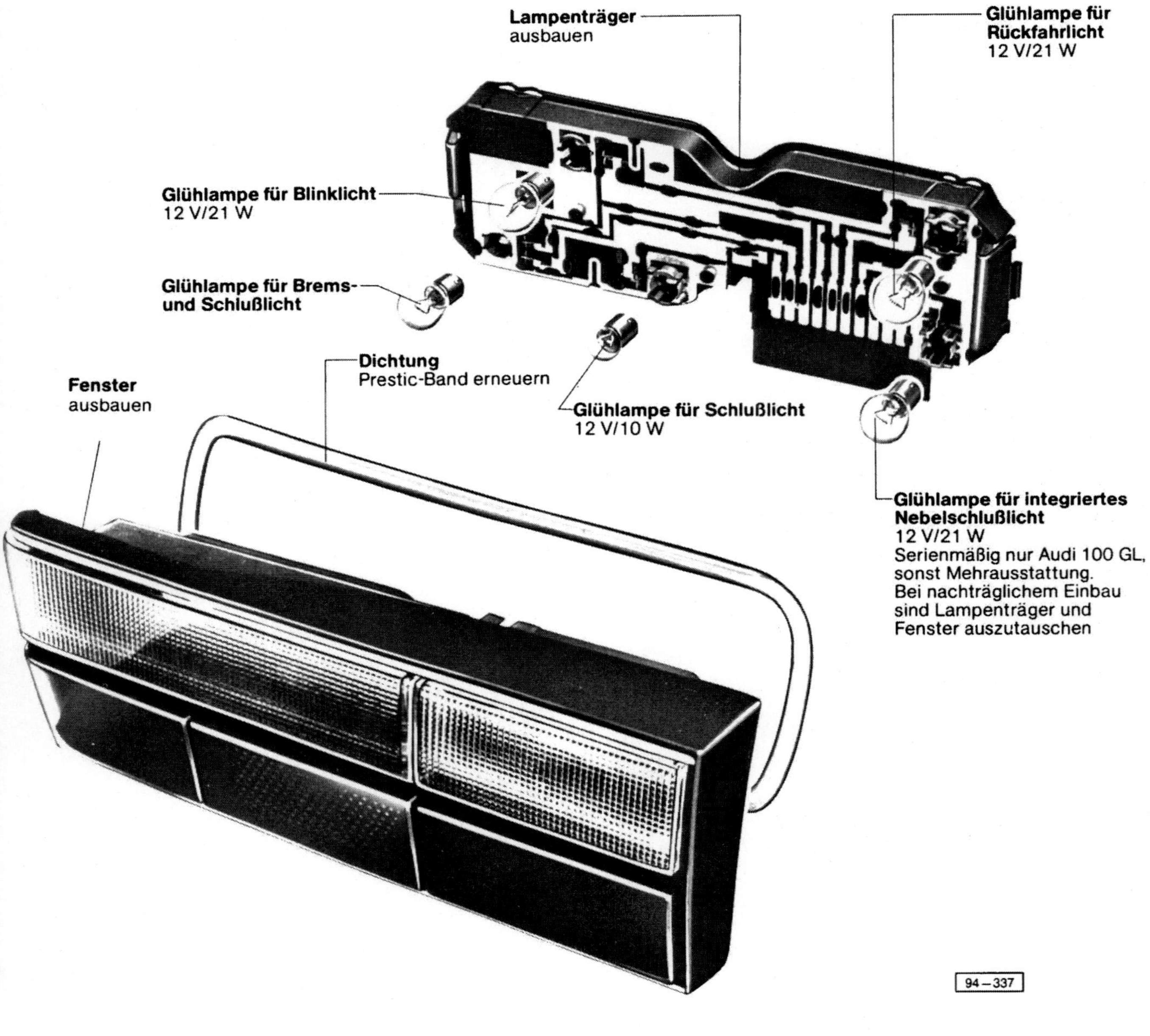

Heckleuchten aus- und einbauen

Ausbau

- Masseband von Batterie abklemmen.

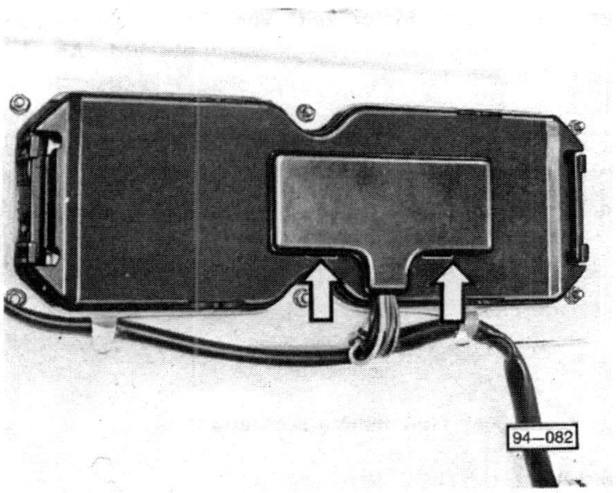

- Abdeckung (Pfeile) nach oben drücken und abnehmen.

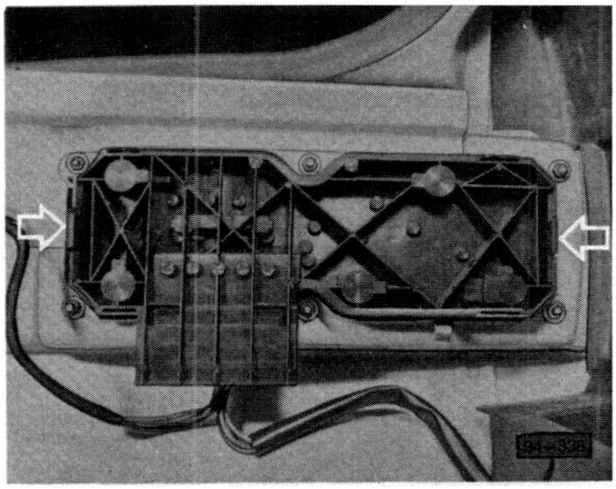

Achtung: Soll nur der Lampenträger ausgebaut werden, Halteklammern (weiße Pfeile) nach innen drücken.

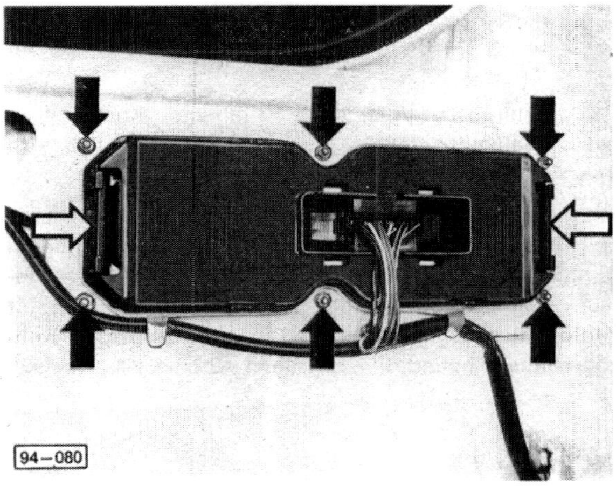

- Mehrfachstecker abziehen.
- Halteklammern des Lampenträgers (weiße Pfeile) nach innen drücken und Lampenträger herausnehmen.
- Befestigungsmuttern lösen, Fenster nach außen drükken.

Einbau

- Fenster mit neuer Prestic-Dichtung einsetzen, auf richtigen Sitz der Dichtung achten.
- Befestigungsmuttern gefühlvoll aufschrauben und anziehen.
- Lampenträger einsetzen und einrasten lassen.
- Mehrfachstecker aufschieben, Abdeckung aufdrücken.
- Batterie-Masseband anklemmen.

Lampentabelle

Um jederzeit eine Lampe auswechseln zu können, sollte stets ein Kasten mit Ersatzlampen im Wagen mitgeführt werden. Eine Zusammenstellung der im Audi 100 verwendeten Glühlampen enthält die untenstehende Tabelle.

	Bezeichnung nach DIN
Scheinwerfer (Normal)	12 V 40/45 W
Scheinwerfer (Halogen)	12 V 55/60 W
Standlicht	12 V 5 W
Schlußleuchten	12 V 10 W
Blinkleuchten vorn	12 V 21 W
Blinkleuchten hinten	12 V 21 W
Bremsleuchten	12 V 21 W
Rückfahrleuchten	12 V 21 W
Kennzeichenleuchte	12 V 4 W
Innenleuchte	12 V 10 W
Kofferraumleuchte	12 V 10 W
Ablagefach-Leuchte	12 V 3 W
Kontrolleuchten für Schalter	12 V 1,2 W
Instrumentenbeleuchtung	12 V 1,2 W
Nebelscheinwerfer (Halogen)	12 V 55 W
Nebelschlußleuchte	12 V 21 W

Die Armaturen

Die Armaturen des Audi 100 sind in einem Kombiinstrument zusammengefaßt. Das Kombiinstrument läßt sich ohne Ausbau der Schalttafel herausnehmen.

Seit August 1978 fehlt die Kühlmitteltemperaturanzeige im Schalttafeleinsatz. Zur Kontrolle der Kühlmitteltemperatur sind statt dessen zwei Kontrolleuchten eingebaut. Blau für „Motor kalt“ (40 °–50 °C) und Rot für „Motor zu heiß“ (116 °–124 °C). Der Temperatur-Kontrollschalter befindet sich beim 2,2-Liter-Motor mit K-Jetronic im Motorblock. Beim 2,2-Liter-Vergasermotor sitzt dort nur der Schalter für „Motor heiß“, während der Schalter für „Motor kalt“ vom Temperaturschalter der Ansaugrohrvorwärmung mitbetätigt wird. An der Stelle, an der bis August 1978 das Anzeigegerät für Kühlmitteltemperatur eingebaut war, sitzt nun die vom Unterdruck des Motors gesteuerte Kraftstoffverbrauchsanzeige. Dieses Anzeigegerät kann nur mit Hilfe eines Unterdruckgerätes geprüft bzw. eingestellt werden.

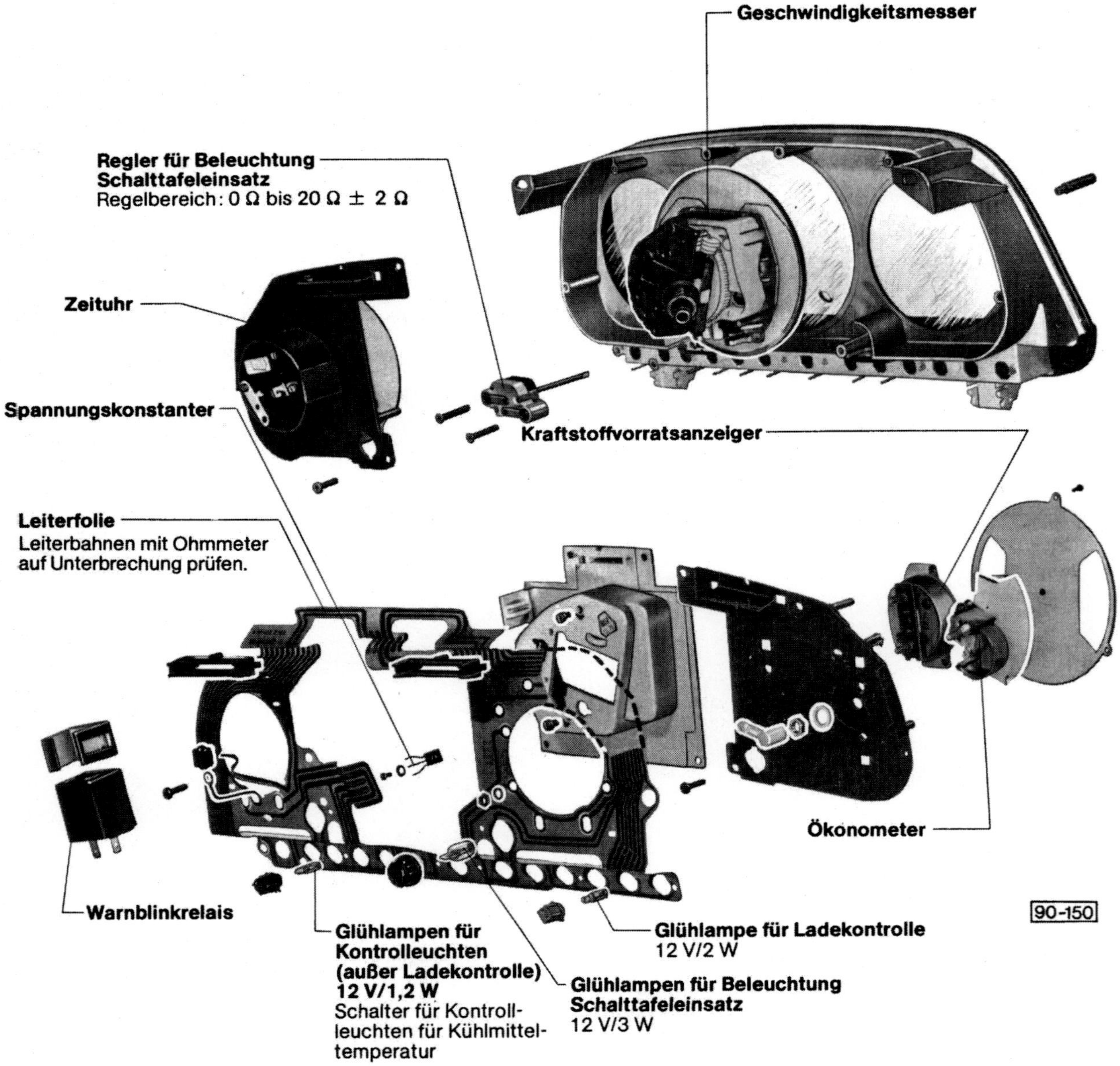

Kombiinstrument aus- und einbauen

Ausbau

- Bis August 79: Zierleiste für Schalttafel vorsichtig abziehen.

- Lautsprecherblende vorne links mit Schraubendreher abheben. **Achtung:** Beim Abheben der Lautsprecherblende Schalttafelpolster nicht beschädigen.

- Schrauben (Pfeile) herausdrehen, Verkleidung für Kombiinstrument abnehmen.

- Um beim Ausbau der Verkleidung Schäden zu vermeiden, zuerst Verkleidung oben (Pfeil A), dann unten (Pfeil B) abziehen.

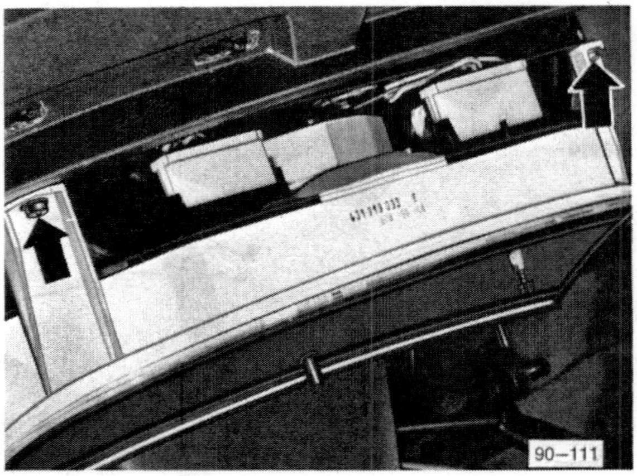

- Schrauben (Pfeile) für Kombiinstrument lösen, 2 Vielfachstecker abziehen. Tachowelle abschrauben.
- Kombiinstrument herausnehmen.

Einbau

- Kombiinstrument einsetzen, Tachowelle aufschrauben, 2 Vielfachstecker aufschieben.
- Kombiinstrument mit 2 Schrauben befestigen.
- Verkleidung für Kombiinstrument aufsetzen und festschrauben. Zierleiste bzw. Lautsprecherblende aufdrücken.

Der Lenkstock-Kombinationsschalter

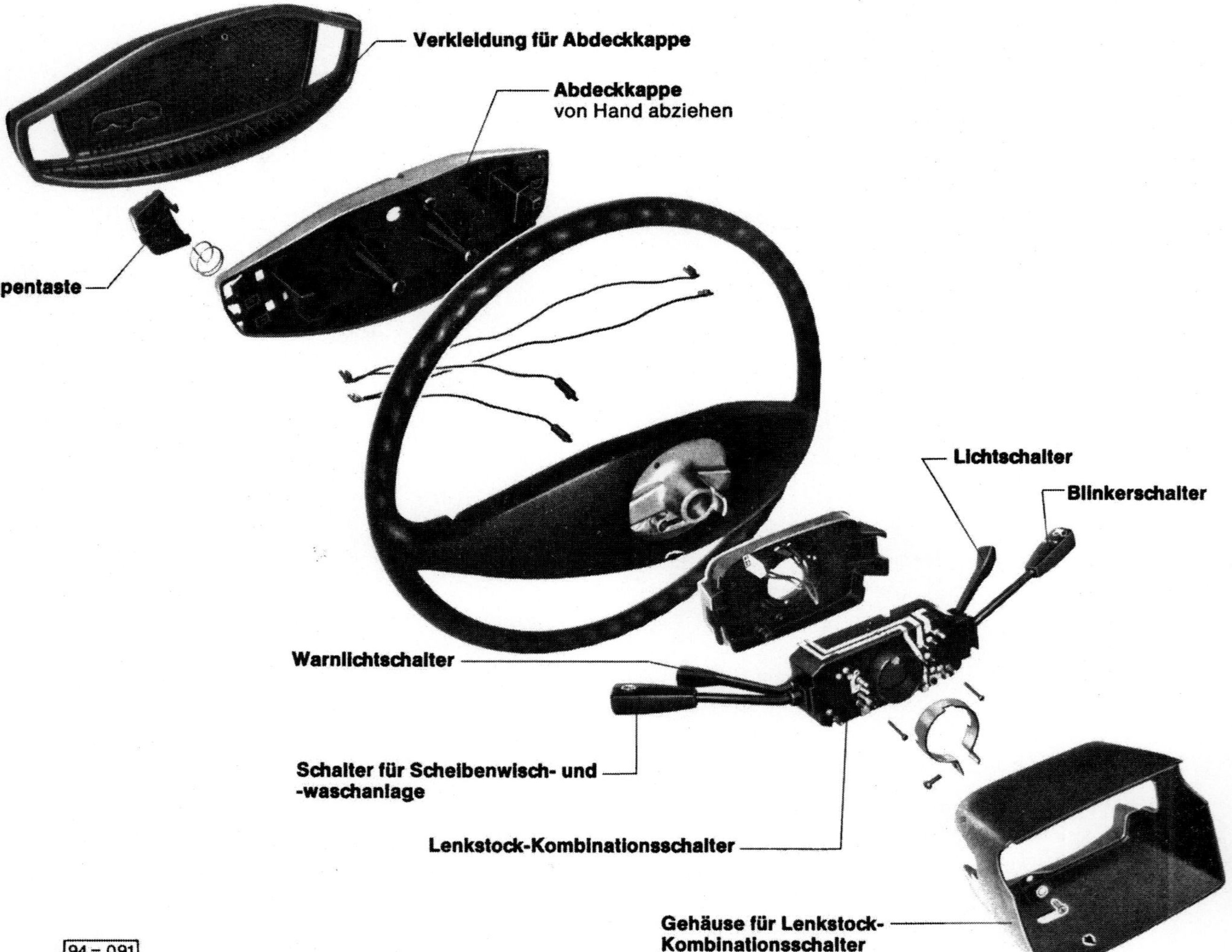

94 – 091

Lenkstock-Kombinationsschalter aus- und einbauen

Ausbau

- Lenkrad ausbauen, siehe Seite 123.

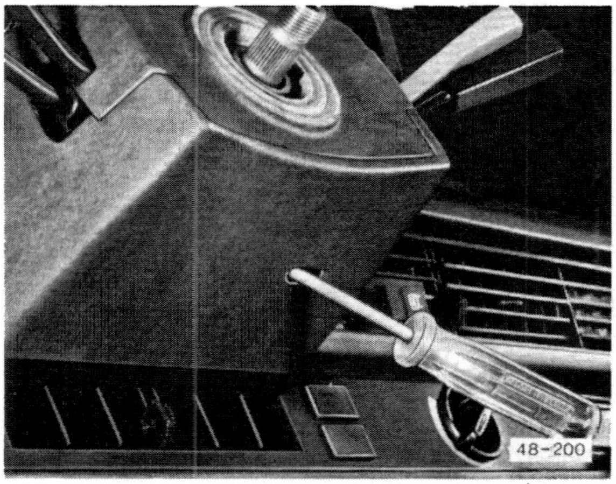

48-200

- Kreuzschlitzschraubenzieher von unten in das Gehäuse stecken und Schraube lösen.
- Lenkstockschalter abziehen, Vielfachstecker abziehen, Schalter herausnehmen.

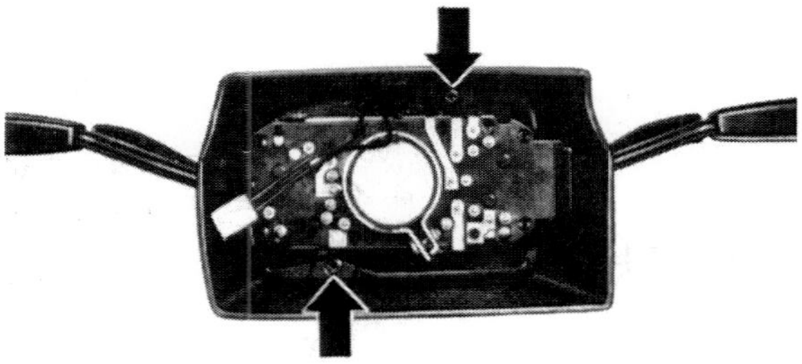

94-094

- Lenkstock-Kombinationsschalter von Gehäuse abschrauben (Pfeile).

Einbau

- Lenkstockschalter in Gehäuse setzen und anschrauben.
- Lenkstockschalter einsetzen, Vielfachstecker aufschieben, Kreuzschlitzschraube für Kombinationsschalter festziehen.
- Lenkrad einbauen, siehe Seite 123.

Die Scheibenwischeranlage

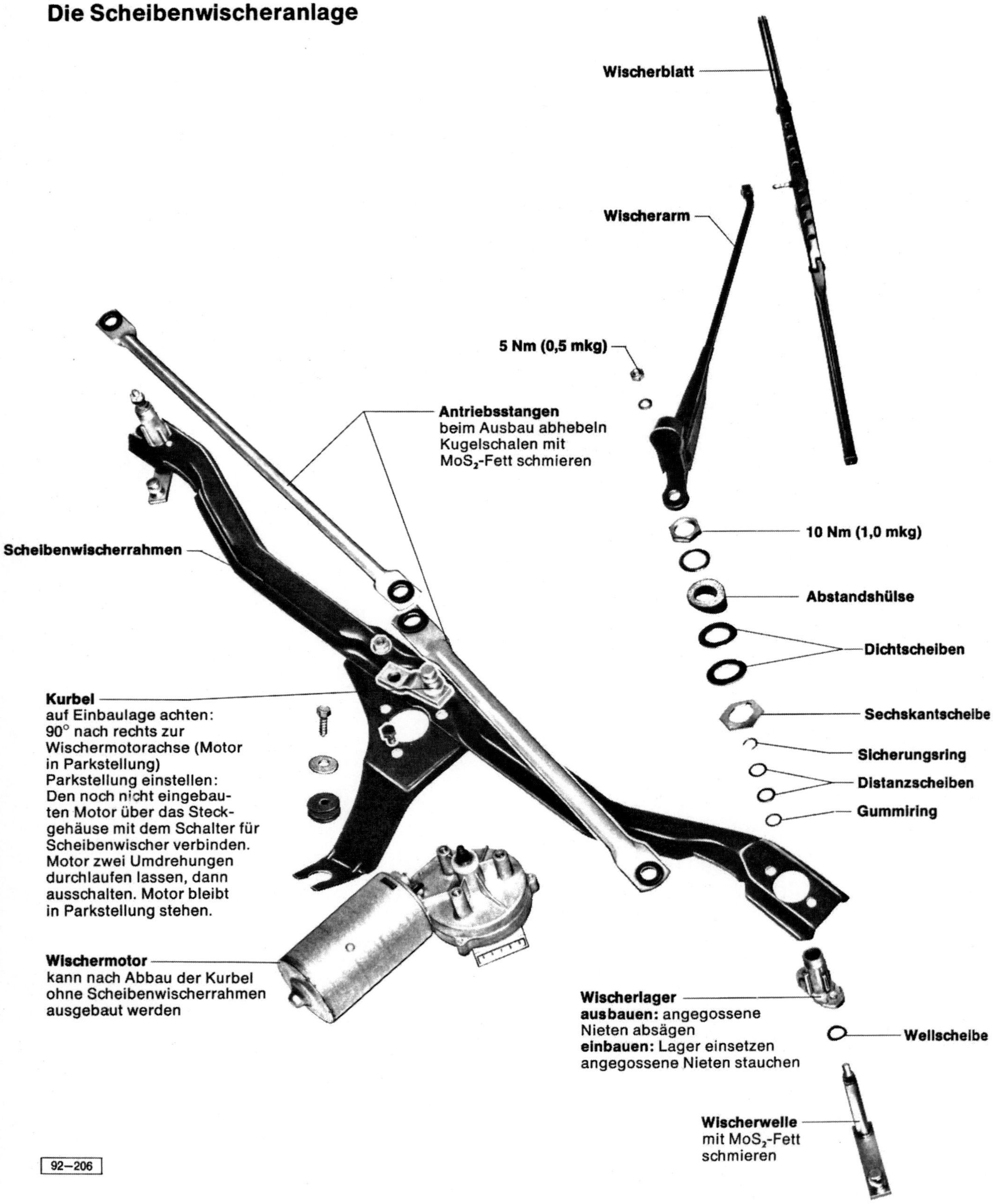

92–206

Wischermotor aus- und einbauen

Ausbau

- Abdeckung für Wischermotor vorn am Wasserkasten zurückklappen.
- Vielfachstecker von Wischermotor abziehen.
- Mutter für die Wischermotorkurbel abschrauben, 3 Befestigungsschrauben für Motor abschrauben.
- Kurbel von Motorachse drücken, Motor herausnehmen.

Einbau

- Vor dem Einbau Vielfachstecker aufschieben, Motor 2 Umdrehungen laufen lassen. Motor befindet sich in Parkstellung.
- Motor einsetzen und mit 3 Schrauben befestigen.
- Kurbel so aufsetzen, daß sie im rechten Winkel (90°) nach rechts zur Motorachse steht.
- Selbstsichernde Mutter für Kurbel aufschrauben.
- Motor Probe laufen lassen, gegebenenfalls Kurbel neu ausrichten.

Störungstabelle Scheibenwischeranlage

Störung	Ursache	Abhilfe
Scheibenwischermotor läuft nicht an oder läuft zu langsam, setzt aus oder bleibt stehen	● Mehrfachsteckverbindung hat schlechten Kontakt	Einwandfreie elektrische Verbindung herstellen
	● Schleifkohlen abgenutzt	Wischermotor ersetzen
	● Wischerlager und Gelenke der Verbindungsstangen ohne Fett	Wischerlager und Gelenke gründlich mit Universalfett schmieren
	● Anker durch Windungs- oder Masseschluß verbrannt	Wischermotor ersetzen
	● Kontakte im Schalter verschmort	Schalter ersetzen
Scheibenwischerarme bleiben nicht exakt in Parkstellung stehen	● Zuleitung zu Klemme 53a des Wischermotors unterbrochen	Zuleitung auf einwandfreien Kontakt prüfen
	● Antriebskurbel auf Antriebswelle versetzt	Motor in Parkstellung laufen lassen, Antriebskurbel lösen, in Parkstellung bringen und wieder festziehen
Scheibenwischermotor läuft nach dem Abschalten weiter	● Kontakte im Schalter verbrannt	Schalter ersetzen
Quietschgeräusch bei laufendem Scheibenwischermotor. Eventuell langsamer Lauf	● Wischerwelle bzw. Antriebslager ohne Fett	mit Universalfett schmieren
	● Getriebegehäuse sitzt nicht richtig auf Polgehäuse	Sitz des Getriebegehäuses korrigieren
	● Anker- oder Schneckenradlagerung schwergängig	mit Molybdän-Disulfid-Fett schmieren

Düsen der Scheibenwaschanlage einstellen

- Die Düsen für die Scheibenwaschanlage werden mit einer Nadel eingestellt.

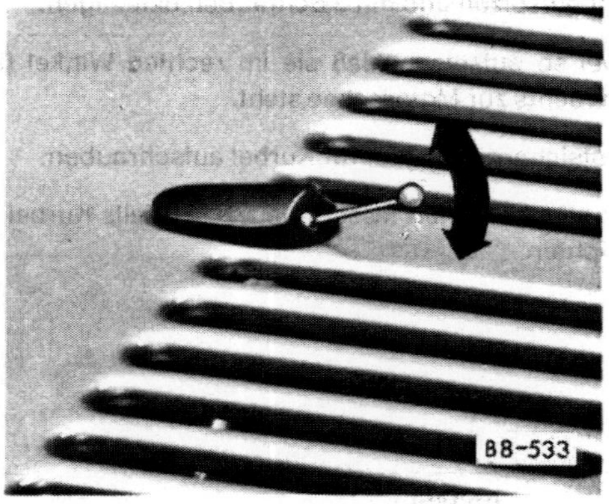

BB-533

- Der Spritzstrahl muß bei stehendem Fahrzeug in die auf der Abbildung gekennzeichneten Felder auftreffen.

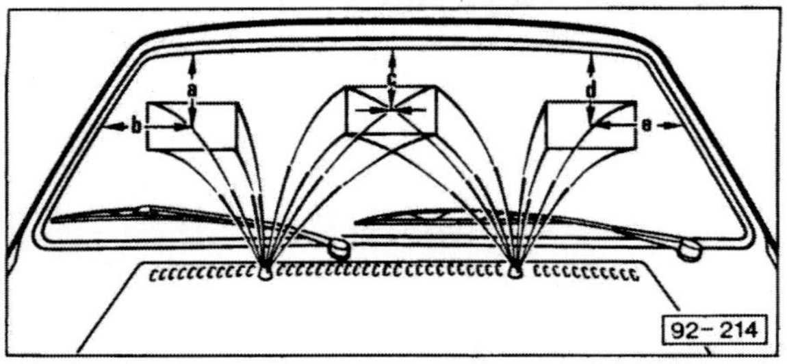

92-214

a = 260 mm, b = 220 mm, c = 120 mm, d = 160 mm, e = 220 mm

Scheibenwischerarm ersetzen

Ausbau

- Wischerarme in Parkstellung stellen.

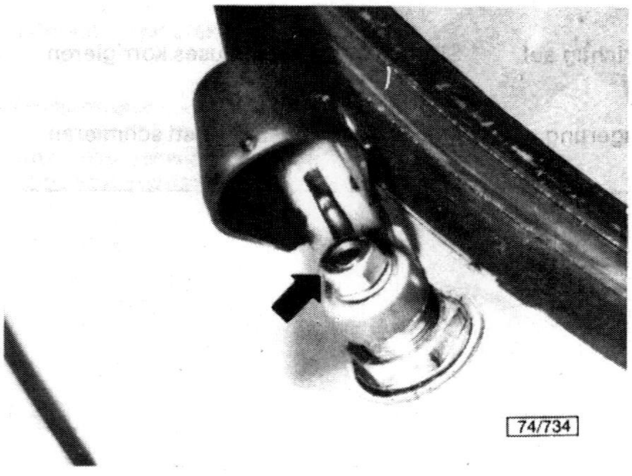

74/734

- Kappe am Wischerarm mit Schraubenzieher hochklappen, Wischerarm abschrauben und abziehen.

Einbau

- Wischerarm aufsetzen und möglichst parallel zur Windschutzscheibendichtung ausrichten.
- Mutter für Wischerarm aufschrauben und mit 5 Nm (0,5 mkg) festziehen.
- Kappe am Wischerarm zurückklappen.
- Wischermotor 1 Minute laufen lassen und Wischerarmstellung nach Abstellen des Wischermotors kontrollieren, gegebenenfalls Wischerarm neu ausrichten.

Scheibenwischergummi ersetzen

- Scheibenwischerblätter abnehmen.
- An der geschlossenen Seite des Wischgummis beide Stahlschienen mit Kombizange zusammendrücken (siehe Abbildung), seitlich aus der oberen Klammer herausnehmen und Gummi komplett mit Schienen aus den restlichen Klammern des Wischerblattes herausziehen.

92-015

- Neues Wischgummi in die unteren Klammern des Wischerblattes einknöpfen.
- Beide Schienen so in die erste Rille des Wischgummis einführen, daß Aussparungen der Schienen zum Gummi zeigen und in Gumminasen der Rille einrasten.
- Beide Stahlschienen und Gummi mit Kombizange wieder zusammendrücken und so in obere Klammer einsetzen, daß Klammernasen beidseitig in Haltenuten (Pfeil) des Wischgummis einrasten.

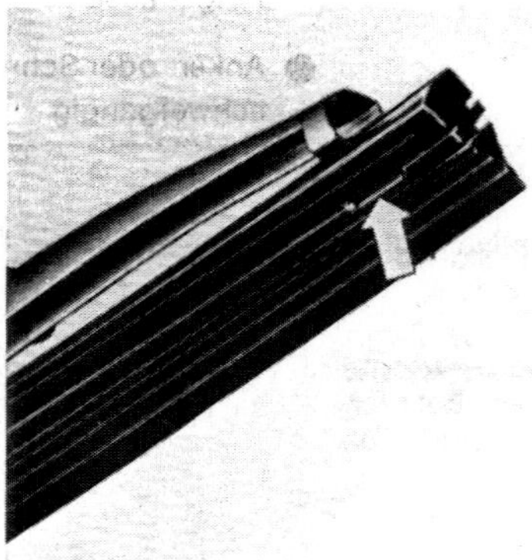

92-016

Störungstabelle Scheibenwischergummi

Wischbild	Ursache	Abhilfe
Schlieren Abbildung 92-012	● Wischgummi verschmutzt	Wischgummi mit harter Nylonbürste und einer Waschmittellösung oder Spiritus reinigen
	● Ausgefranste Wischlippen, Gummi ausgerissen oder abgenutzt	Wischgummi erneuern
	● Wischgummi gealtert, rissige Oberfläche	Wischgummi erneuern
Im Wischfeld verbleibende Wasserreste ziehen sich sofort zu Perlen zusammen Abbildung 92-013	● Windschutzscheibe durch Lackpolitur, Öl oder Dieselrückstände verschmutzt	Windschutzscheibe mit sauberem Putzlappen und einem Fett-Öl-Silikonentferner reinigen
Wischerblatt wischt einseitig gut – einseitig schlecht, rattert Abbildung 92-014	● Wischgummi einseitig verformt, „kippt nicht mehr"	Neues Wischgummi einbauen
	● Wischerarm verdreht, Blatt steht schief auf der Scheibe	Wischerarm vorsichtig verdrehen, bis richtige, senkrechte Stellung erreicht ist
Nicht gewischte Flächen	● Wischgummi aus der Fassung herausgerissen	Wischgummi vorsichtig in die Fassung einsetzen
	● Wischerblatt liegt nicht mehr gleichmäßig an der Scheibe an, da Federschienen oder Bleche verbogen	Wischerblatt ersetzen. Dieser Fehler tritt vor allem bei unsachgemäßem Montieren eines Ersatzblattes auf
	● Anpreßdruck durch Wischerarm zu gering	Wischerarmgelenke und Feder leicht einölen oder neuen Arm einbauen

Die Wagenpflege

Pflege der Karosserie

- Verschmutzten Wagen möglichst bald waschen. **Achtung:** Fahrzeug nicht bei laufendem Motor abspritzen.
- Reichlich Wasser verwenden.
- Weichen Schwamm oder sehr weiche Waschbürste mit Schlauchanschluß benutzen.
- Lackierung nicht scharf abspritzen, sondern nur abbrausen und Schmutz aufweichen lassen.
- Aufgeweichten Schmutz von oben nach unten mit reichlich Wasser abwaschen.
- Schwamm oft ausspülen.
- Zum Abtrocknen sauberes Leder verwenden.
- Nur gute Autowaschmittel verwenden (falls überhaupt). Gründliches Nachspülen mit klarem Wasser, um die Reste des Waschmittels zu entfernen.
- Bei regelmäßiger Benutzung von Waschmitteln muß öfter konserviert werden.
- Wagen niemals in der Sonne waschen oder trocknen. Wasserflecken auf der Lackierung sind sonst unvermeidlich.

Durch Waschen allein lassen sich Teerspritzer, Ölspuren, Insekten und andere Verschmutzungen nicht immer entfernen. Grundsätzlich sollen derartige Verunreinigungen so bald wie möglich beseitigt werden, da sie sonst bleibende Lackschäden verursachen können.

Unterbodenschutz/Hohlraumkonservierung

Alle Fahrzeuge erhalten serienmäßig einen Unterbodenschutz auf Bitumen-Basis (Radhäuser PVC), dessen Wirkung unter normalen Bedingungen für Jahre erhalten bleibt. Je nach den Fahrbedingungen wird der Belag durch mechanische Einwirkung (Steinschlag), besonders im Spritzbereich der Räder, unter Umständen beschädigt, so daß der Belag in regelmäßigen Abständen kontrolliert und gegebenenfalls durch Nachspritzen ausgebessert werden muß. Es wird meistens genügen, nur die Radhäuser und die unmittelbar angrenzenden Flächen auszubessern.

Sämtliche Hohlräume des Audi 100 sind serienmäßig konserviert. Es empfiehlt sich, diese Konservierung schon nach einem Jahr nachbehandeln zu lassen, dann alle zwei Jahre. Da das Material mit einer Spezialdüse und unter hohem Druck eingebracht werden muß, sollte diese Arbeit von einer autorisierten VW/Audi-Werkstatt durchgeführt werden.

Teerflecke

Teerflecke fressen sich innerhalb kurzer Zeit in den Lack ein und können dann nicht mehr vollkommen entfernt werden.

Frische Teerflecke können mit einem in Waschbenzin getränkten weichen Lappen entfernt werden. Notfalls kann auch Tankstellenbenzin, Petroleum oder Terpentinöl verwendet werden. Sehr gut gegen Teerflecke eignet sich auch ein Lackkonservierer. Bei Verwendung dieses Mittels kann auf ein Nachwaschen verzichtet werden.

Insektenbefall

Die Reste von Insektenleichen tragen Stoffe in sich, die den Lackfilm beschädigen können, wenn sie nicht innerhalb kurzer Zeit entfernt werden. Einmal festgeklebt, lassen sie sich durch Schwamm und Wasser allein nicht entfernen, sondern müssen mit schwacher, lauwarmer Seifen- oder Waschmittel-Lösung abgewaschen werden. Es gibt auch spezielle Insekten-Entferner.

Parken unter Bäumen

Wagen, die im Sommer längere Zeit unter Bäumen geparkt wurden, zeigen sich oft über und über gesprenkelt. Diese Flecken lassen sich verhältnismäßig leicht mit lauwarmer Seifenlösung entfernen, wenn die Behandlung nicht allzu lange hinausgezögert wird. Eine anschließende Konservierung ist zu empfehlen.

Industrieverschmutzungen

Auf der Lackierung festsitzender Industrieschmutz, vornehmlich Eisenstaub, Abrieb von Kupferdraht-Oberleitungen elektrischer Bahnen, Kohlenstaub usw. kann mit Spezial-Lackreinigung (säurehaltige Produkte) entfernt werden. Solche Mittel sind überall erhältlich. Da Metallstaub die Eigenschaft besitzt, sich in den Lack einzufressen, sollte die Reinigung möglichst bald vorgenommen werden.

Achtung: Gebrauchsanweisung genau beachten!

Zement-, Kalk- und andere Baumaterial-Spritzer

Spritzer jeglichen Baumaterials mit einer lauwarmen Lösung neutraler Waschmittel abwaschen. Nur leicht reiben, da sonst die Lackierung zerkratzt werden kann. Nach dem Waschen sorgfältig mit klarem Wasser nachspülen.

Flugasche

Stellen, die sich durch aufgeflogene heiße Flugasche markiert haben, mit Waschbenzin unter häufigem Wechsel des Poliermaterials reinigen. Das häufige Wechseln ist notwendig, um den Lack nicht zu verkratzen. Anschließend mit Polierpaste kräftig durchpolieren. Abschließend mit Konservierungsmittel behandeln.

Lackierung pflegen

Konservieren

So oft wie möglich soll die sauber gewaschene und getrocknete Lackierung mit einem Konservierungsmittel behandelt werden, um die Oberfläche durch eine porenschließende und wasserabweisende Wachsschicht gegen Witterungseinflüsse zu schützen.

Das Konservieren muß wiederholt werden, wenn Wasser nicht mehr vom Lack abperlt, sondern großflächig verläuft. Regelmäßiges Konservieren bewirkt, daß der ursprüngliche Glanz der Lackierung sehr lange erhalten bleibt.

Eine weitere Möglichkeit, den Lack zu konservieren, bieten Wasch-Konservierer. Ein Meßbecher davon wird dem Waschwasser beigegeben (nachdem der Wagen zuerst mit reinem Wasser vom gröbsten Schmutz befreit wurde). Danach ist nur noch Abledern erforderlich. Wasch-Konservierer schützen die Lackierung jedoch nur ausreichend, wenn sie bei jeder Wagenwäsche verwendet werden und der zeitliche Abstand zwischen zwei Wäschen nicht mehr als zwei bis drei Wochen beträgt.

Nach dem Anwenden von Waschmitteln (Schaumwäsche) ist eine Nachbehandlung mit einem Konservierungsmittel besonders zu empfehlen (Gebrauchsanweisung beachten).

Das Konservieren darf nicht in der prallen Sonne erfolgen.

Polieren

Das Polieren einer Kunstharzlackierung ist nur dann erforderlich, wenn der Lack infolge mangelhafter Pflege unter der Einwirkung von Straßenstaub, industriellen Abgasen, Sonne und Regen unansehnlich geworden ist und sich durch eine Behandlung mit Konservierungsmitteln kein Glanz mehr erzielen läßt.

Zu warnen ist vor stark schleifenden oder chemisch stark angreifenden Poliermitteln, auch wenn der erste Versuch damit noch so sehr zu überzeugen scheint.

Vor jedem Polieren muß der Wagen sauber gewaschen und sorgfältig abgetrocknet werden. Im übrigen ist nach der Gebrauchsanweisung für das jeweilige Poliermittel zu verfahren.

Die Bearbeitung soll in nicht zu großen Flächen erfolgen, um ein vorzeitiges Eintrocknen der Politur zu vermeiden. Bei manchen Poliermitteln muß anschließend noch konserviert werden. Nicht in der prallen Sonnne polieren!

Chromteile pflegen

Verchromte Teile werden nach dem Waschen und Trocknen mit einem Chrom-Pflegemittel behandelt.

Leichtmetallteile an der Karosserie brauchen nicht besonders gepflegt zu werden.

Reinigen der Scheiben

Fensterscheiben mit sauberem, weichen Lappen abreiben. Bei starker Verschmutzung helfen Spiritus oder Salmiakgeist und lauwarmes Wasser. Beim Reinigen der Windschutzscheibe Scheibenwischerarme nach vorn klappen.

In manchen Lackpflegemitteln sind Silikone enthalten, welche die konservierende Wirkung unterstützen sollen. Gelangen Spuren davon auf die Windschutzscheibe, so bilden sich bei Regen Schlieren und Trübungen im Scheibenwischerfeld, die die Sicht und damit die Fahrsicherheit beeinträchtigen können. Mit einem auch gegen Silikone wirksamen Scheibenreiniger lassen sich diese Schlieren wieder beseitigen. Pastenförmige Mittel haben bei einer stark silikonverschmutzten Scheibe im allgemeinen eine bessere Wirkung als flüssige Mittel, die dem Scheibenwaschwasser zugegeben werden.

Bei der Reinigung der Windschutzscheibe sind auch die Wischerblätter zu säubern.

Achtung: Bei Verwendung silikonhaltiger Mittel dürfen die zur Reinigung der Lackierung verwendeten Waschbürsten, Schwämme, Lederlappen und Tücher nicht für die Scheiben verwendet werden. Beim Einsprühen der Lackierung mit silikonhaltigen Pflegemitteln sollten die Scheiben mit Pappe oder anderem Material abgedeckt werden.

Gummidichtungen pflegen

Sämtliche Gummidichtungen sollen von Zeit zu Zeit leicht mit Talkum eingepudert werden, um die gewünschte Geschmeidigkeit zu erhalten und an den Fensterabdichtungen ein gutes Gleiten zu erreichen.

Quietschende oder knarrende Geräusche, die an Gummidichtungen entstehen, können durch Einpudern der Dicht- und Gleitflächen mit Talkum oder Bestreichen mit Glyzerin behoben werden. Auch das Einreiben der betreffenden Fläche mit Schmierseife beseitigt die Geräusche.

Undichtigkeiten an der Windschutzscheibe und am Heckfenster lassen sich wie folgt beheben: Lippe der Gummidichtung im Wageninnern mit einem Holzspan soweit wie möglich anheben und Fensterscheibenzement zwischen Gummiprofil und Blechrahmen eindrücken. Reste des Dichtungsmittels können mit Spiritus entfernt werden.

Polsterbezüge pflegen

Textilbezüge

Polsterbezüge mit Staubsauger absaugen oder mit einer nicht zu weichen Bürste ausbürsten.

Fett- und Ölflecke mit Fleckenwasser behandeln. Das Reinigungsmittel darf aber nicht unmittelbar auf den Stoff gegossen werden, da sich sonst unweigerlich Ränder bilden. Fleck durch kreisförmiges Reiben von außen nach innen bearbeiten.

Andere Verschmutzungen lassen sich meistens mit lauwarmem Seifenwasser entfernen.

Kunstlederbezüge

Kunstlederbezüge besitzen eine schmutzabweisende Oberfläche. Besondere Pflegemittel sind hier nicht erforderlich

Bei normalen Verschmutzungen genügen folgende Reinigungsarten:

- Seifenlauge, hergestellt aus Wasser und einem handelsüblichen Feinwaschmittel.
- Reinigungslösung, hergestellt aus Wasser und einem handelsüblichen Kunstlederreiniger.

Eine weiche Bürste erleichtert das Entfernen des Schmutzes aus genarbten Oberflächen.

Grobe Verschmutzungen sollten sofort entfernt werden; die zur Reinigung geeigneten Mittel können nachstehender Tabelle entnommen werden. Es ist zu beachten, daß die Reinigungsmittel, vor allem Waschbenzin, Spiritus und Verdünner, nicht aufgegossen, sondern nur mit einem angefeuchteten Lappen aufgetragen werden. So wird ein Eindringen in die Nähte oder Polsterung vermieden. Längere Einwirkzeit der Reinigungsflüssigkeit ist zu vermeiden, weil der schmutzabweisende Schutzfilm des Kunstleders dadurch zerstört werden kann.

Nach jeder Reinigung muß das Kunstleder, und dabei besonders in den Nahtfurchen, mit einem weichen Lappen gut trockengerieben werden.

Verschmutzung	Entfernung	
	frische Flecken	ältere Flecken
Öl oder Fett	Mit trockenem, weichem Tuch abnehmen; das Tuch oftmals wenden. Nicht durch Hin- und Herreiben den Fleck vergrößern. Einen eventuell in der Narbung verbleibenden Schein mit einem mit Waschbenzin befeuchteten Lappen vorsichtig abtupfen. Danach gut trockenreiben mit sauberem, weichem Tuch	Mit einem mit Waschbenzin oder Spiritus leicht angefeuchteten, sauberen weichen Lappen vorsichtig ab- und anschließend gut trockenreiben. Lappen oftmals wenden, um ein Verschmieren des Fleckes zu vermeiden
Schuhcreme	Genau wie bei Öl oder Fett Als Reinigungsmittel kann neben Waschbenzin oder Spiritus auch Terpentinöl verwendet werden	
Kunstharz- und Nitro-Farben sowie Ölfarben	Mit trockenem, weichen Tuch abnehmen wie bei Öl und Fett. Verbleibende Reste mit einem wasserbefeuchteten Lappen oder mit einem Stück Gummi kräftig abreiben	Mit einem mit Nitro-Verdünnung bzw. mit Terpentinöl oder Benzin angefeuchteten weichen Lappen vorsichtig ab- und anschließend gut trockenreiben. Nitro-Verdünnung für Flecke von Kunstharz- und Nitro-Lacken, Terpentinöl oder Benzin für Ölfarbe
Blut	Mit einem mit kaltem oder besser lauwarmem Wasser angefeuchteten Lappen abtupfen, ohne den Fleck durch Hin- und Herreiben zu vergrößern	
Rost	Mit einem weichen Tuch, das mit angesäuertem Wasser (1 Teil Salzsäure und 9 Teile Wasser) angefeuchtet ist, vorsichtig abtupfen, nicht breitreiben. Das angesäuerte Wasser darf nicht in Spalten, Ecken oder Nähte dringen, da sonst Anrostungen unvermeidlich sind. Nach der Behandlung gut mit einem mit klarem Wasser angefeuchteten Lappen nachwaschen, damit keine Rückstände von angesäuertem Wasser zurückbleiben. Die benutzten Lappen sind zu vernichten	

Das Werkzeug

Welches Werkzeug zur Reparatur des Audi 100 angeschafft werden muß, richtet sich ganz nach dem Umfang der Arbeiten, die durchgeführt werden sollen. Neben der Grundausstattung ist für die Reparatur auch Spezialwerkzeug erforderlich. Benötigt wird vor allem ein Drehmomentschlüssel.

Das richtige Drehmoment ist für die volle Funktion des betreffenden Aggregates von großer Wichtigkeit. Vor allem Schraubverbindungen am Motor, Zylinderkopf, Radlager und an der Motor- und Getriebeaufhängung sind mit vorgeschriebenem Drehmoment anzuziehen.

Das Spezialwerkzeug

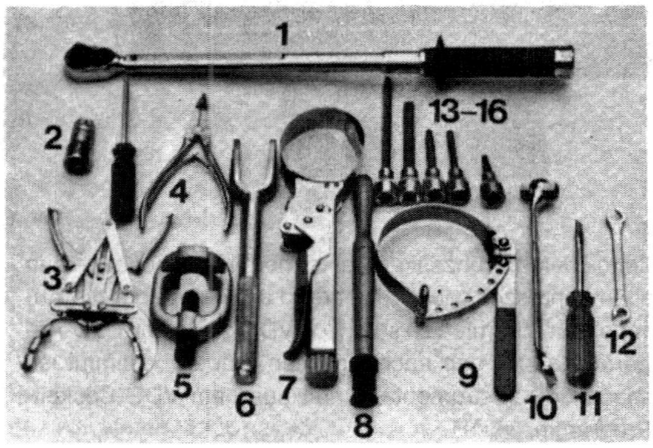

Sämtliches in der Tabelle aufgeführte Spezialwerkzeug ist von der Firma Hazet lieferbar.

Werkzeug	Abb.	Hazet-Nr.
1 Drehmomentschlüssel 2–20 mkg	1	6122 CT
1 Zündkerzeneinsatz	2	880 MgT
1 Kolbenringzange	3	790–1
1 Zange für Gleichlaufgelenk	4	1847–3
1 Ausdrücker f. Spurstangenköpfe	5	779–2
1 Ausdrücker zum Lösen von Spurstangenköpfen, Stoßdämpfern	6	2166
1 Kolbenringspannzange	7	794 U–3
1 Ventileinschleifer	8	795–2
1 Ölfilterschlüssel	9	2171–2
1 Öldienstschlüssel	10	
1 Schraubendreher für Vergaser-Beschleunigungspumpe	11	4515
1 Schraubendrehereinsatz für Ölwanne	13	986-5 Lg r
1 Schraubendrehereinsatz für Benzinpumpe, Ölfilterflansch, Gelenkwellen	–	986-6 Lg
1 Schraubendrehereinsatz für Zylinderkopfschrauben mit Sechskant	–	986-10 Lg
1 Schraubendrehereinsatz für Zylinderkopfschrauben mit Innenvielzahnkopf		990-12 SLG

Die Grundausstattung

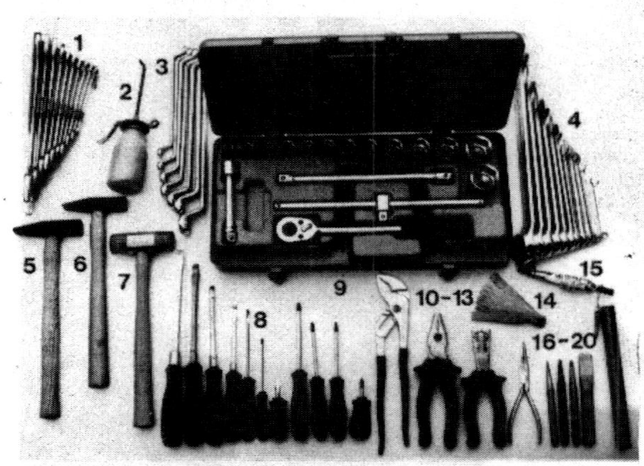

Gutes und stabiles Werkzeug wird von der Firma Hazet (5630 Remscheid 1, Postfach 101067) angeboten. In der Tabelle sind die Werkzeuge mit der Hazet-Bestellnummer aufgeführt. Vertrieben wird das Werkzeug über den Fachhandel.

Werkzeug	Abb.	Hazet-Nr.
Satz Maulschlüssel	1	450/10RD
Ölspritzkanne	2	2160
Satz Doppelringschlüssel	3	630/8
Satz Ring-Maulschlüssel	4	630/12
Schlosserhammer	5	2140-2
Schlosserhammer	6	2140-5
Plastikhammer	7	1950-3
Satz Schraubendreher	8	810/10K
Satz Steckschlüsseleinsätze	9	906/1
Universalzange	10	760 N-2
Kombizange	11	1850 VDE-33
Abisolierzange	12	1861 VDE-11
Flachzange	13	1816-1
Fühlerblattlehre	14	2146-1
Spannungsprüfer	15	2153
Durchtreiber	16	745-1
Durchtreiber	17	745-2
Körner	18	746-1
Flachmeißel	19	730-2
Messingdorn	20	2534
Seitenschneider	–	1802-22
Kreuzmeißel	–	740-1

Das Zubehör

Je nach den speziellen Bedürfnissen läßt sich der AUDI 100 mit nützlichem Zubehör zusätzlich ausstatten. Beim Kauf empfiehlt es sich, auf Produkte zurückzugreifen, die erprobt und auf das Fahrzeug abgestimmt sind. Zudem ist darauf zu achten, daß bei bestimmten Produkten wie zum Beispiel Felgen, Lenkrädern usw. eine Allgemeine Betriebserlaubnis (ABE) mitgeliefert wird.

Geruhsames, gleichmäßiges Fahren ermöglicht der Tempostat von VDO. Überdies wird durch eine konstante Fahrweise Kraftstoff eingespart. Durch einfache Handhabung wird beim Tempostat die gewünschte Geschwindigkeit gesetzt, und der Fahrer kann sich ganz dem Verkehrsgeschehen widmen. Dank einer ausführlichen Einbauanleitung ist der Einbau des VDO-Tempostaten problemlos möglich.

Um Glatteisgefahr frühzeitig zu erkennen, ist es besonders in der kalten Jahreszeit wichtig, während der Fahrt über die Außentemperatur informiert zu sein. Von VDO gibt es ein LCD-Anzeigegerät, das für den nachträglichen Einbau bestimmt ist. Das abgebildete Instrument stammt aus dem VDO-Cockpit-LCD-Programm.

Die richtigen Schaltpunkte, das Ausdrehen des Motors und das Fahren im besten Drehmomentbereich lassen sich nur mit einem Drehzahlmesser bewerkstelligen. Von VDO gibt es einen Drehzahlmesser mit Gehäuse, der sich nachträglich einbauen läßt. Der abgebildete Drehzahlmesser stammt aus dem VDO Cockpit-Nachtdesign-Programm.

Schmierung und Wartung

Bei allem Bemühen, den AUDI 100 durch konstruktive und fertigungstechnische Maßnahmen mehr und mehr zu vervollkommnen und seine Lebensdauer, Betriebssicherheit und Wirtschaftlichkeit zu erhöhen, bleibt die regelmäßige Schmierung und Wartung des Fahrzeugs nach dem V.A.G-Wartungs-System unerläßlich.

Aufgabe des Motoröls

Je nach den Betriebsbedingungen unterliegen die Motorenöle recht wechselnden Beanspruchungen. Es ist deshalb sehr schwierig, die verschiedenen Betriebsbedingungen in ihrer Auswirkung auf das Schmiermittel genau festzulegen. Motoren, die lange Zeit mit hoher Drehzahl oder mit Vollast laufen, erreichen hohe Öltemperaturen. Unter Einwirkung hoher Temperaturen und des Luftsauerstoffes beginnt das Öl zu oxydieren. Die Oxydationsprodukte verdicken das Öl und können sich als lackartige Überzüge an den oberen Kolbenpartien, in den Kolbenringnuten und an den Ventilschäften ablagern. Dies kann zu einer Verkokung der Ventilteller führen.

Erhalten die Zylinder ein kraftstoffüberreiches Gemisch, werden von einem Motor nur selten oder nie Höchstleistungen verlangt oder wird mit unterkühltem Motor gefahren (Stadtverkehr), so ist eine unvollkommene Verbrennung die Folge. Ruß, Ölkohle und andere Produkte, der unverbrannte Kraftstoff selbst und die Kondensation von Feuchtigkeit führen zur Bildung von Schlamm, Säure und Asphalt. Der unverbrannte Kraftstoff schlägt sich an den kalten Zylinderwänden nieder und läuft in das Kurbelgehäuse, wobei der Ölfilm an Zylinder und Kolben abgewaschen wird. Die Folge ist eine verminderte Schmierung der Kolbenlaufbahn und eine Ölverdünnung, welche die Schmiereigenschaften des Öles je nach Kraftstoffgehalt beeinträchtigen.

Bei zu hoher Ölverdünnung ist eventuell ein vorzeitiger Ölwechsel vorzunehmen. Da bei scharfer Fahrt (heißer Motor) die Benzinanteile im Öl verflüchtigen, ist vor allem im Winter (viele Kaltstarts – hoher Benzinanteil im Öl) öfters der Ölstand zu kontrollieren.

Viskosität des Motoröls

Viskosität nennt man die Zähflüssigkeit des Öls. In Abhängigkeit von der Temperatur neigt jedes Öl dazu, seine Zähflüssigkeit zu vermindern. Mit zunehmender Wärme wird es dünnflüssig. Dadurch wird die Haftfähigkeit und Druckfestigkeit des Schmierfilms beeinträchtigt. Bei Kälte wird es dick und zähflüssig, wobei das Fließvermögen träge und der innere Reibungswiderstand vergrößert wird. Diese Eigenschaft erfordert die Verwendung eines Motoröles von einer Zähflüssigkeit, die sich bei wechselnden Temperaturen möglichst wenig verändert.

Bei kaltem Motor soll es noch dünnflüssig genug sein, um die Arbeit des Anlassers nicht übermäßig zu erschweren und um vom Startbeginn an zu allen Schmierstellen möglichst schnell fließen zu können.

Die Zähflüssigkeit oder Viskosität ist gleichbedeutend mit der inneren Reibung eines Öles und wird nach dem SAE-System (Society of Automotive Engineers) gekennzeichnet, wie zum Beispiel SAE 30, SAE 10 usw. Hohe SAE-Zahlen weisen auf dicke, niedrige auf dünne Öle hin. Die Viskosität gibt aber keinen Aufschluß über die Schmiereigenschaften eines Öles.

Das Mehrbereichsöl

Für die AUDI 100-Motoren sind Mehrbereichsöle vorgesehen. Mehrbereichsöle haben den Vorteil, daß sie sich den Temperaturverhältnissen (Sommer/Winter) anpassen. Mehrbereichsöle bauen auf einem dünnflüssigen Einbereichsöl (z. B. 15 W) auf. Durch sogenannte Verdickerer wird das Öl im heißen Zustand stabilisiert, so daß für jeden Betriebszustand die richtige Schmierfähigkeit gegeben ist. Wird ein Mehrbereichsöl verwendet, sollte man zu den modernen Ölen greifen, die eine hohe Viskositätsspanne haben (z. B. 15 W-40, 15 W-50).
Das »W« in der SAE-Bezeichnung weist das Öl als wintertauglich aus.

Das Leichtlauföl

Bei Leichtlaufölen handelt es sich um Mehrbereichsöle, denen unter anderem Reibwertverminderer zugesetzt wurden, so daß eine Kraftstoffeinsparung von bis zu 2 Prozent möglich sein soll. Leichtlauföle haben eine niedrige Viskosität (z. B. 10 W-30). Sie erfordern unkonventionelle Grundöle (Synthetiköle). Beim Kauf eines Leichtlauföles sollte man darauf achten, daß es von VW/AUDI freigegeben wurde.

Anwendungsbereich/Viskositätsklassen

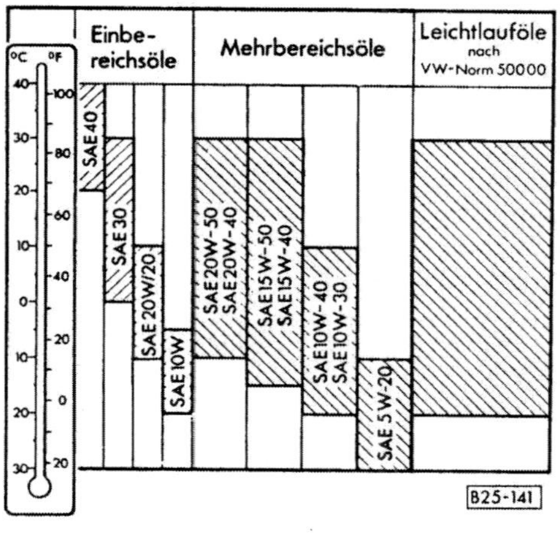

Da die Einsatzbereiche benachbarter SAE-Klassen sich überschneiden, können kurzfristige Temperaturschwankungen unberücksichtigt bleiben. Es ist zulässig, Öle verschiedener Viskositätsklassen miteinander zu mischen, wenn einmal Öl nachgefüllt werden muß und die Außentemperaturen nicht mehr der Viskositätsklasse des im Motor befindlichen Öles entsprechen.

Zusatzschmiermittel – gleich welcher Art – sollen weder dem Kraftstoff noch den Schmierölen beigemischt werden.

Spezifikation des Motoröls

Grundsätzlich sind nur HD-Öle für die modernen Motoren zugelassen. HD-Öle sind legierte Öle, deren Schmiereigenschaften durch Zusatz verschiedener chemischer Wirkstoffe erheblich verbessert sind. Diese Zusätze bewirken einen besseren Korrosionsschutz, ein günstigeres Verhalten gegen Oxydationserscheinungen, insbesondere eine geringere Neigung zur Schlammbildung im Kurbelgehäuse, ein besseres Viskositätsverhalten, reinigende und lösende Eigenschaften. Die reinigenden und lösenden Zusätze verringern nicht nur die Rückstandsbildung im Motor, sondern besitzen zugleich die Fähigkeit, Rückstände zu lösen und sie und alle anderen Verunreinigungen im Motoröl fein verteilt und ständig in der Schwebe zu halten, so daß beim Ölwechsel die Verunreinigungen mit abfließen.

Die Qualität eines HD-Motoröls wird nach dem API-System angegeben. (API: American Petroleum Institut). Die Kennzeichnung erfolgt durch jeweils zwei Buchstaben. Der erste Buchstabe gibt den Anwendungsbereich an: **S** = Service, für **Benzinmotoren** geeignet; **C** = Commercial, für **Dieselmotoren** geeignet. Der zweite Buchstabe gibt die Qualität in alphabetischer Reihenfolge an. Von höchster Qualität nach API sind Öle der Spezifikation **SF** für Ottomotoren und **CD** für Dieselmotoren. **Achtung:** CD-Motorenöle, die vom Öl-Hersteller ausdrücklich als Öle für Diesel-Motoren bezeichnet werden, sind für Otto-Motoren nicht geeignet. Es gibt Öle, die sowohl für den Otto- wie auch für den Diesel-Motor geeignet sind. In diesem Fall sind beide Spezifikationen (Beispiel SF/CD) auf der Öldose vermerkt.

VW hat für die VW/AUDI-Modelle **eigene Ölnormen** festgelegt. Grundsätzlich sollen nur Öle verwendet werden, die diese Normen erfüllen. Die VW-Norm steht dann auf der Öldose. Falls Zweifel bestehen, kann der neueste Stand der Ölfreigabe beim Händler erfragt werden.

Für die AUDI 100-Motoren sind Hochleistungsöle erforderlich, die **zugleich** die beiden **VW-Normen 50000 und 50500** erfüllen. Es können auch Leichtlauföle der **VW-Norm 50000** oder Mehrbereichsöle der **VW-Norm 50101** eingefüllt werden. Die Mehrbereichsöle entsprechend VW-Norm 50101 sind in der Regel preiswerter. Sollte kein Öl dieser Spezifikation zur Verfügung stehen, kann vorübergehend ein Ein- oder Mehrbereichsöl der Spezifikation API-SF verwendet werden.

Getriebeöle

Zur Schmierung von Schaltgetriebe und Achsantrieb ist ein Hypoid-Markenöl SAE 80 oder SAE 80 W–90 nach der Spezifikation Mil L 2105/GL 4 vorgeschrieben. Dieses Öl gilt für alle Klimazonen und ganzjährig.

ATF Automatic Transmission Fluid

Der Drehmomentwandler und das automatische Getriebe werden durch eine gemeinsame Füllung mit Automatic Transmission Fluid (ATF) geschmiert. Nur ATF mit Dexron-Prüfzeichen verwenden, wie z. B. Dexron 10 100.

Das Achsantriebsgehäuse ist mit Hypoid-Getriebeöl SAE 90 gefüllt. Spezifikation: Mil L 2105 B/GL 5, ganzjährig für alle Klimazonen.

Motorölwechsel

Der Ölwechsel soll nur bei betriebswarmem Motor durchgeführt werden. Zum Ablassen des alten Öles wird in der Motorölwanne die Ablaßschraube herausgedreht. Der Ölwechsel erfolgt alle 7500 km oder, falls sehr wenig gefahren wird, alle 6 Monate. Bei jedem Ölwechsel ist der Dichtring unter der Ölablaßschraube zu erneuern. Ölablaßschraube fest, aber nicht mit **zu großer Gewalt** anziehen. Es ist auch zulässig, das Motoröl mit einer Sonde abzusaugen.

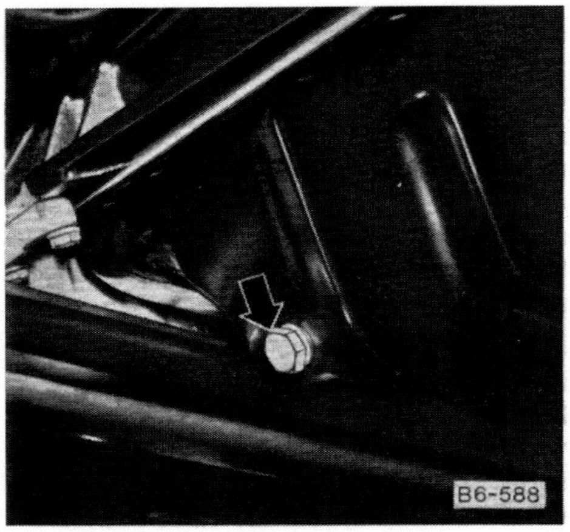

Das Ölfilter ist bei 15000 km und weiter alle 15000 km – also bei jedem zweiten Ölwechsel – gegen ein neues Filter auszutauschen.

- Dichtfläche am Motor reinigen.
- Gummidichtring leicht einölen.

Das neue Filter soll nur von Hand festgeschraubt werden. Läßt es sich nicht von Hand lösen, ist ein Spezialschlüssel erforderlich (eventuell Lederriemen benutzen).

Die Ölwechselmengen betragen:

Mit Filterwechsel – 4,5 Liter
Ohne Filterwechsel – 4,0 Liter

Mengendifferenz zwischen max.- und min.-Marke: 1,0 Liter

Um die Betriebsverhältnisse des Motors besser überwachen zu können, soll beim Ölwechsel immer ein Öl gleichen Typs und möglichst auch gleicher Marke verwendet werden. Daher ist es zweckmäßig, bei jedem Ölwechse ein Hinweisschild am Motor zu befestigen, auf dem Marke und Viskosität des Öles vermerkt sind.

Wahllos abwechselnder Gebrauch verschiedener Öltypen ist ungünstig. Motorenöle gleichen Typs, aber verschiedener Marken, sollen möglichst nicht gemischt werden. Motorenöle gleichen Typs und gleicher Marke, aber verschiedener Viskosität, können im Bedarfsfall während jahreszeitlicher Überschneidung ohne weiteres nachgefüllt werden.

Wird ständig in Gebieten mit starkem Staubanfall oder in Ländern mit arktischem Klima, also Dauertemperaturen ab etwa – 20° C gefahren, sollte man das Motoröl in kürzeren Abständen wechseln.

Achtung: Werden im Motoröl Metallspäne und Abrieb in größeren Mengen festgestellt, deutet dies auf Freßschäden hin, zum Beispiel Kurbelwellen- oder Pleuellagerschäden. Um Folgeschäden zu vermeiden, ist nach erfolgter Reparatur die sorgfältige Reinigung von Ölkanälen und Ölschläuchen unerläßlich. Zusätzlich soll der Ölkühler, falls vorhanden, erneuert werden.

Ölwechsel

Schaltgetriebe und Achsantrieb

Ein Ölwechsel der gemeinsamen Hypoidölfüllung für Wechselgetriebe und Achsantrieb ist nicht mehr notwendig.

Soll das Öl gewechselt werden, ist es in betriebswarmem Zustand abzulassen. Dazu werden die Einfüllschraube (seitlich im Achsgehäuse) und die Ablaßschraube (unten im Achsantrieb) herausgeschraubt.

Wechselfüllmenge – 2,6 l, für Automatik-Achsantrieb: Wechselmenge 1,0 l. Das Öl muß bei waagerecht aufgebocktem Fahrzeug am unteren Rand der Einfüllbohrung stehen.

Automatik-Getriebe

Die ATF-Füllung wird normalerweise alle 45000 km gewechselt. Bei erschwerten Einsatzbedingungen (Anhängerbetrieb, überwiegend Kurzstrecken- und Großstadtverkehr, extrem hohen Außentemperaturen) empfiehlt es sich, die Füllung alle 30000 km zu wechseln (siehe unter Kapitel Automatik). Der Ölwechsel sollte von einer Fachwerkstatt durchgeführt werden.

Ohne ATF-Füllung im Drehmomentwandler und automatischen Getriebe darf der Motor nicht laufengelassen werden. Auch darf der Wagen ohne ATF-Füllung nicht abgeschleppt werden.

Luftfiltereinsatz reinigen/ erneuern

Der Papierfiltereinsatz im Luftfilter wird normalerweise nach 15000 km gereinigt und alle 30000 km erneuert. Bei starkem Staubanfall muß der Einsatz in kürzeren Abständen gereinigt oder erneuert werden.

Vergasermotor

Einspritzmotor

Schnellverschlüsse am Luftfilterdeckel öffnen und Deckel abnehmen. Luftfiltereinsatz herausnehmen und Ansaugöffnung des Vergasers abdecken, damit kein Schmutz in den Vergaser gelangt. Anschließend Filtertopf gründlich auswischen (mit benzingetränktem Lappen).

Filtereinsatz zum Reinigen auf einer festen Unterlage ausklopfen. Gereinigten bzw. neuen Luftfiltereinsatz in den Filtertopf einlegen. Beim Einspritzmotor darauf achten, daß die Lamellen des Filtereinsatzes waagerecht stehen. Der Schnorchel des Deckels muß nach unten zeigen. Abdeckung der Vergaseröffnung herausnehmen, Filterdeckel aufsetzen und mit den fünf Klammern befestigen.

Kraftstoff-Filter wechseln

Zwischen Kraftstofftank und Benzinpumpe ist ein Kraftstoff-Filter eingebaut.

- Batterie-Massekabel abklemmen.

Vergasermotor:

- Beim Einbau Pfeilrichtung auf dem Filter beachten. Der Pfeil muß zur Kraftstoffpumpe zeigen.

Einspritzmotor:

- Der Pfeil auf dem Kraftstoffilter muß in Richtung Gemischregler zeigen.
- Kraftstoffilter alle 30 000 km erneuern.
- Batterie-Masseband anklemmen.

Schmierstellen am Audi 100

Der Audi 100 hat nur wenige Schmierstellen, die innerhalb der Wartung mit Öl bzw. Fett geschmiert werden müssen.

Türscharniere

Die Türscharniere mit Motoröl schmieren. Dazu die Verschlußstopfen mit einem Schraubenzieher von den Scharnieren abdrücken und die Hohlräume mit Öl füllen. Die Türfeststeller werden beidseitig mit etwas Öl versehen.

Verschluß für Motorraum- und Kofferraumdeckel

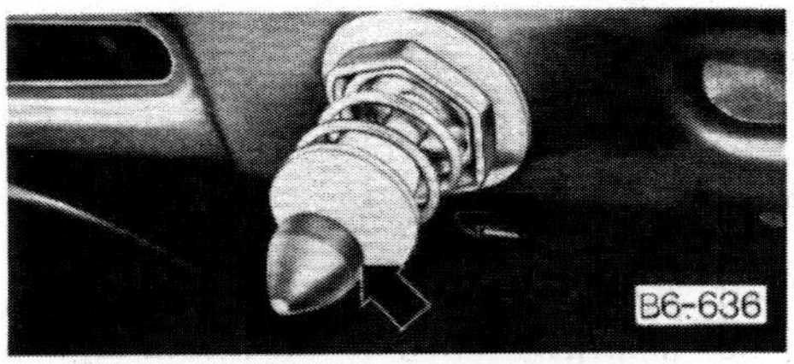

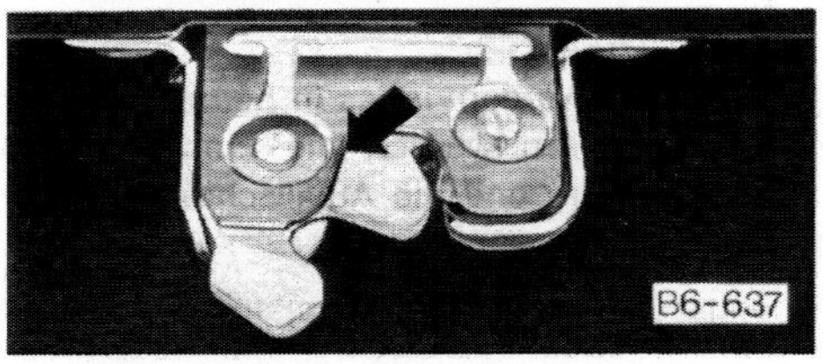

Die Verschlüsse für Motorraum- und Kofferraumdeckel an den mit Pfeilen gekennzeichneten Stellen leicht einölen. Bewegliche Schloßteile mit Schmiermittel G4 fetten.

Schließzylinder für Sicherheitsschlösser

Sämtliche Tür- und Haubenschlösser werden bei Bedarf mit Graphit behandelt. Es genügt, den vorher in Graphit eingetauchten Schlüssel mehrfach im Schloß hin und her zu bewegen. Auf keinen Fall dürfen Schließzylinder mit Öl geschmiert werden.

Handbremsausgleich

Mindestens einmal im Jahr Handbremsausgleich auf Leichtgängigkeit prüfen und bei Bedarf mit Motoröl schmieren. Die Tülle am Handbremsausgleich wird mit Mehrzweckfett gefüllt.

Pflegedienst

Jedes halbe Jahr, spätestens alle 7500 km, ist ein Pflegedienst vorgesehen, bei dem folgende Arbeiten durchgeführt werden müssen:

- Motor: Öl wechseln
- Türscharniere: Ölen
- Kühlsystem: Kühlflüssigkeit und ggf. Frostschutzmittel auffüllen
- Behälter für Bremsflüssigkeit: Flüssigkeitsstand prüfen.
- Bremsbeläge: Dicke prüfen
- Batterie: Säurestand prüfen, ggf. destilliertes Wasser nachfüllen.

Wartung

Die Wartung muß einmal im Jahr, spätestens bei km-Stand 15000, 30000, 45000 usw. durchgeführt werden.

Motor und Kupplung

- Motor: Öl wechseln, Hauptstromölfilter ersetzen
- Trockenluftfilter: Filtereinsatz einigen
- Keilriemen für Generator, Hochdruckflügelpumpe, Klimaanlage: Spannung und Zustand prüfen
- Kompression: Prüfen
- Zündkerzen: Erneuern
- Kühl- und Heizsystem: Flüssigkeitsstand prüfen, Konzentration des Frostschutzmittels prüfen. Sichtprüfung auf Undichtigkeiten und äußere Verschmutzung des Kühlers
- Vergaser: Leerlauf des Motors bei betriebswarmem Motor prüfen
- Auspuffanlage: Auf Beschädigungen prüfen
- Motor und Kurbelgehäuseentlüftung: Sichtprüfung auf Ölundichtigkeiten

Getriebe, Achsantrieb, Lenkung

- Gelenkschutzhüllen: Auf Undichtigkeiten und Beschädigungen prüfen
- Schaltgetriebe: Sichtprüfung auf Undichtigkeiten
- Fahrzeuge mit automatischem Getriebe:
  a – Flüssigkeitsstand (ATF) in der Getriebeautomatik mit Peilstab prüfen, ggf. ergänzen
  b – Befestigungsschrauben der Ölwanne auf vorgeschriebenes Drehmoment anziehen
  c – Hypoidstand im Achsantrieb prüfen, ggf. ergänzen

Aufbau

- Türscharniere und Türfeststeller: Ölen
- Scharniere am hinteren Deckel: Schmieren

Vorderachse und Lenkung

- Spurstangenköpfe: Spiel und Befestigung prüfen, Staubkappen prüfen
- Achsgelenke: Staubkappen prüfen
- Lenkung: Spiel prüfen, Faltenbälge auf Undichtigkeiten und Beschädigungen prüfen
- Sturz und Gesamtspur prüfen

Bremsen, Reifen, Räder

- Bremsanlage: Leitungen, Schläuche und -Anschlüsse auf Undichtigkeiten und Beschädigungen prüfen
- Fußbremse: Leerweg max. 1/3 des Pedalweges
- Handbremse: Leerweg des Handbremshebels prüfen, Bremse einstellen
- Bremsflüssigkeitsstand: Prüfen, ggf. ergänzen
- Bremsbeläge vorn und hinten: Belagstärke prüfen
- Bereifung: Auf Verschleiß, Beschädigungen und vorgeschriebenen Fülldruck prüfen (einschl. Reserverad)
- Räder: Befestigungsschrauben auf vorgeschriebenes Drehmoment anziehen.
- Handbremsausgleich: Einölen, Tülle am Handbremsseil mit Mehrzweckfett füllen.

Elektrische Anlage

- Alle Stromverbraucher: Auf Funktion prüfen
- Scheinwerfer: Prüfen, gegebenenfalls einstellen
- Scheibenwaschanlage: Auf Funktion prüfen, Düsenstellung kontrollieren
- Batterie: Spannung und Säurestand prüfen

Jedes Jahr

- Unterbodenschutz und Hohlraumkonservierung:

  Kontrollieren und ausbessern

Alle 2 Jahre

- Bremssystem: Bremsflüssigkeit wechseln, Druckprüfung des Bremskraftreglers

Zusätzlich bei km-Stand 30000, 60000 usw.

- Trockenluftfilter: Ersetzen (spätestens alle zwei Jahre)
- Kraftstoffilter: Ersetzen
- Ventile: Einstellen, Dichtung für Zylinderkopfhaube ersetzen

Zusätzlich bei km-Stand 45000, 90000 usw.

- Fahrzeuge mit automatischem Getriebe:
  a – ATF wechseln, Ölwanne reinigen (unter erschwerten Einsatzbedingungen ATF alle 30000 km wechseln)
  b – Ölwannendichtung: Prüfen, ggf. ersetzen

Stromlaufpläne

Der Umgang mit dem Stromlaufplan

Der Stromlaufplan vermittelt übersichtlich und anschaulich die Stromwege im Fahrzeug. Anhand der Legende und der verschiedenen Strompfade läßt sich sehr schnell der Weg des Stromes innerhalb eines Stromkreises nachvollziehen.

Beim Stromlaufplan symbolisiert das in den Stromlaufplan eingezeichnete obere Feld die Relaisplatte mit Sicherungshalter und damit die plusseitigen Anschlüsse. Die untere Linie steht dür die Fahrzeugmasse, also für die Anschlüsse zum Minuspol der Batterie.

Herauspräpariert sind die einzelnen, speziellen Stromkreise mit den dazugehörigen Schaltelementen. Die Stromkreise liegen der Übersichtlichkeit wegen nebeneinander und sind unten fortlaufend numeriert.

In der Erläuterung (Legende) neben dem eigentlichen Stromlaufplan wird das entsprechende Schaltungsteil mit der dazugehörigen Nummer aufgesucht. Die gleiche Nummer findet man unten auf der Linie wieder.

Man kann selbstverständlich den Schaltplan auch umgekehrt benutzen, indem man zum Beispiel erst im Stromlaufplan ein Schaltbild aufsucht, dessen Bedeutung unklar ist. Dann findet man in der entsprechenden Legende anhand des betreffenden Buchstabens die Bezeichnung des Teils.

Die Zuteilung der Kennbuchstaben erfolgt dabei nach einem bestimmten Schema, und zwar haben die Fahrleuchten ein L, die Kontrolleuchten ein K, die Signalleuchten ein M. Die Schalter für Handbedienung sind mit E bezeichnet, mechanische Schalter dagegen mit F. Alle Motoren haben ein V, die Relais ein J.

Die Erläuterungen für die gebräuchlichsten Schaltzeichen sind auf Seite 209 zusammengetragen.

Alle Verbindungsleitungen sind ein- oder mehrfarbig dargestellt. Die Farbzuteilung ist dabei fast immer dieselbe: Rot für Plus, Braun für Masse, usw. Die kleinen oben in die bunten Striche eingerückten Zahlen geben dabei den Leitungsquerschnitt in mm^2 an.

Bei Teilen, deren Gehäuse unmittelbaren Kontakt zur Masse haben, wo also keine besondere Masseverbindung besteht, wird dies im Stromlaufplan mit einer dünnen, schwarzen Linie angedeutet. In gleicher Weise ist auch die innere Schaltung der einzelnen Bauteile dargestellt.

Die übrigen Zahlen und Buchstaben haben folgende Bedeutung: Die Zahlen an den Anschlußstellen der Leitungen mit den Verbrauchern, Schaltern usw. decken sich mit der Kennzeichnung an diesen Teilen.

Die Zahlen in den Quadraten am Ende eines Strompfades weisen auf den Stromkreis hin, in dem der Strompfad weitergeführt wird.

Die Zahlen in den weißen Kreisen unten bezeichnen bestimmte Massepunkte, deren Lage in der Legende erklärt wird (z. B. 15 = Massepunkt, nähe Handbremshebel).

Stromlaufpläne

Aus Kostengründen ist es nicht möglich, die Schaltpläne aller Modelljahre mitzuliefern. Da die Änderungen in der Regel jedoch nur in Detailbereichen stattfinden, kann man sich auch dann, wenn das eigene Fahrzeug einem anderen Modeljahr angehört, an den vorliegenden Schaltplänen orientieren.

Audi 100 C/CL/CS/GL 63/74/85/100 kW

Modelljahr 1982/seit August 1981

Schaltzeichen für Stromlaufpläne

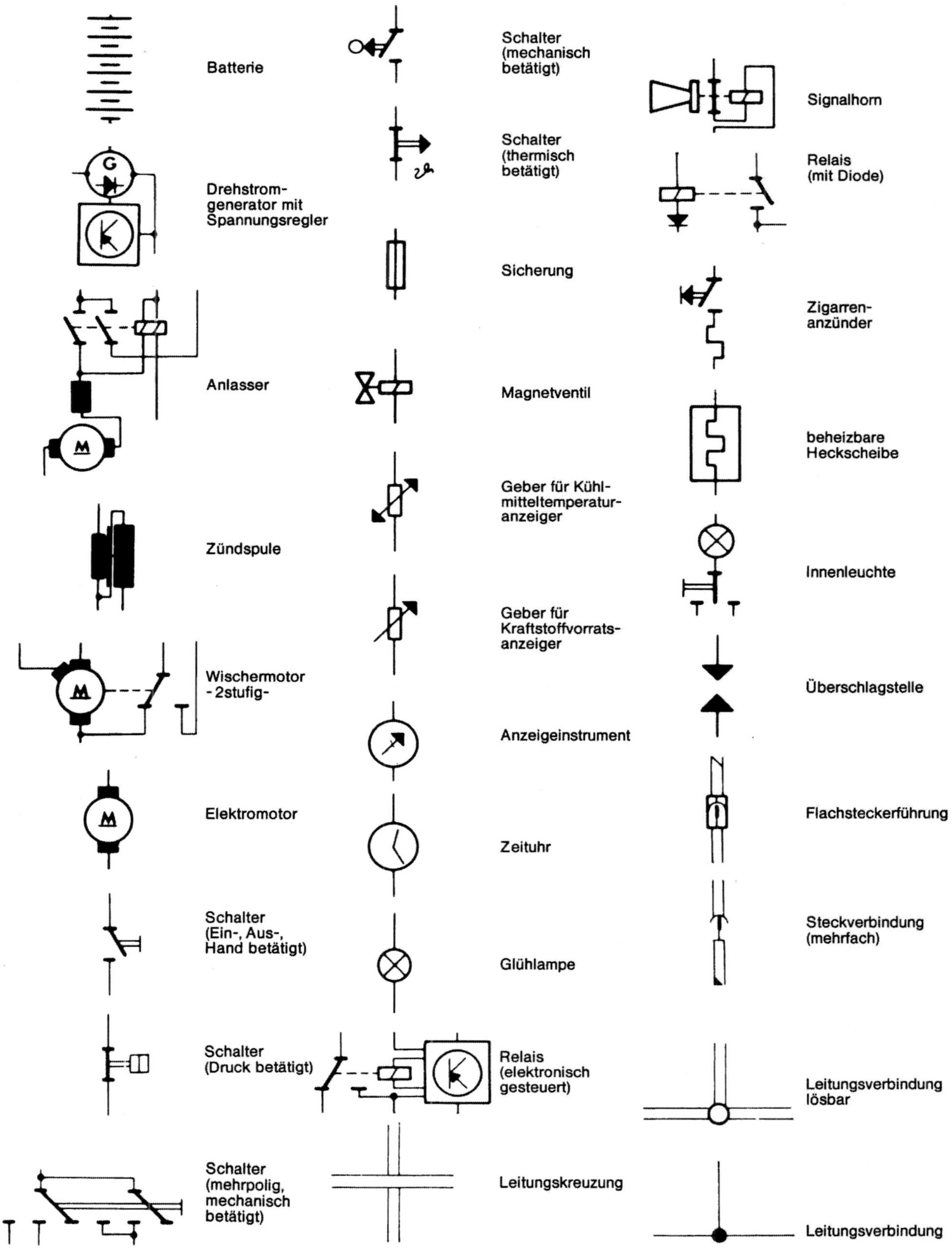

97-388

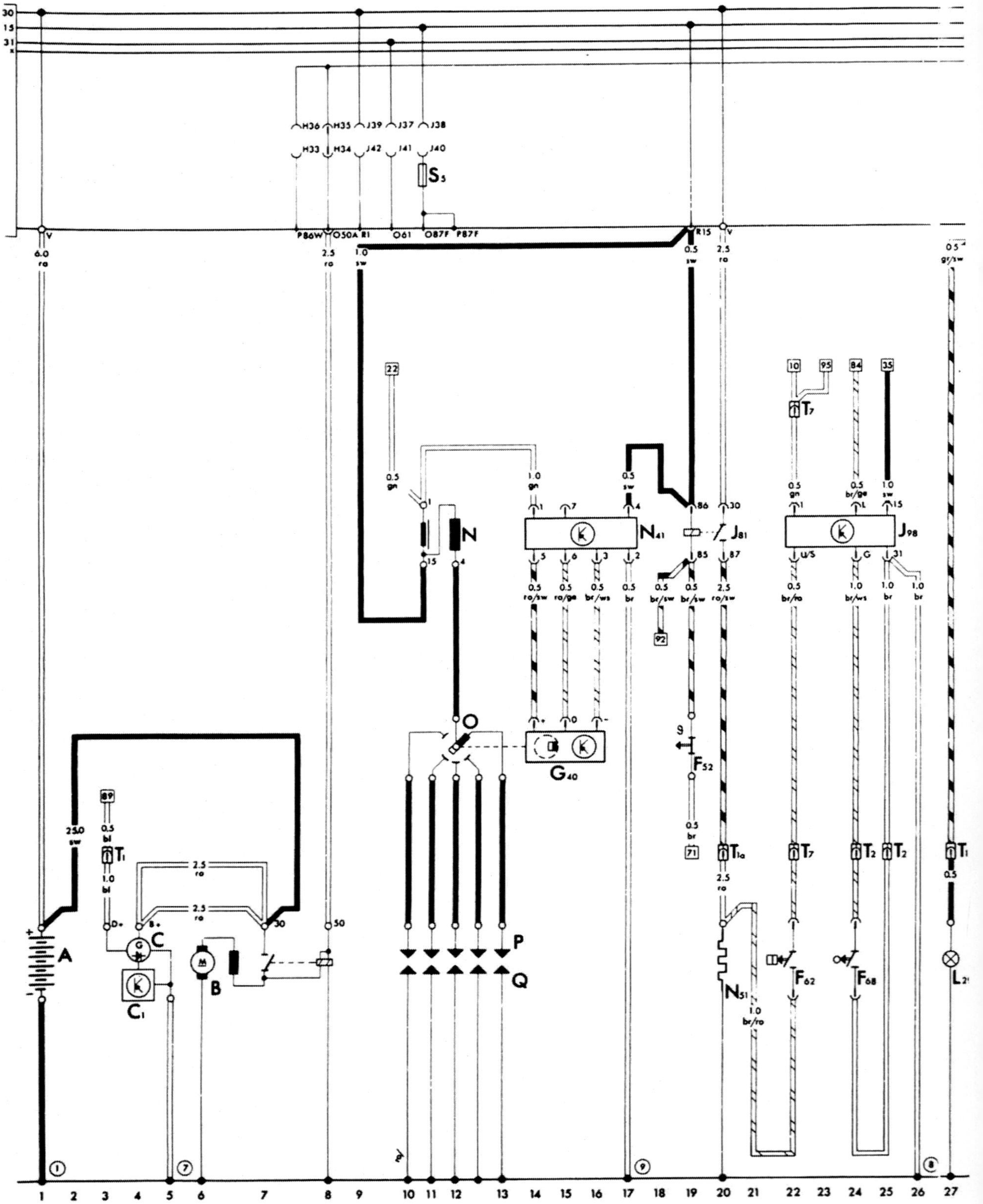
30
15
31
x
H36
H35
J39
J37
J38
H33
H34
J42
J41
J40
S5
P86W
O50A
R1
O61
O87F
P87F
R15
V
6.0 ro
2.5 ro
1.0 sw
0.5 sw
2.5 ro
0.5 gr/sw
22
0.5 gn
1.0 gn
N
N41
J81
J98
10
95
84
35
T7
0.5 gn
0.5 br/ge
1.0 sw
86
30
85
87
U/S
G
L
15
31
0.5 ro/sw
0.5 ro/ge
0.5 br/ws
0.5 br
0.5 br/sw
2.5 ro/sw
0.5 br/ro
1.0 br/ws
1.0 br
92
O
G40
F52
0.5 br
71
89
0.5 bl
T1
1.0 bl
25.0 sw
2.5 ro
D+
B+
30
50
A
C
C1
B
P
Q
T1a
T2
N51
1.0 br/ro
F62
F68
L2
1
2
3
4
5
6
7
8
9
10
11
12
13
14
15
16
17
18
19
20
21
22
23
24
25
26
27

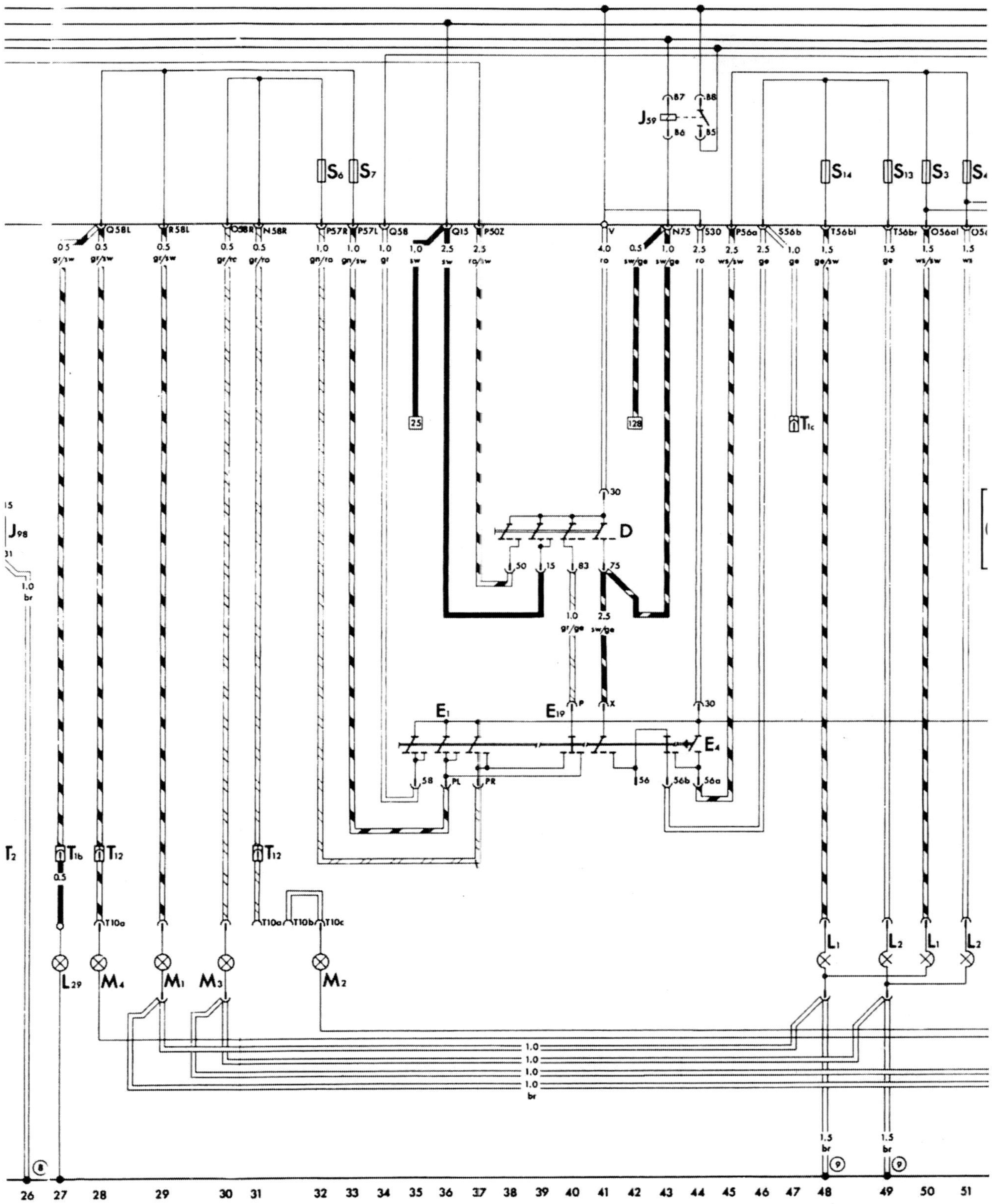

Q58L
R58L
Q58R
N58R
P57R
P57L
Q58
Q15
P50Z
V
N75
S30
P56a
S56b
T56bl
T56br
O56al
J59
87
88
86
85
S6
S7
S14
S13
S3
25
128
T1c
J98
T2
30
D
50
15
83
75
E1
E19
E4
P
X
58
PL
PR
56
56b
56a
T1b
T12
T10a
T10b
T10c
L29
M4
M1
M3
M2
L1
L2
gr/sw
gr/ro
gn/ro
gn/sw
gr
sw
ro/sw
ro
sw/ge
ws/sw
ge
ge/sw
ws
gr/ge
br
26
27
28
29
30
31
32
33
34
35
36
37
38
39
40
41
42
43
44
45
46
47
48
49
50
51

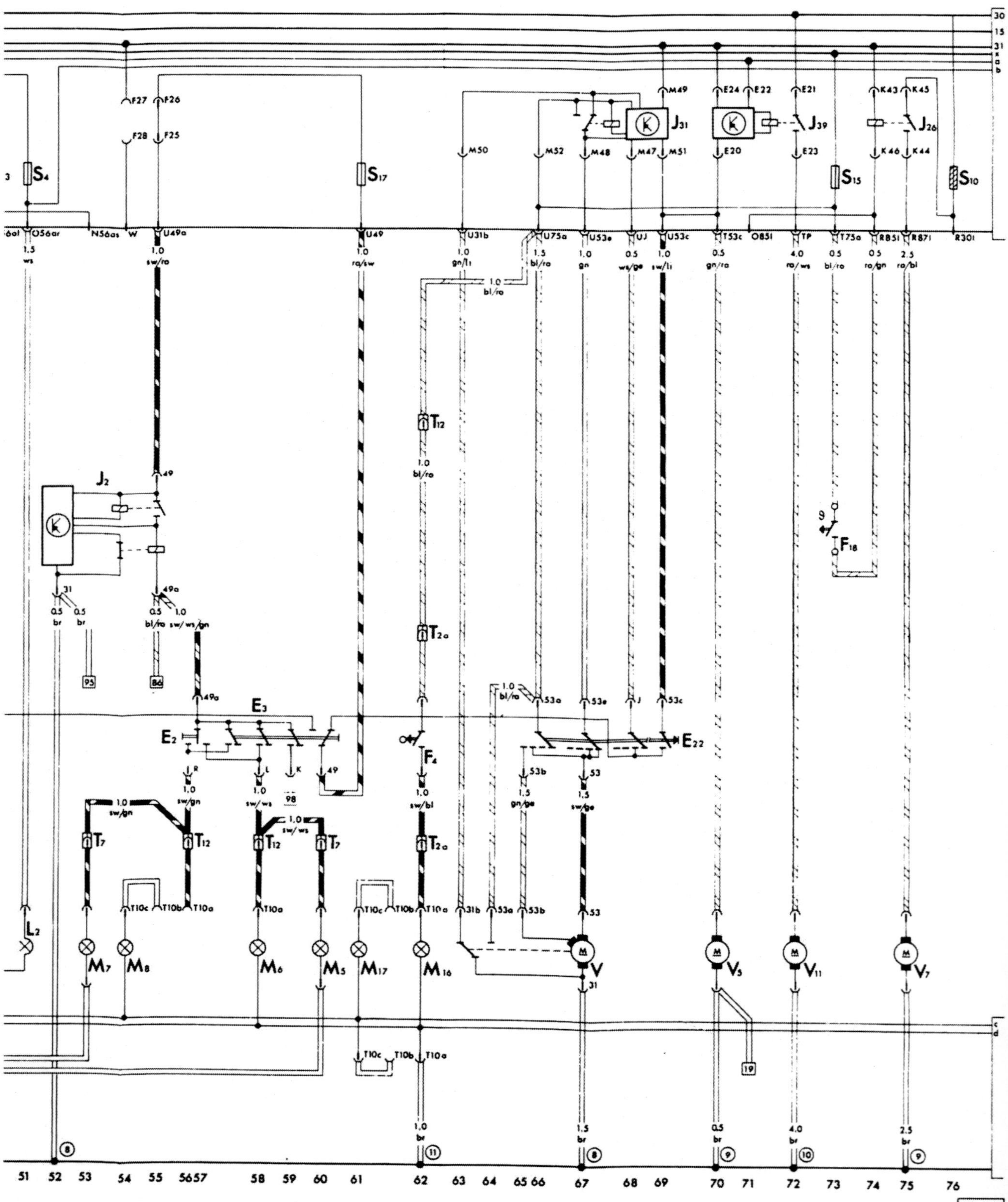

Das in den oberen Teil des Stromlaufplanes eingezeichnete **Feld** kennzeichnet die Relaisplatte mit Sicherungshalter. Die Buchstaben/Zahlenkombination an den Anschlüssen gibt die Belegung der Leitungen in den Mehrfach- bzw. Einzelsteckverbindungen an (z. B. P 57 L — Mehrfachsteckverbindung P, Kontakt 57 L).

Stromlaufplan Audi 100 C/CL/CS/GL (63, 74 und 85 kW)

Modelljahr 1982, Teil 1

	Benennung	im Strompfad
A	– Batterie	1
B	– Anlasser	6 – 8
C	– Drehstromgenerator	4
C 1	– Spannungsregler	4
D	– Zündanlaßschalter	38 – 41
E 1	– Lichtschalter	35 – 41
E 2	– Blinkerschalter	57
E 3	– Warnlichtschalter	58 – 60
E 4	– Schalter für Handabblendung und Lichthupe	43, 44
E 19	– Schalter für Parklicht	40
E 22	– Scheibenwischerschalter für Intervallbetrieb	66 – 69
F 4	– Schalter für Rückfahrleuchten	62
F 18	– Thermoschalter für Lüfter für Kühlmittel	73
F 52	– Kuhlmitteltemperatur-Kontrollschalter (zu kalt)	19
F 62	– Unterdruckschalter für Schaltanzeige	22
F 68	– Gangschalter für Schaltanzeige	24
G 40	– Hallgeber	14 – 16
J 2	– Warnblinkrelais	52 – 56
J 26	– Relais für Lüfter für Kühlmittel	74, 75
J 31	– Relais für Wasch-Wisch-Intervallautomatik	66 – 69
J 39	– Relais für Scheinwerfer-Reinigungsanlage	70 – 72
J 59	– Entlastungsrelais (für X-Kontakt)	43, 44
J 81	– Relais für Ansaugrohrvorwärmung	19, 20
J 98	– Steuergerät für Schaltanzeige	22 – 25
L 1	– Scheinwerfer links	48, 50
L 2	– Scheinwerfer rechts	49, 51
L 29	– Lampe für Beleuchtung Motorraum	27
M 1	– Lampe für Standlicht links	29
M 2	– Lampe für Schlußlicht rechts	32
M 3	– Lampe für Standlicht rechts	30
M 4	– Lampe für Schlußlicht links	28
M 5	– Lampe für Blinklicht vorn links	60
M 6	– Lampe für Blinklicht hinten links	58
M 7	– Lampe für Blinklicht vorn rechts	53
M 8	– Lampe für Blinklicht hinten rechts	54
M 16	– Lampe für Rückfahrleuchte links	62
M 17	– Lampe für Rückfahrleuchte rechts	61
N	– Zündspule	11, 12
N 41	– TSZ-Schaltgerät	14 – 17
N 51	– Heizwiderstand für Ansaugrohrvorwärmung	20
O	– Zündverteiler	10 – 13
P	– Zündkerzenstecker	10 – 13
Q	– Zündkerzen	10 – 13
S 3 – S 7, S 10 S 13 – S 15, S 17	– Sicherungen im Sicherungshalter/Relaisplatte	
T 1	– Steckverbindung, einfach (Motorraum rechts)	
T 1a	– Steckverbindung, einfach (Motorraum rechts)	
T 1b	– Steckverbindung, einfach (Wasserkasten links)	
T 1c	– Steckverbindung, einfach (hinter Schalttafel)	
T 2	– Steckverbindung, zweifach (hinter Schalttafel)	
T 2a	– Steckverbindung, zweifach (nähe Kupplungspedal)	
T 7	– Steckverbindung, siebenfach (hinter Schalttafel)	
T 10a	– Steckverbindung, zehnfach (Mas-Mate-Stecker, Heckleuchte links)	
T 10b	– Steckverbindung, zehnfach (Mas-Mate-Stecker, Heckleuchte links)	
T 10c	– Steckverbindung, zehnfach (Mas-Mate-Stecker, Heckleuchte rechts)	
T 12	– Steckverbindung, zwölffach (hinter Schalttafel)	
V	– Scheibenwischermotor	63 – 67
V 5	– Scheibenwaschpumpe	70
V 7	– Lüfter für Kühlmittel	75
V 11	– Pumpe für Scheinwerfer-Reinigungsanlage	72
(1)	– Masseband Batterie – Aufbau	
(7)	– Masseband Motor – Generator	
(8)	– Massepunkt hinter Schalttafel	
(9)	– Massepunkt Motorraum links	
(10)	– Massepunkt Motorraum rechts	
(11)	– Massepunkt Kofferraum	

Farbcode:

ro = rot
bl = blau
gn = grün
ws = weiß
sw = schwarz
li = violett
ge = gelb
gr = grau
br = braun

Stromlaufplan Audi 100 C/CL/CS/GL (63, 74 und 85 kW)

Modelljahr 1982, Teil 2

	Benennung	im Strompfad
E 9	– Schalter für Frischluftgebläse (oberer Hebel)	129
E 13	– Schalter für Frischluftgebläse (unterer Hebel)	129
E 15	– Schalter für beheizbare Heckscheibe	124, 125
E 20	– Regler für Beleuchtung Schalttafeleinsatz	101
E 23	– Schalter für Nebelscheinwerfer und -schlußleuchte	102 – 104
F	– Bremslichtschalter	78
F 1	– Öldruckschalter	85
F 2	– Türkontaktschalter vorn links	118
F 3	– Türkontaktschalter vorn rechts	120
F 5	– Schalter für Kofferraumbeleuchtung	77
F 9	– Schalter für Handbremskontrolle	87
F 10	– Türkontaktschalter hinten links	119
F 11	– Türkontaktschalter hinten rechts	121
F 14	– Kühlmittel-Temperatur-Kontrollschalter (zu heiß)	90
F 26	– Thermoschalter für Startautomatik	82
F 34	– Warnkontakt für Bremsflüssigkeitsstand	88
F 51	– Überhitzungssicherung (im Widerstandsträger)	133
G	– Geber für Kraftstoffvorratsanzeiger	94
G 1	– Kraftstoffvorratsanzeiger	94
G 5	– Drehzahlmesser	95
G 43	– Blink-Geber für Kontrollampe K 28	90
H	– Signalhornbetätigung	87
H 2	– Hoch- und Tieftonhorn	80, 81
J 4	– Relais für Doppeltonhorn	80
J 5	– Relais für Nebelscheinwerfer	104, 105
J 6	– Spannungskonstanthalter	93
J 13	– Relais für Frischluftgebläse	128, 129
J 67	– Sperrdiode für Bremskontrolle	89
K 1	– Kontrollampe für Fernlicht	97
K 2	– Kontrollampe für Generator	89
K 3	– Kontrollampe für Öldruck	85
K 5	– Kontrollampe für Blinker	86
K 6	– Kontrollampe für Warnblinkanlage	98
K 13	– Kontrollampe für Nebelschlußleuchte	99
K 14	– Kontrollampe für Handbremse	87
K 28	– Kontrollampe für Kühlmitteltemperatur (zu heiß, rot)	91
K 43	– Kontrollampe für Kühlmitteltemperatur (zu kalt)	92
K 48	– Kontrollampe für Schaltanzeige	83
L 10	– Lampe für Beleuchtung Schalttafeleinsatz	100
L 15	– Lampe für Ascherbeleuchtung	112
L 20	– Lampe für Nebelschlußleuchte	102
L 21	– Lampe für Beleuchtung Heizungshebel	107
L 22	– Lampe für Nebelscheinwerfer links	105
L 23	– Lampe für Nebelscheinwerfer rechts	106
L 28	– Lampe für Beleuchtung Zigarrenanzünder	110
L 40	– Lampe für Beleuchtung für Schalter Nebelscheinwerfer und -schlußleuchte	103
L 41	– Lampe für Beleuchtung Radio	109
M 9	– Lampe für Bremslicht links	78
M 10	– Lampe für Bremslicht rechts	79
N 1	– Vergaserstartautomatik	82
N 3	– Umluftabschaltventil	83
N 23	– Vorwiderstand für Frischluftgebläse	132
N 24	– Vorwiderstand für Frischluftgebläse	129
R	– Radio	113, 114
S 2, S 8, S 9 S 11, S 12, S 16	– Sicherungen im Sicherungshalter/Relaisplatte	
T 1d	– Steckverbindung, einfach (hinter Schalttafel)	
T 1e	– Steckverbindung, einfach (unter Hutablage)	
T 2b	– Steckverbindung, zweifach (hinter Schalttafel)	
T 2c	– Steckverbindung, zweifach (Motorraum links)	
T 2d	– Steckverbindung, zweifach (Motorraum rechts)	
T 2e	– Steckverbindung, zweifach (hinter Schalttafel)	
T 2f	– Steckverbindung, zweifach (Kofferraum)	
T 3	– Steckverbindung, dreifach (hinter Schalttafel)	
T 3a	– Steckverbindung, dreifach (hinter Schalttafel)	
T 7	– Steckverbindung, siebenfach (hinter Schalttafel)	
T 10a	– Steckverbindung, zehnfach (Mas-Mate-Stecker, Heckleuchte links)	
T 10b	– Steckverbindung, zehnfach (Mas-Mate-Stecker, Heckleuchte links)	
T 10c	– Steckverbindung, zehnfach (Mas-Mate-Stecker, Heckleuchte rechts)	
T 10/	– Steckverbindung, zehnfach (Schalttafeleinsatz)	
T 12/	– Steckverbindung, zwölffach (Schalttafeleinsatz)	
T 12	– Steckverbindung, zwölffach (hinter Schalttafel)	
U 1	– Zigarrenanzünder	114
V 2	– Frischluftgebläse	129
W 3	– Kofferraumleuchte	77
W 6	– Handschuhfachleuchte	111
W 7	– Innenleuchte	117
X	– Kennzeichenleuchte	122, 123
Y	– Zeituhr	96
Z 1	– beheizbare Heckscheibe	124

(8) – Massepunkt hinter Schalttafel
(9) – Massepunkt Motorraum links
(11) – Massepunkt Kofferraum
(14) – Massepunkt unter Sitzbank
(15) – Massepunkt nähe Handbremshebel

Farbcode:

ro	–	rot
bl	–	blau
gn	–	grün
ws	–	weiß
sw	–	schwarz
li	–	violett
ge	–	gelb
gr	–	grau
br	–	braun

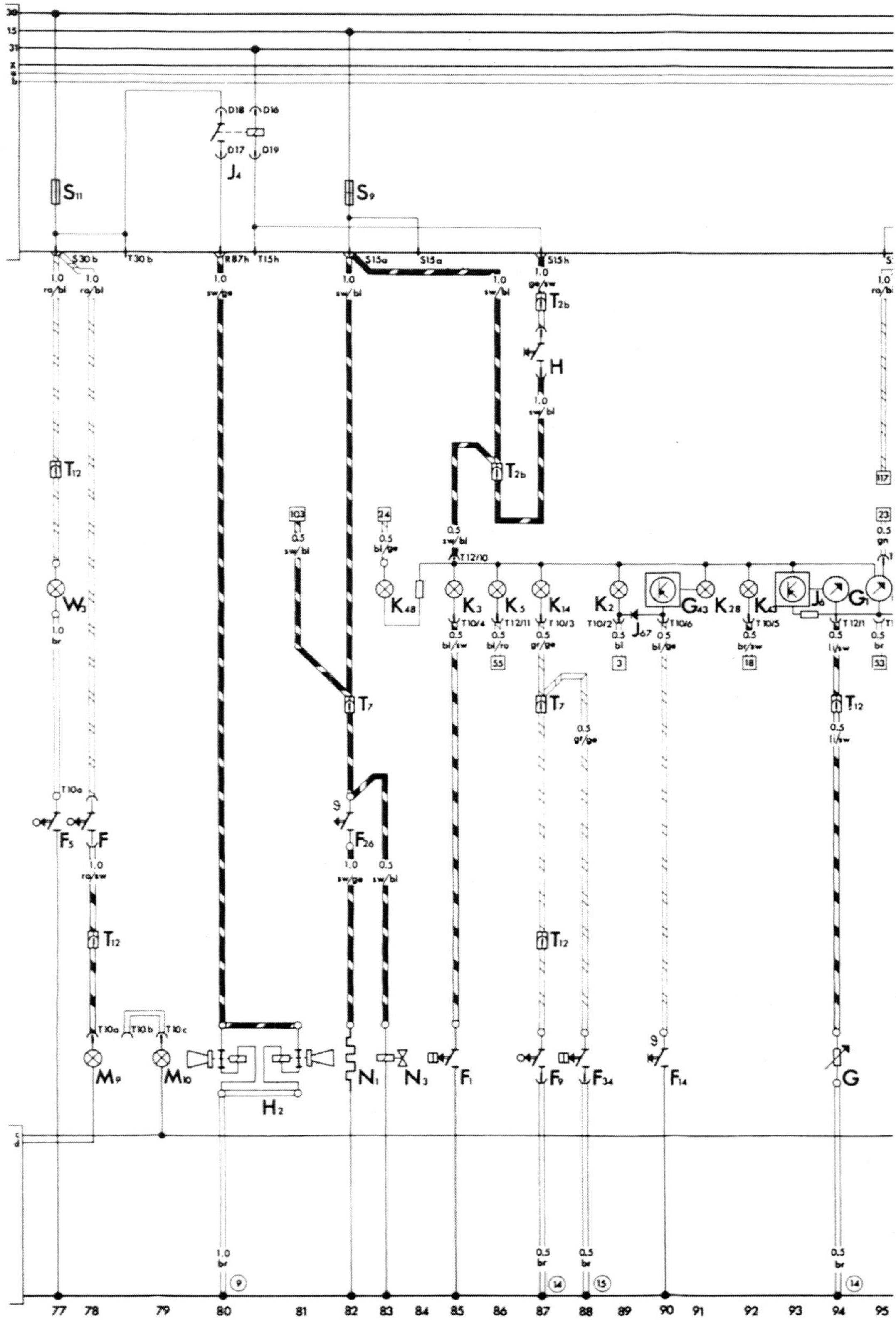

30
15
31
x
a
b
S11
S9
J4
D18
D16
D17
D19
S30b
T30b
R87h
T15h
S15a
S15h
T12
T2b
H
T7
W3
F5
F
F26
M9
M10
H2
N1
N3
F1
F9
F34
F14
G
K48
K3
K5
K14
K2
J67
G43
K28
J6
G1
T10a
T10b
T10c
T12/10
T10/4
T12/11
T10/3
T10/2
T10/6
T10/5
T12/1
103
24
117
23
55
3
18
53
c
d
77
78
79
80
81
82
83
84
85
86
87
88
89
90
91
92
93
94
95

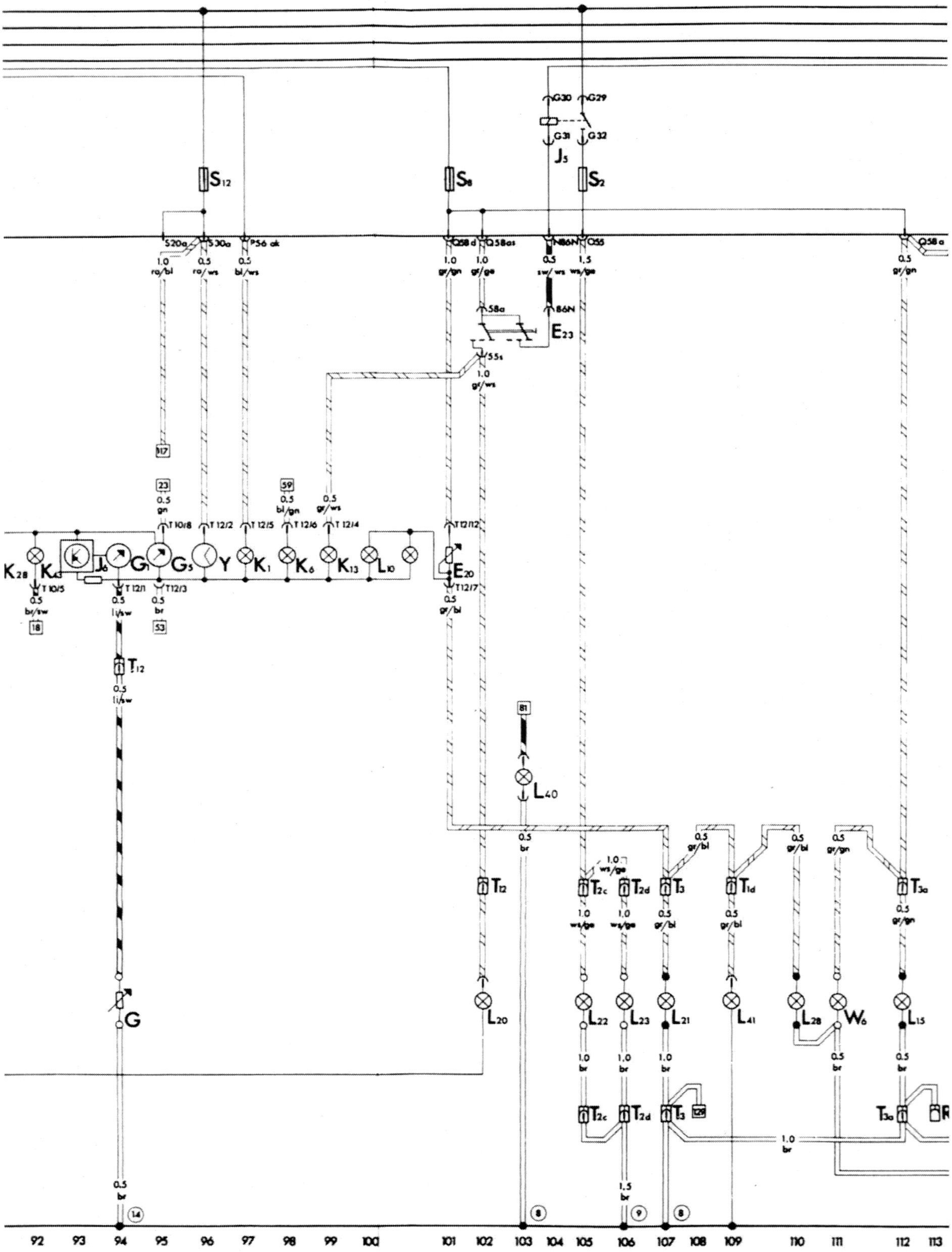

Das in den oberen Teil des Stromlaufplanes eingezeichnete **Feld** kennzeichnet die Relaisplatte mit Sicherungshalter. Die Buchstaben/Zahlenkombination an den Anschlüssen gibt die Belegung der Leitungen in den Mehrfach- bzw. Einzelsteckverbindungen an (z. B. R 87h — Mehrfachsteckverbindung R, Kontakt 87h).

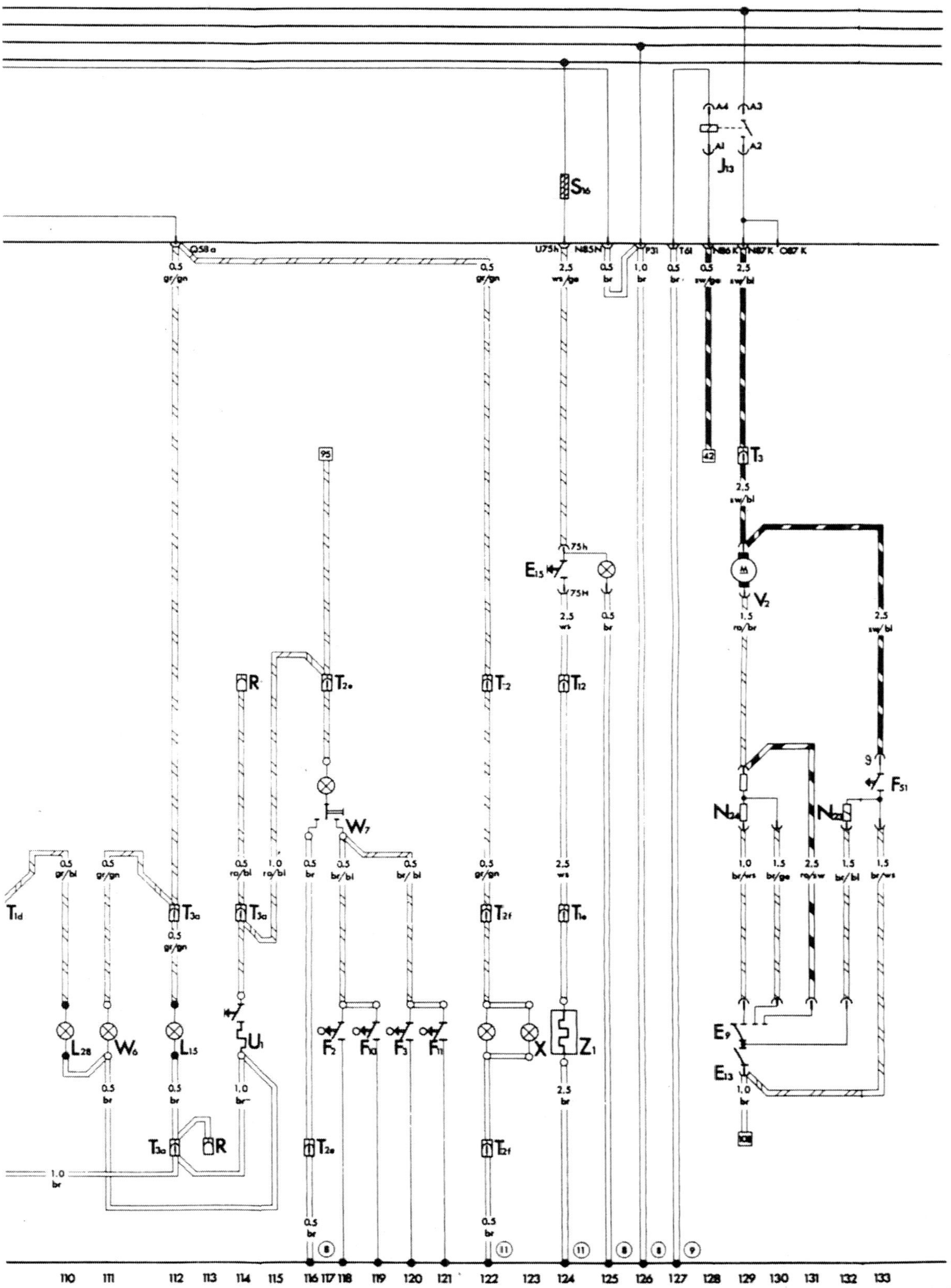

S16
J13
A1
A2
A3
A4
Q58 a
U75h
N85N
P31
T61
N86 K
N87 K
O87 K
95
42
T3
E15
75h
75H
M
V2
R
T2e
T12
T1d
T3a
W7
T2f
T1e
N24
N23
F51
L28
W6
L15
U1
F2
F10
F3
F11
X
Z1
E9
E13
108
8
11
9
0.5 gr/gn
2.5 ws/ge
0.5 br
1.0 br
0.5 sw/ge
2.5 sw/bl
1.5 ro/br
0.5 gr/bl
0.5 ro/bl
1.0 ro/bl
0.5 br/bl
2.5 ws
1.0 br/ws
1.5 br/ge
2.5 ro/sw
1.5 br/bl
1.5 br/ws
110
111
112
113
114
115
116
117
118
119
120
121
122
123
124
125
126
127
128
129
130
131
132
133

97-921

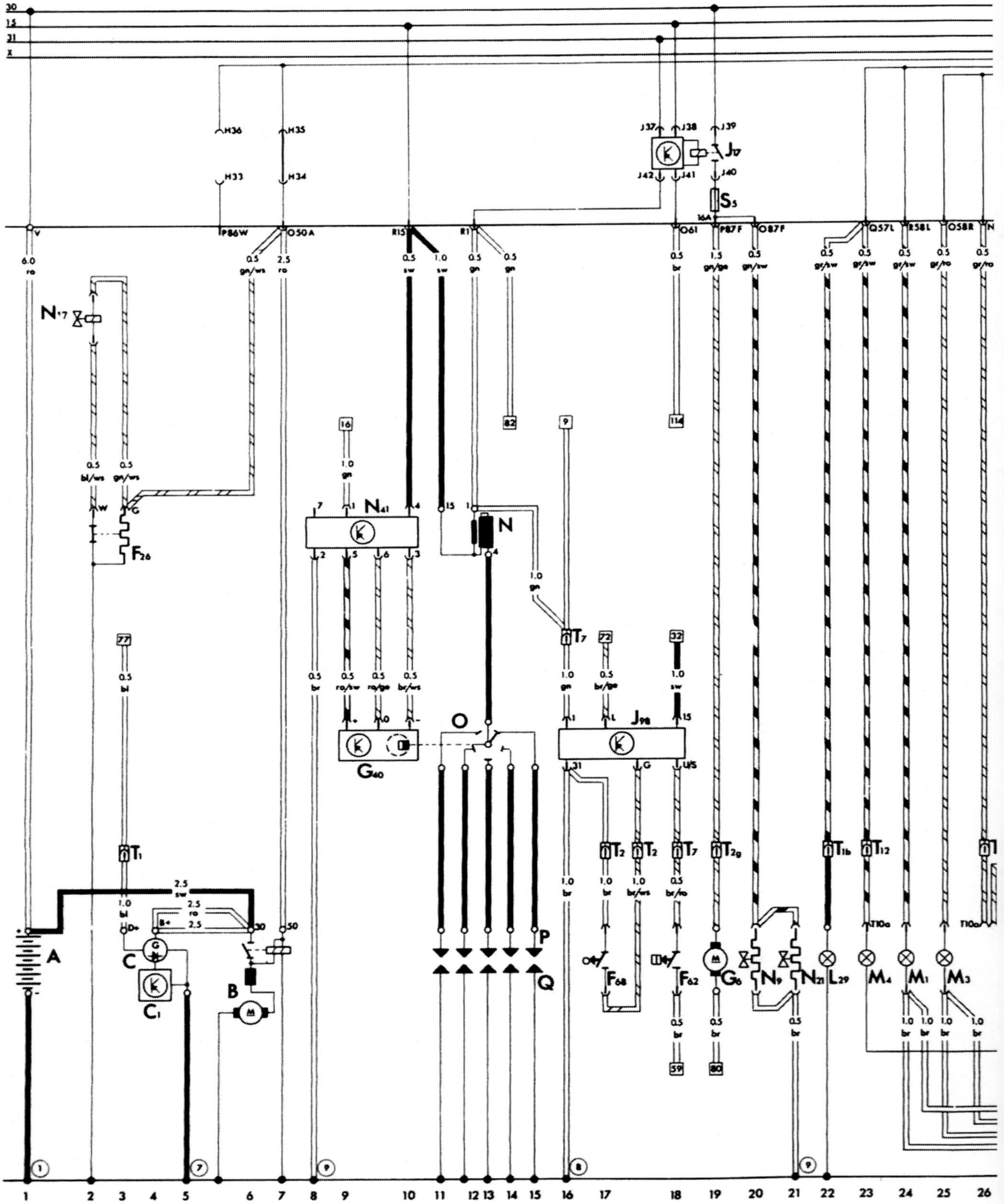
30
15
31
X
H36
H35
H33
H34
J37
J38
J39
J42
J41
J40
J17
S5
16A
V
P86W
O50A
R15
R1
O61
P87F
O87F
Q57L
R58L
O58R
N17
F26
N41
N
G40
O
P
Q
J98
T7
T1
T2
T2g
T1b
T12
T10a
A
C
C1
B
F68
F62
G6
N9
N21
L29
M4
M1
M3
16
82
9
114
77
72
32
59
80
1
2
3
4
5
6
7
8
9
10
11
12
13
14
15
16
17
18
19
20
21
22
23
24
25
26

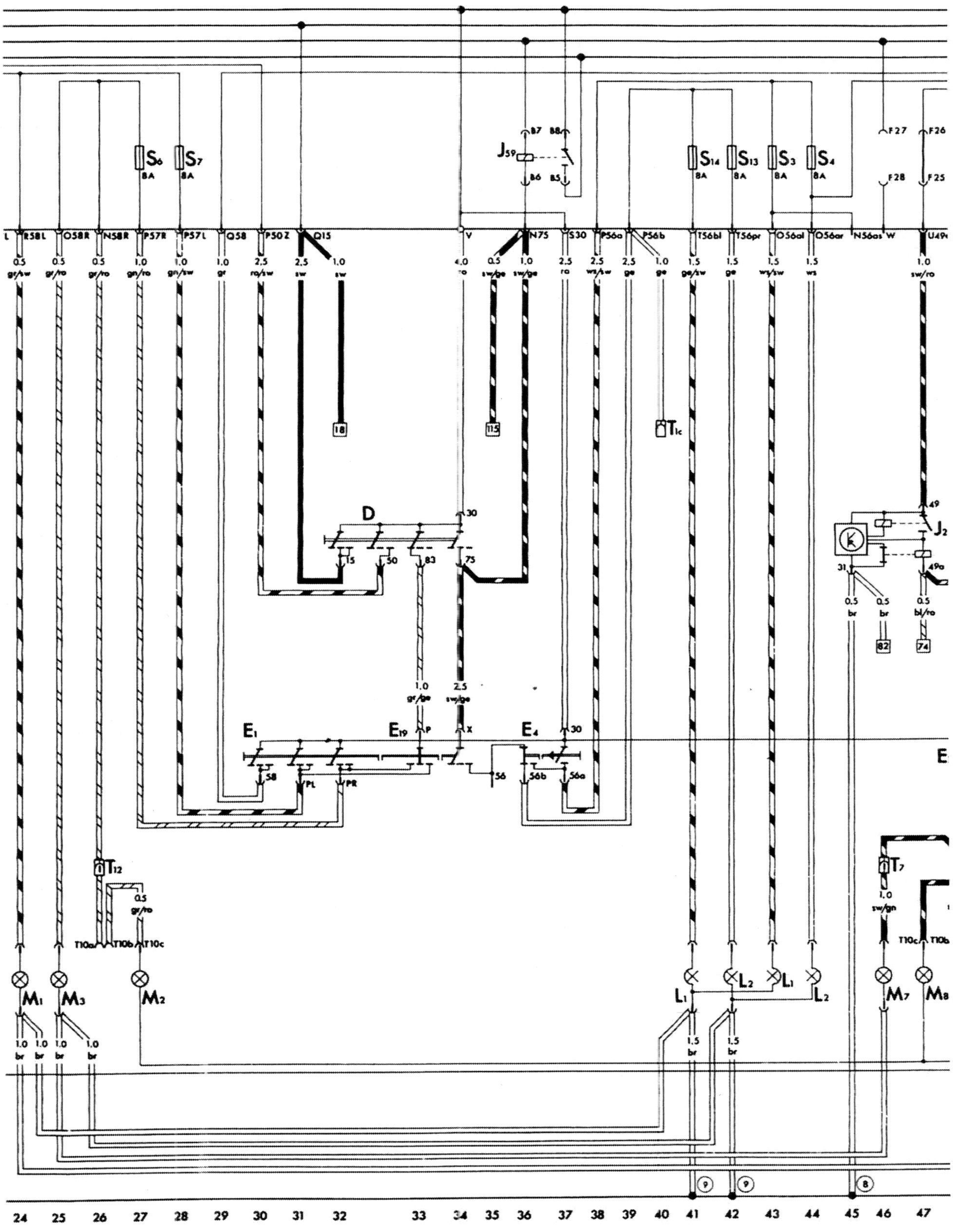
S6 8A
S7 8A
J59
B7 B8 B6 B5
S14 8A
S13 8A
S3 8A
S4 8A
F27 F26 F28 F25
R58L O58R N58R P57R P57L Q58 P50Z Q15
V N75 S30 P56a P56b T56bl T56pr O56al O56ar N56as W U49
18
115
T1c
D
30 15 50 83 75
49 J2 31 49a
82 74
E1 E19 E4
P X 30 58 PL PR 56 56b 56a
T12
T10a T10b T10c
T7
M1 M3 M2
L1 L2 L1 L2
M7 M8
9 9 8
24 25 26 27 28 29 30 31 32 33 34 35 36 37 38 39 40 41 42 43 44 45 46 47

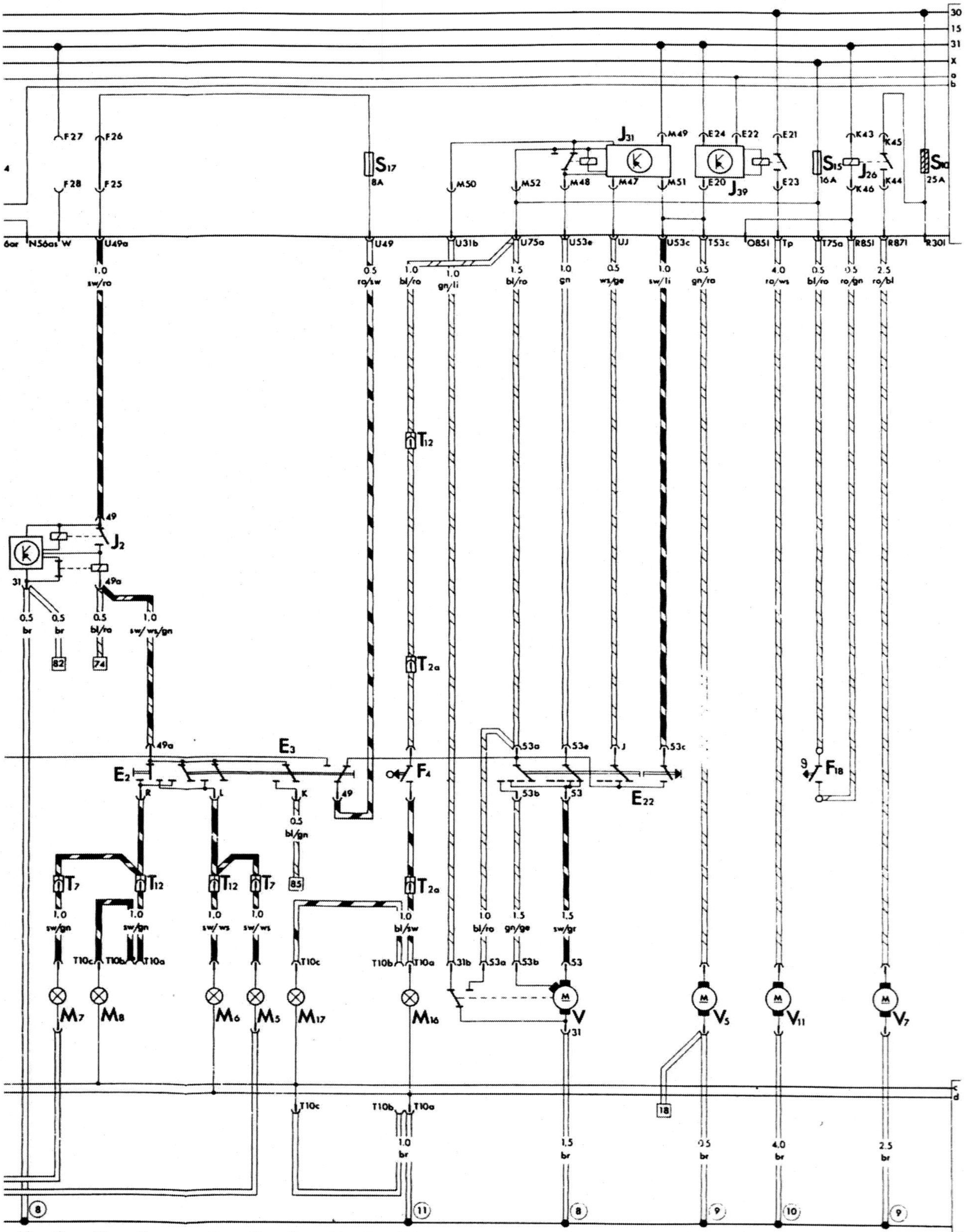

Das in den oberen Teil des Stromlaufplanes eingezeichnete **Feld** kennzeichnet die Relaisplatte mit Sicherungshalter. Die Buchstaben/Zahlenkombination an den Anschlüssen gibt die Belegung der Leitungen in den Mehrfach bzw. Einzelsteckverbindungen an (z. B. R 87h — Mehrfachsteckverbindung R, Kontakt 87h).

Stromlaufplan Audi 100 C/CL/CS/GL (100 kW)

Modelljahr 1982, Teil 2

	Benennung	**im Strompfad**
E 9	– Schalter für Frischluftgebläse (oberer Hebel)	116
E 13	– Schalter für Frischluftgebläse (unterer Hebel)	116
E 15	– Schalter für beheizbare Heckscheibe	110, 111
E 20	– Regler für Beleuchtung Schalttafeleinsatz	88
E 23	– Schalter für Nebelscheinwerfer und -schlußleuchte	89 – 91
F	– Bremslichtschalter	67
F 1	– Öldruckschalter	73
F 2	– Türkontaktschalter vorn links	104
F 3	– Türkontaktschalter vorn rechts	106
F 5	– Schalter für Kofferraumbeleuchtung	66
F 9	– Schalter für Handbremskontrolle	75
F 10	– Türkontaktschalter hinten links	105
F 11	– Türkontaktschalter hinten rechts	107
F 14	– Kühlmittel-Temperatur-Kontrollschalter (zu heiß)	78
F 34	– Warnkontakt für Bremsflüssigkeitsstand	76
F 51	– Überhitzungssicherung (im Widerstandsträger)	120
F 52	– Kühlmittel-Temperatur-Kontrollschalter (zu kalt)	79
G	– Geber für Kraftstoffvorratsanzeiger	81
G 1	– Kraftstoffvorratsanzeiger	81
G 5	– Drehzahlmesser	82
G 43	– Blink-Geber für Kontrollampe K 28	78
H	– Signalhornbetätigung	75
H 2	– Signalhorn	69 – 71
J 4	– Relais für Doppeltonhorn	69, 70
J 5	– Relais für Nebelscheinwerfer	90 – 92
J 6	– Spannungskonstanter	80
J 13	– Relais für Frischluftgebläse	115, 116
K 1	– Kontrollampe für Fernlicht	84
K 2	– Kontrollampe für Generator	77
K 3	– Kontrollampe für Öldruck	73
K 5	– Kontrollampe für Blinker	74
K 6	– Kontrollampe für Warnblinkanlage	85
K 13	– Kontrollampe für Nebelschlußleuchte	86
K 14	– Kontrollampe für Handbremse	75
K 28	– Kontrollampe für Kühlmitteltemperatur (zu heiß)	78
K 43	– Kontrollampe für Kühlmitteltemperatur (zu kalt)	79
K 48	– Kontrollampe für Schaltanzeige	72
L 10	– Lampe für Beleuchtung Schalttafeleinsatz	87
L 15	– Lampe für Ascherbeleuchtung	99
L 20	– Lampe für Nebelschlußleuchte	89
L 21	– Lampe für Beleuchtung Heizungshebel	94
L 22	– Lampe für Nebelscheinwerfer links	92
L 23	– Lampe für Nebelscheinwerfer rechts	93
L 28	– Lampe für Beleuchtung Zigarrenanzünder	97
L 41	– Lampe für Beleuchtung Radio	96
M 9	– Lampe für Bremslicht links	67
M 10	– Lampe für Bremslicht rechts	68
N 23	– Vorwiderstand für Frischluftgebläse	119
N 24	– Vorwiderstand für Frischluftgebläse	116
R	– Radio	100, 101
S 2, S 8, S 9 S 11, S 12, S 16	} – Sicherungen im Sicherungshalter/Relaisplatte	
T 1d	– Steckverbindung, einfach (hinter Schalttafel)	
T 1e	– Steckverbindung, einfach (unter Hutablage)	
T 2b	– Steckverbindung, zweifach (hinter Schalttafel)	
T 2c	– Steckverbindung, zweifach (Motorraum links)	
T 2d	– Steckverbindung, zweifach (Motorraum rechts)	
T 2e	– Steckverbindung, zweifach (hinter Schalttafel)	
T 2f	– Steckverbindung, zweifach (Kofferraum)	
T 3	– Steckverbindung, dreifach (hinter Schalttafel)	
T 3a	– Steckverbindung, dreifach (hinter Schalttafel)	
T 7	– Steckverbindung, siebenfach (hinter Schalttafel)	
T 10a	– Steckverbindung, zehnfach (Mas-Mate-Stecker, Heckleuchte links)	
T 10b	– Steckverbindung, zehnfach (Mas-Mate-Stecker, Heckleuchte links)	
T 10c	– Steckverbindung, zehnfach (Mas-Mate-Stecker, Heckleuchte rechts)	
T 10/	– Steckverbindung, zehnfach (Schalttafeleinsatz)	
T 12/	– Steckverbindung, zwölffach (Schalttafeleinsatz)	
T 12	– Steckverbindung, zwölffach (hinter Schalttafel)	
U 1	– Zigarrenanzünder	101
V 2	– Frischluftgebläse	116
W 3	– Kofferraumleuchte	66
W 6	– Handschuhfachleuchte	98
W 7	– Innenleuchte	103
X	– Kennzeichenleuchte	108, 109
Y	– Zeituhr	83
Z 1	– beheizbare Heckscheibe	110
(8)	– Massepunkt hinter Schalttafel	
(9)	– Massepunkt Motorraum links	
(11)	– Massepunkt Kofferraum	
(14)	– Massepunkt unter Sitzbank	
(15)	– Massepunkt Radhaus links	

Farbcode:

ro = rot
bl = blau
gn = grün
ws = weiß
sw = schwarz
li = violett
ge = gelb
gr = grau
br = braun

Stromlaufplan Audi 100 C/CL/CS/GL (100 kW)

Modelljahr 1982, Teil 1

Benennung		in Strompfad
A	— Batterie	1
B	— Anlasser	6, 7
C	— Drehstromgenerator	4
C 1	— Spannungsregler	4
D	— Zündanlaßschalter	32 — 34
E 1	— Lichtschalter	30 — 34
E 2	— Blinkerschalter	48 — 52
E 3	— Warnlichtschalter	51
E 4	— Schalter für Handabblendung und Lichthupe	36, 37
E 19	— Schalter für Parklicht	33
E 22	— Scheibenwischerschalter für Intervallbetrieb	56 — 59
F 4	— Schalter für Rückfahrleuchten	54
F 18	— Thermoschalter für Lüfter für Kühlmittel	62
F 26	— Thermozeitschalter	2, 3
F 62	— Unterdruckschalter für Schaltanzeige	18
F 68	— Gangschalter für Schaltanzeige	17
G 6	— Elektrische Kraftstoffpumpe	19
G 40	— Hallgeber	9, 10
J 2	— Warnblinkrelais	45 — 47
J 17	— Kraftstoffpumpenrelais	18, 19
J 26	— Relais für Lüfter für Kühlmittel	63, 64
J 31	— Relais für Wasch-Wisch-Intervallautomatik	57 — 59
J 39	— Relais für Scheinwerfer-Reinigungsanlage	60, 61
J 59	— Entlastungsrelais (für X-Kontakt)	36, 37
J 98	— Steuergerät für Schaltanzeige	16 — 18
L 1	— Scheinwerfer links	41, 43
L 2	— Scheinwerfer rechts	42, 44
L 29	— Lampe für Beleuchtung Motorraum	22
M 1	— Lampe für Standlicht links	24
M 2	— Lampe für Schlußlicht rechts	27
M 3	— Lampe für Standlicht rechts	25
M 4	— Lampe für Schlußlicht links	23
M 5	— Lampe für Blinklicht vorn links	50
M 6	— Lampe für Blinklicht hinten links	49
M 7	— Lampe für Blinklicht vorn rechts	46
M 8	— Lampe für Blinklicht hinten rechts	47
M 16	— Lampe für Rückfahrleuchte links	54
M 17	— Lampe für Rückfahrleuchte rechts	51
N	— Zündspule	13
N 9	— Warmlaufregler	20
N 17	— Kaltstartventil	2
N 21	— Zusatzluftschieber	21
N 41	— TSZ-Schaltgerät	8 — 10
O	— Zündverteiler	11 — 15
P	— Zündkerzenstecker	11 — 15
Q	— Zündkerzen	11 — 15
S 3 — S 7, S 10 S 13 — S 15, S 17	} — Sicherungen im Sicherungshalter/Relaisplatte	
T 1	— Steckverbindung, einfach (Motorraum rechts)	
T 1b	— Steckverbindung, einfach (Wasserkasten links)	
T 1c	— Steckverbindung, einfach (hinter Schalttafel)	
T 2	— Steckverbindung, zweifach (hinter Schalttafel)	
T 2a	— Steckverbindung, zweifach (nähe Kupplungspedal)	
T 2g	— Steckverbindung, zweifach (unter Sitzbank)	
T 7	— Steckverbindung, siebenfach (hinter Schalttafel)	
T 10a	— Steckverbindung, zehnfach (Mas-Mate-Stecker, Heckleuchte links)	
T 10b	— Steckverbindung, zehnfach (Mas-Mate-Stecker, Heckleuchte links)	
T 10c	— Steckverbindung, zehnfach (Mas-Mate-Stecker, Heckleuchte rechts)	
T 12	— Steckverbindung, zwölffach (hinter Schalttafel)	
V	— Scheibenwischermotor	55 — 57
V 5	— Scheibenwaschpumpe	60
V 7	— Lüfter für Kühlmittel	64
V 11	— Pumpe für Scheinwerfer-Reinigungsanlage	61
(1)	— Masseband Batterie — Aufbau	
(7)	— Masseband Motor — Generator	
(8)	— Massepunkt hinter Schalttafel	
(9)	— Massepunkt Motorraum links	
(10)	— Massepunkt Motorraum rechts	
(11)	— Massepunkt Kofferraum	

Farbcode:

ro — rot
bl — blau
gn — grün
ws — weiß
sw — schwarz
li — violett
ge — gelb
gr — grau
br — braun

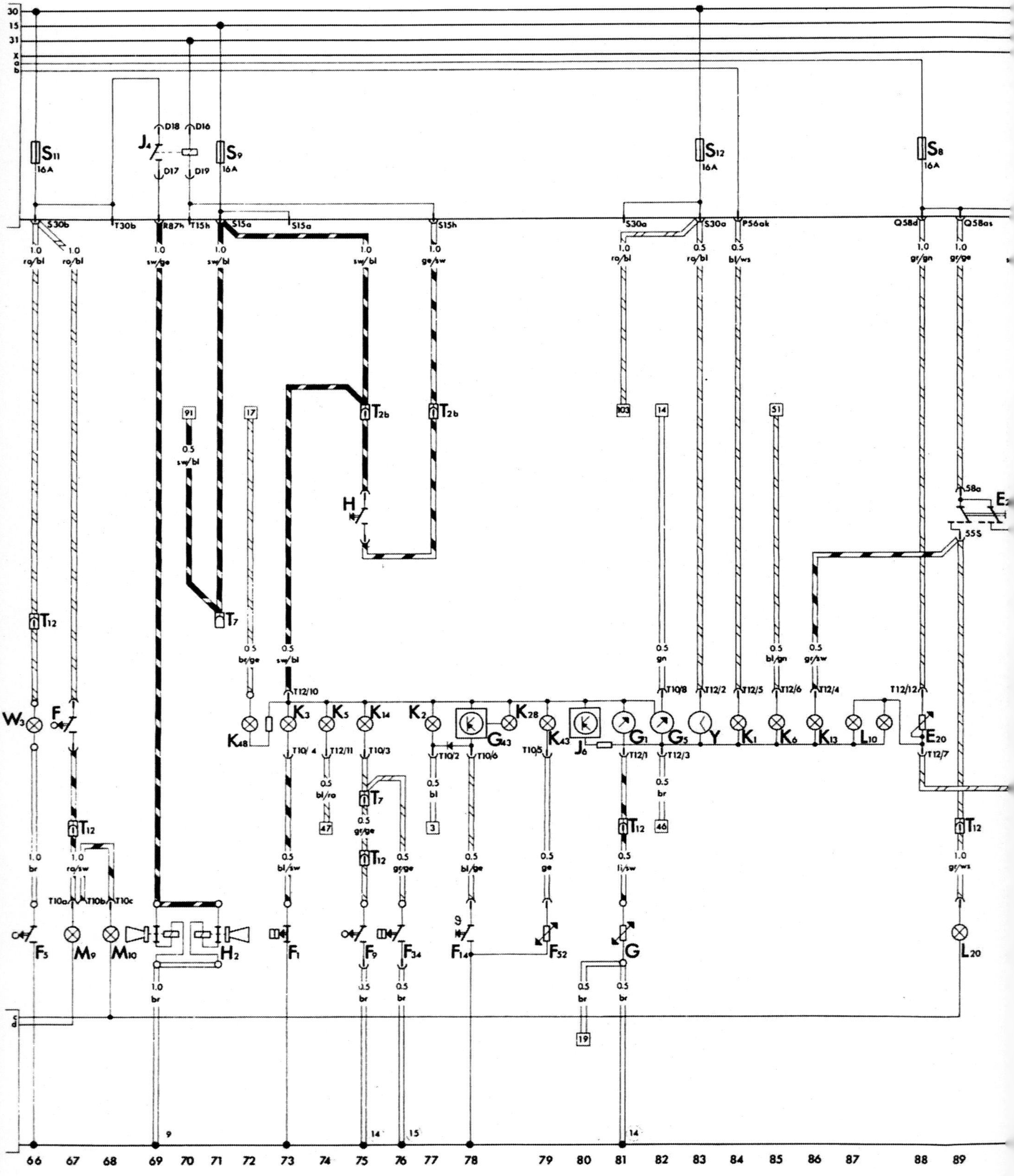

Das in den oberen Teil des Stromlaufplanes eingezeichnete **Feld** kennzeichnet die Relaisplatte mit Sicherungshalter. Die Buchstaben/Zahlenkombination an den Anschlüssen gibt die Belegung der Leitungen in den Mehrfach bzw. Einzelsteckverbindungen an (z. B. R 87h — Mehrfachsteckverbindung R, Kontakt 87h).

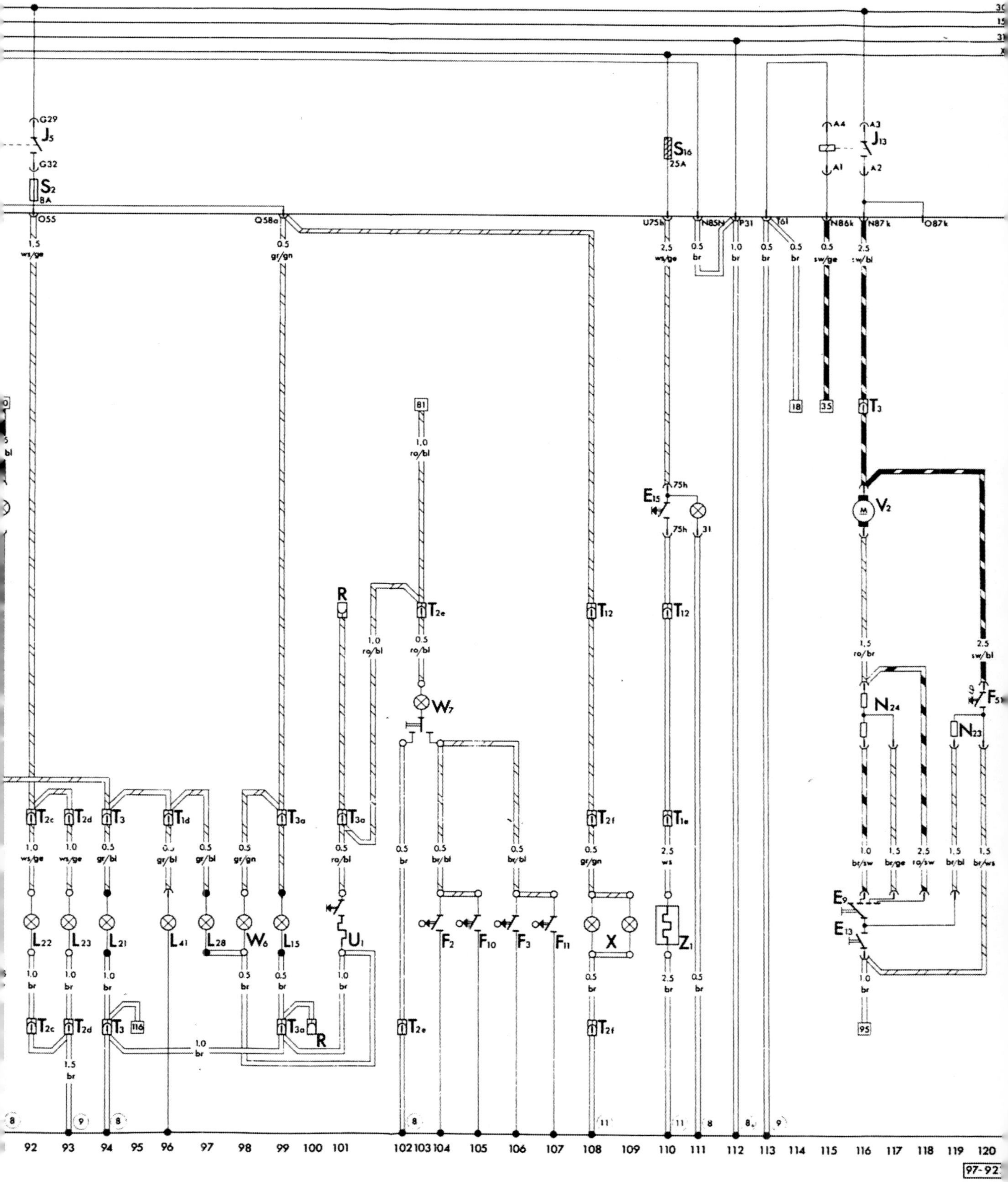

30
15
31
X
G29
J5
G32
S2
8A
O55
Q58a
1,5
ws/ge
0,5
gr/gn
S16
25A
U75h
N85N
P31
T61
A4
A3
J13
A1
A2
N86k
N87k
O87k
2,5
ws/ge
0,5
br
1,0
br
0,5
br
0,5
br
0,5
sw/ge
2,5
sw/bl
18
35
T3
81
1,0
ro/bl
E15
75h
31
V2
R
T2e
1,0
ro/bl
0,5
ro/bl
T12
T12
1,5
ro/br
2,5
sw/bl
W7
N24
F5
N23
T2c
T2d
T3
T1d
T3a
T3a
T2f
T1e
1,0
ws/ge
1,0
ws/ge
0,5
gr/bl
gr/bl
0,5
gr/bl
0,5
gr/gn
0,5
ro/bl
0,5
br
0,5
br/bl
0,5
br/bl
0,5
gr/gn
2,5
ws
1,0
br/sw
1,5
br/ge
2,5
ro/sw
1,5
br/bl
1,5
br/ws
E9
E13
L22
L23
L21
L41
L28
W6
L15
U1
F2
F10
F3
F11
X
Z1
1,0
br
1,0
br
1,0
br
0,5
br
0,5
br
1,0
br
0,5
br
2,5
br
0,5
br
1,0
br
T2c
T2d
T3
116
T3a
R
T2e
T2f
95
1,0
br
1,5
br
8
9
8
8
11
11
8
8
9
92
93
94
95
96
97
98
99
100
101
102
103
104
105
106
107
108
109
110
111
112
113
114
115
116
117
118
119
120
97-92